L'EMPIRE CHINOIS

I

CORBEIL, imprimerie de CRÉTÉ.

L'EMPIRE CHINOIS

FAISANT SUITE A L'OUVRAGE INTITULÉ

SOUVENIRS

D'UN VOYAGE DANS LA TARTARIE ET LE THIBET

PAR M. HUC

ANCIEN MISSIONNAIRE APOSTOLIQUE EN CHINE

誠之所感。無窮否而不通

Nul lieu n'est impénétrable pour quiconque est animé d'une foi sincère.

(*Voyages de* FA-HIEN *dans les royaumes bouddhiques.*)

OUVRAGE COURONNÉ PAR L'ACADÉMIE FRANÇAISE

TROISIÈME ÉDITION

TOME PREMIER

PARIS

LIBRAIRIE DE GAUME FRÈRES

Rue Cassette, 4

—

1857

PRÉFACE

Lorsque nous retracions les souvenirs de nos pérégrinations dans la Tartarie et le Thibet, nous fûmes contraint d'interrompre notre récit aux frontières de l'empire chinois. Cependant nous manifestions, dans un *post-scriptum*, la volonté de compléter un jour le travail que les circonstances nous forçaient de laisser inachevé. Nous disions, en effet, « qu'il nous resterait encore à parler de nos relations avec les tribunaux et les mandarins chinois, « à jeter un coup d'œil sur les provinces que nous « avions parcourues, et à les comparer avec celles « que nous avions eu occasion de visiter durant nos « voyages antérieurs dans le Céleste Empire. Cette « lacune, ajoutions-nous, nous essayerons de la « remplir durant les heures de délassement que nous

« pourrons trouver au milieu des travaux du saint « ministère (1)... »

L'occasion nous a semblé des plus favorables pour accomplir ce dessein, et, à défaut d'autre mérite, nos observations sur les Chinois auront, au moins, un caractère d'actualité, puisque nous les livrons au public au moment où la situation politique de ce grand peuple excite l'attention et l'intérêt de tous les esprits.

Voilà, en effet, que cet empire immense, qui, depuis tant d'années, semblait se complaire dans une profonde indifférence politique, et que les manifestations belliqueuses de l'Angleterre avaient à peine ému, voilà que ce colosse a été brusquement ébranlé sur ses vieilles bases par une de ces commotions terribles qui passent rarement sans altérer les formes anciennes, et qui laissent après elles quelquefois des institutions meilleures, toujours des cadavres et des ruines.

Si les causes premières de l'insurrection chinoise sont à peu près complétement ignorées en Europe, on connaît, du moins généralement, ses causes occasionnelles. C'est d'abord un trait isolé de brigandage;

(1) *Souvenirs d'un voyage dans la Tartarie et le Thibet*, t. II, p. 513.

puis la réunion de quelques scélérats cherchant à résister à la répression des mandarins. On voit bientôt surgir une petite armée, recrutée dans la lie des populations, et qui peut donner de sérieuses inquiétudes au vice-roi de la province de Kouang-si... Enfin le vulgaire capitaine de voleurs, devenu hier chef de bande, se proclame généralissime, fait intervenir la politique et la religion dans sa révolte, appelle à lui les sociétés secrètes qui pullulent dans l'empire, se déclare le restaurateur de la nationalité chinoise contre l'usurpation de la race tartare-mantchoue, prend le titre d'empereur, sous le nom fastueux de *Tien-te*, « Vertu céleste » se dit frère cadet de Jésus-Christ... ; et c'est ainsi qu'un empire de trois cents millions d'hommes est mis à deux doigts de sa perte, et menacé d'une dissolution prochaine.

On s'étonnera peut-être qu'une petite rébellion de bandits ait pu grandir ainsi peu à peu au point de devenir formidable, et de revêtir un caractère en quelque sorte national ; mais, pour qui connaît la Chine et son histoire, il n'y a là rien de bien surprenant. Ce pays a toujours été la terre classique des révolutions, et ses annales ne sont que le récit d'une longue suite de commotions populaires et de bouleversements politiques. Dans une période de temps donnée, depuis l'an 420, date de l'entrée des Francs dans les Gaules, jusqu'en 1644, où Louis XIV monta sur le trône de France, et où les Tartares s'établissaient à Péking, dans cette période de douze cent vingt-quatre ans, la Chine a eu quinze changements de dynastie, et tous accompagnés d'effroyables guerres civiles.

Depuis l'envahissement de la Chine, en 1644, par la race tartare-mantchoue, la nation paraissait, il est vrai, tout à fait indifférente à la situation politique du pays. L'amour du lucre et des jouissances matérielles semblait l'absorber exclusivement. Il y avait cependant, au milieu de ce peuple sceptique et cupide, un germe puissant et vivace, que le gouvernement tartare ne put jamais extirper. L'empire était couvert de sociétés secrètes dont les affiliés voyaient avec impatience la domination mantchoue et nourrissaient l'idée d'un renversement de dynastie pour arriver à un gouvernement national. Ces innombrables conspirateurs étaient tous des hommes prêts pour la lutte, déterminés à appuyer toute révolte, de quelque part qu'en vînt le signal, qu'elle fût l'œuvre d'un vice-roi mécontent ou d'un voleur de grand chemin. D'un autre côté, les agents du gouvernement ne contribuaient pas peu, par leur conduite envers le peuple, à provoquer le déchaînement de la tempête. Leurs exactions inouïes avaient comblé la mesure, et un grand nombre de Chinois, poussés les uns par l'indignation, les autres par la misère et le désespoir, sont allés grossir les bataillons insurgés, croyant trouver là une chance d'amélioration, certains qu'ils étaient de ne pouvoir être pressurés davantage sous un nouveau gouvernement, quelque mauvais qu'il fût d'ailleurs.

Il ne serait pas impossible qu'une autre cause, peu apparente, il est vrai, mais pleine d'énergie, eût eu aussi quelque influence sur l'explosion de l'insurrection chinoise : nous voulons parler de l'infiltration latente des idées européennes, vulgarisées dans les ports libres et sur la côte par le commerce des nations occidentales et apportées au cœur même de l'empire et dans les provinces les plus reculées par les missionnaires. La foule, sans doute, se soucie fort peu de ce que peuvent faire ou penser les Européens, dont elle soupçonne à peine l'existence ; cependant les gens instruits, les lettrés se préoccupent beaucoup, depuis quelque temps, des peuples étrangers et cultivent avec succès la géographie.

Souvent, dans nos voyages, nous avons eu occasion de rencontrer des mandarins qui avaient sur les choses de l'Europe des notions assez exactes. Ce sont ces savants qui donnent le ton à l'opinion et fixent le cours des idées, de sorte que le vulgaire peut parfaitement suivre l'impulsion d'une idée européenne, sans savoir même ce que c'est que l'Europe.

Un des aspects les plus remarquables de l'insurrection, c'est le caractère religieux que ses chefs ont voulu lui imprimer presque dès l'origine. Il n'est personne qui n'ait été frappé des doctrines nouvelles dont sont remplis les proclamations et les manifestes du prétendant et de ses généraux. L'unité de Dieu a été formulée nettement ; et puis, autour de ce dogme fondamental, sont venues se grouper une foule de notions empruntées de l'Ancien et du Nouveau Testament. On a déclaré la guerre presque en même temps et à l'idolâtrie et à la dynastie tartare ; car, après avoir battu les troupes impériales et renversé l'autorité des mandarins, les insurgés ne manquaient jamais de détruire les pagodes et de massacrer les bonzes.

Dès que ces faits sont parvenus à la connaissance de l'Europe, on s'est hâté d'annoncer de toutes parts que la nation chinoise allait enfin se décider à embrasser le christianisme, et la Société biblique a cru devoir revendiquer aussitôt le mérite et la gloire de cette merveilleuse conversion. D'abord nous ne croyons nullement au prétendu christianisme des insurgés ; les sentiments religieux et mystiques qu'on trouve dans leurs manifestes ne nous ont jamais inspiré une grande confiance. En second lieu, il n'est nullement nécessaire d'avoir recours à la propagande protestante pour se rendre compte des idées plus ou moins chrétiennes qu'on a remarquées dans les proclamations des révolutionnaires chinois. Il existe dans toutes les provinces un nombre très-considérable de musulmans avec leur Koran et leurs mosquées. Il est présumable que ces musulmans, qui déjà plusieurs fois ont tenté de renverser la dynastie tartare, et se sont toujours distingués par une violente opposition au gouvernement, se seront jetés avec ardeur dans les rangs de l'insurrection. Plusieurs d'entre eux ont dû devenir généraux et s'immiscer dans les conseils de Tien-te ; dès lors il n'est pas surprenant de trouver dans les proclamations des insurgés le dogme de l'unité de Dieu, avec des idées bibliques bizarrement formulées. Depuis bien longtemps, d'ailleurs, les

Chinois ont à leur portée une collection précieuse de livres de doctrine chrétienne, composés par les anciens missionnaires et qui, même au point de vue purement littéraire, sont très-estimés dans l'empire. Ces livres sont répandus en grand nombre dans toutes les provinces, et il est naturel de penser que les novateurs chinois auront pu puiser à ces sources plus facilement que dans les Bibles prudemment déposées par les méthodistes sur les rivages de la mer.

Les croyances nouvelles proclamées par le gouvernement insurrectionnel, bien qu'elles soient encore vagues et mal définies, sont toutefois, il faut le reconnaître, un progrès réel, un pas immense fait dans la voie qui conduit à la vérité. Cette initiation de la Chine à des idées si opposées au scepticisme des masses et à leurs grossières tendances, est peut-être un symptôme de la marche mystérieuse des peuples vers cette grande unité dont parle le comte de Maistre, et que, suivant l'expression qu'il emprunte aux livres sacrés, nous devons « saluer de loin (1) ; » mais, pour le moment, il nous paraît difficile de voir dans le chef de l'insurrection autre chose qu'une sorte de Mahomet

(1) *Soirées de Saint-Pétersbourg*, premier entretien.

chinois, cherchant à fonder sa puissance par le fer et par le feu, et criant à ses fanatiques partisans : Il n'y a pas d'autre Dieu que Dieu, et Tien-te est le frère cadet de Jésus-Christ.

Maintenant, qu'adviendra-t-il de l'insurrection chinoise ? Les novateurs parviendront-ils à leurs fins, c'est-à-dire à constituer une nouvelle dynastie et un nouveau culte en harmonie avec leurs récentes croyances ; ou bien le Fils du Ciel (1) aura-t-il assez de puissance pour raffermir son trône ébranlé ? Les derniers événements sont encore trop peu connus et ne nous paraissent pas, d'ailleurs, assez décisifs pour que nous puissions d'ores et déjà rechercher quelle sera l'issue probable de la lutte.

Malgré cette impossibilité d'anticiper sur l'avenir, les journalistes d'Europe ont émis l'opinion que, la dynastie tartare une fois renversée, le système chinois serait reconstitué, et que la nation rentrerait ainsi dans ses voies traditionnelles. Il nous semble que c'est là une erreur ; ce qu'on appelle système chinois n'existe pas, à proprement parler ; car cette expression, dans le sens où nous venons de l'employer, ne peut être comprise que comme étant en

(1) Titre que se donne l'empereur de la Chine.

opposition avec celle de système tartare. Or il n'y a pas, il n'y a jamais eu de système tartare. La race mantchoue a pu, il est vrai, imposer son joug à la Chine; mais son influence a été nulle sur l'esprit chinois. C'est tout au plus s'il lui a été possible d'introduire quelques légères modifications dans le costume national et de forcer le peuple conquis à se raser la tête et à porter la queue; voilà tout le système tartare. Après la conquête comme avant, la nation chinoise a toujours été régie par les mêmes institutions; elle est toujours demeurée fidèle aux traditions de ses ancêtres; bien mieux, elle a, en quelque sorte, absorbé en elle-même la race tartare, elle lui a imposé sa civilisation et ses mœurs; elle a même réussi à éteindre presque la langue mantchoue et à la remplacer par la sienne. Enfin elle a su annuler son action dans l'empire en accaparant la plupart des fonctions qui servent plus particulièrement d'intermédiaire entre le gouvernant et les gouvernés. Presque tous les emplois, en effet, si nous en exceptons les charges militaires et les hautes dignités de l'État, sont devenus l'apanage à peu près exclusif des Chinois, qui possédaient plus généralement que les Tartares les connaissances spéciales nécessaires pour les remplir. Quant aux

Tartares, isolés et perdus au milieu de l'immensité de l'empire, ils ont toujours conservé le privilége de veiller à la sûreté des frontières, d'occuper les places fortes et de monter la garde à la porte du palais impérial.

Il n'est pas du tout surprenant que le système chinois ait résisté à l'invasion mantchoue, et n'ait pas été le moins du monde altéré par l'avénement d'une dynastie étrangère. Il en est bien autrement en Chine qu'en Europe. Les bouleversements politiques et les révolutions sans nombre dont ce pays a été le théâtre n'ont rien détruit, et la raison en est simple. Un des traits distinctifs du caractère chinois, c'est une vénération profonde et un respect en quelque sorte religieux pour les choses anciennes et les vieilles institutions. Après chaque révolution, ce peuple extraordinaire s'est appliqué à refaire le passé et à recueillir les traditions antiques, afin de ne pas s'écarter des rites établis par les ancêtres. Voilà pourquoi le système chinois est toujours resté ce qu'il était ; voilà aussi un des motifs qui permettent d'expliquer comment ce peuple, arrivé si vite à un degré remarquable de civilisation, est demeuré stationnaire et n'a pas fait de progrès depuis des siècles.

Peut-on cependant espérer que la nouvelle insurrection apportera quelque modification au système chinois ? Il est tout au moins permis d'en douter. Il est même probable que les dispositions peu sympathiques de la Chine à l'égard des peuples de l'Occident resteront ce qu'elles ont toujours été. La Chine est loin d'être ouverte, et, quoi qu'on en ait dit, nous pensons que nos missions n'ont rien de bon à espérer. Il ne faut pas l'oublier, en effet, le christianisme n'est nullement engagé dans la crise qui travaille cet empire ; les chrétiens, trop prudents et trop sages pour arborer un drapeau politique, trop peu nombreux, d'ailleurs, pour exercer une influence sensible sur les affaires du pays, sont restés neutres. A ce titre, ils sont devenus également suspects aux deux partis, et nous craignons bien qu'un jour le vainqueur, quel qu'il soit, ne les punisse de la résistance du vaincu. Si le gouvernement tartare triomphe de l'insurrection qui, déjà plus d'une fois, a arboré la croix sur ses étendards, il sera sans pitié contre les chrétiens, et cette longue lutte n'aura servi qu'à redoubler ses soupçons et sa colère ; si, au contraire, Tien-te l'emporte et parvient à chasser les anciens conquérants de la Chine, comme il a la prétention de fonder non-seulement une dynastie, mais encore un nouveau culte, il brisera, dans l'enivrement de la victoire, tous les obstacles qui s'opposeront à ses projets. Ainsi, la fin de la guerre civile sera peut-être le signal d'une grande persécution. Ces terribles épreuves ne doivent pas, sans doute, nous faire désespérer de l'avenir du christianisme en Chine ; nous savons que Dieu mène les nations à son gré, qu'il sait, quand il lui plaît, tirer le bien du mal, et que souvent, lorsque les hommes pensent que tout est perdu, c'est alors que tout est sauvé.

En effet, malgré le culte voué par les Chinois à tout ce qui touche à leurs vieilles institutions, si les circonstances forçaient, plus tard, l'élément européen à sortir de sa neutralité et à s'immiscer un jour dans les affaires du Céleste Empire, cette intervention serait probablement la source de changements notables et conduirait peu à peu la Chine à une transformation complète. Peut-être même, et en écartant l'hypothèse d'une intervention, les idées nouvelles apportées par les révolutionnaires chinois deviendront-elles assez vivaces pour exercer sur les destinées de l'empire une influence considérable. Alors la Chine régénérée prendrait une physionomie nouvelle, et qui sait si elle ne finirait pas par se mettre au niveau des grandes nations de l'Occident?

Ces prévisions, tout incertaines qu'elles sont, nous ont encouragé dans notre travail. Au moment, en effet, où la dynastie tartare mantchoue menace de sombrer, alors que la Chine paraît être à la veille d'une transformation politique et sociale, nous avons pensé qu'il ne serait pas inutile de dire tout ce que nous savons sur ce grand empire. S'il doit complétement changer de face, au moins aurons-nous peut-être contribué à conserver une empreinte de son passé et à sauver de l'oubli ses vieux rites qui l'ont rendu, même de nos jours, incompréhensible à l'Europe. Pendant que l'insurrection travaillait à démolir, nous cherchions à construire ; et, si nous sommes parvenu à donner une idée exacte de la société chinoise, telle qu'elle s'est montrée à nous pendant nos longs voyages, notre but sera atteint et nous n'aurons plus qu'à dire, comme les anciens auteurs : *Soli Deo honos et gloria.*

Dans nos *Souvenirs d'un voyage*, nous avons déjà raconté nos courses à travers les déserts de la Tartarie, les incidents de notre séjour au Thibet, séjour abrégé par le mauvais vouloir de la politique chinoise, et enfin notre retour en Chine, sous la conduite d'une escorte de mandarins. Nous allons maintenant reprendre notre récit où nous l'avons laissé, c'est-à-dire au moment où, venant de franchir les frontières de la Chine, nous étions dirigés par nos conducteurs vers la capitale du Sse-Tchouen, pour y être mis en jugement.

Cette seconde partie de nos voyages roulera exclusivement sur la Chine, et nous essayerons de détruire, autant que possible, les idées erronées et absurdes qui ont couru de tout temps sur le peuple chinois. Les efforts que de savants orientalistes, et principalement M. Abel Rémusat, ont tentés pour rectifier l'opinion des Européens à l'égard des Chinois, ne paraissent pas avoir eu tout le succès qu'ils méritaient ; car, à chaque instant, on est exposé à entendre ou à lire les choses les plus contradictoires touchant ce peuple remarquable. La cause de ces erreurs n'est pas difficile à trouver, et on doit la chercher dans les relations publiées, à diverses époques, par ceux qui ont pénétré en Chine, et dans celles surtout écrites par des personnes qui n'y ont jamais mis le pied.

Lorsque, au seizième siècle, des missionnaires catholiques vinrent apporter l'Évangile à ces peuples innombrables dont la réunion forme l'empire chinois, le spectacle qui s'offrit à leurs yeux était bien fait pour les frapper d'étonnement, et même d'admiration. L'Europe, qu'ils venaient de quitter, était livrée à tous les tiraillements de l'anarchie politique et intellectuelle. Les arts, l'industrie, le commerce, l'aspect général des villes et de leurs populations, tout cela n'était pas alors ce que nous le voyons aujourd'hui. L'Occident n'était pas encore lancé dans les progrès de sa civilisation matérielle.

La Chine, au contraire, était, en quelque sorte, à l'apogée de sa prospérité. Les institutions politiques et civiles fonctionnaient avec une admirable régularité. L'empereur et ses mandarins étaient véritablement les *Père et Mère* (1) du peuple, et partout, chez les grands comme chez les petits, les lois étaient fidèlement observées. Cet immense empire avait de quoi frapper l'imagination, avec sa nombreuse population, si intelligente et si policée, avec ses campagnes habilement cultivées, ses grandes villes, ses fleuves magnifiques, son beau système de canalisation, tout cet ensemble enfin de civilisation et de prospérité. La comparaison n'était certes pas à l'avantage de l'Europe ; aussi les missionnaires furent-ils portés à tout admirer dans leur nouvelle patrie d'adoption. Ils ne virent pas toujours le mal, s'exa-

(1) Titre par lequel sont désignés, en Chine, les représentants de l'autorité.

gérèrent souvent le bien, et publièrent de bonne foi des relations qu'à leur insu, sans doute, ils embellissaient un peu trop.

Les missionnaires modernes sont peut-être tombés dans l'excès contraire ; l'Europe aujourd'hui ne cesse de marcher de progrès en progrès, et chaque jour une nouvelle découverte est signalée à l'attention des esprits. La Chine, au contraire, est en décadence, les vices qui déformaient ses antiques institutions ont grandi, et ce qu'il pouvait y avoir de bien a presque entièrement disparu. Aussi les missionnaires, partis pleins d'illusions et d'idées magnifiques sur la splendeur de la civilisation chinoise, ont-ils éprouvé, dans ces derniers temps, en trouvant ce pays livré au désordre et à la misère, des sentiments bien différents de ceux qui animèrent leurs prédécesseurs il y a trois siècles. Sous l'empire de ces sentiments, ils ont publié des relations où la Chine est représentée sous des couleurs peu riantes. Ils ont, sans le vouloir, exagéré le mal, comme leurs devanciers avaient exagéré le bien, et cette différence dans les appréciation sa produit des récits contradictoires, qui n'étaient pas de nature à jeter un grand jour sur la société chinoise. Pour augmenter la confusion, il était juste que les touristes fournissent leur contingent, et certes ils n'y ont pas manqué.

Il est peu de voyageurs, attirés par la curiosité ou l'intérêt, soit à Macao, soit sur quelque autre point du littoral chinois, qui n'aient éprouvé le besoin de faire savoir au monde, du moins par la voix des journaux, qu'ils avaient visité l'empire céleste. Quoiqu'ils n'aient presque rien vu, cela ne les a pas empêchés d'écrire beaucoup et de s'appliquer à dénigrer les Chinois, par la raison toute simple que les missionnaires en avaient autrefois fait l'éloge. Le plus souvent, ils se sont inspirés, dans leurs écrits, de quelques relations d'ambassades, qui, malheureusement, jouissent encore d'une certaine autorité, quoique M. Abel Rémusat ait essayé plus d'une fois de les réduire à leur juste valeur. « Les idées défa-« vorables aux Chinois, dit cet impartial et habile « critique, ne sont pas nouvelles, mais elles se sont « répandues et accréditées assez nouvellement. Elles « sont dues, en partie, aux auteurs qui ont écrit la « relation de l'ambassade hollandaise, et des deux « ambassades anglaises. Les missionnaires avaient « tant vanté les mœurs et la police chinoise, que, « pour dire du neuf en ce genre, il fallait nécessai-« rement prendre le contre-pied. Il y avait, d'ail-

« leurs, beaucoup de gens disposés à croire que les « religieux avaient cédé, en écrivant, aux préjugés « de leur état et aux intérêts de leur entreprise. Des « observateurs laïques sont bien moins suspects aux « yeux de ceux pour qui des missionnaires sont à « peine des voyageurs. Comment, en effet, un « homme qui n'est ni jésuite, ni dominicain, pour- « rait-il manquer d'être un modèle d'exactitude et « d'impartialité ?

« Cependant, si l'on veut y prendre garde, ces « voyageurs, sur lesquels on fait tant de fond, n'ont « pas à notre confiance autant de titres qu'on pour- « rait croire. Aucun d'eux n'a su la langue du pays, « tandis que des jésuites ont écrit en chinois de « manière à égaler les meilleurs lettrés ; aucun d'eux « n'a vu les Chinois autrement qu'en cérémonie, « dans des visites d'étiquette ou des festins réglés « par les rites, tandis que les missionnaires péné- « traient et étaient répandus partout, depuis la cour « impériale jusqu'aux derniers villages des pro- « vinces les plus éloignées. Ces voyageurs n'ont pas « laissé de parler tous fort bien des productions du « pays, des mœurs des habitants, du génie du gou- « vernement ; c'est qu'ils avaient tous sous les yeux, « en faisant la relation de leurs voyages, la collection

« des *Lettres édifiantes*, la compilation de Duhalde « et les mémoires des missionnaires. Aussi ne « trouve-t-on pas, chez les uns, une notion de quel« que importance qui ait échappé aux autres ; ils ont « copié fidèlement, et c'est ce qu'ils pouvaient faire « de mieux. Qu'auraient pu dire, à leur place, les « hommes même les plus habiles ? La situation des « voyageurs n'est pas brillante à la Chine ; on les « emprisonne, à leur départ de Canton, dans des « barques fermées ; on les garde à vue dans toute « leur route sur le grand canal ; on les met aux « arrêts forcés aussitôt après leur arrivée à Péking ; « on les renvoie en toute hâte après quatre ou cinq « interrogatoires et deux ou trois réceptions offi« cielles. Tenus, en quelque sorte, au secret pen« dant tout leur séjour, et sans communication avec « l'extérieur, ils ne peuvent nous décrire, avec « quelque connaissance de cause, que la haie de sol« dats qui les escorte, les chants des rameurs qui les « accompagnent, les formalités employées par les « inspecteurs qui les examinent, et les évolutions « des grands qui se sont prosternés avec eux devant « le Fils du Ciel. Un de ces voyageurs a tracé, avec « autant de naïveté que de précision, l'histoire de « tous en trois mots : Ils entrent à Péking comme

« des mendiants, y séjournent comme des prison-
« niers, et en sont chassés comme des voleurs (1).

« Ce genre de réception, conforme aux lois de « l'empire, explique assez bien les préventions que « les faiseurs de relations ont laissées percer pour « la plupart. Ils ont trouvé à la Chine peu d'agré- « ments et de liberté, des usages gênants, des meu- « bles peu commodes, des mets qui n'étaient point « de leur goût. Une mauvaise cuisine et un mauvais « gîte laissent des souvenirs dans l'esprit le plus im- « partial (2). »

Ce n'est pas assurément en parcourant le pays de cette manière, ou en séjournant quelque temps dans un port à moitié *européennisé*, que l'on peut arriver à connaître la société chinoise. Pour cela, il faut s'être, en quelque sorte, identifié avec la vie des Chinois, s'être fait Chinois soi-même et l'être demeuré longtemps. C'est ce que nous avons fait pendant quatorze ans, et par là peut-être sommes-nous en mesure de parler avec exactitude d'un empire que nous avions adopté comme une seconde patrie, et sur le sol duquel nous étions entré sans esprit de

(1) *Mélanges posthumes*, p. 336.

(2) *Relation de l'ambassade de lord Macartney*, par Anderson, trad. franç., t. II, p. 26.

retour. Les circonstances nous ont, en outre, beaucoup favorisé dans nos observations; car il nous a été donné de parcourir plusieurs fois les diverses provinces de l'empire et de les comparer entre elles, et surtout d'être initié aux habitudes de la haute société chinoise, au milieu de laquelle nous avons constamment vécu depuis les frontières du Thibet jusqu'à Canton.

Ceux qui liront notre voyage en Chine ne doivent pas s'attendre à trouver dans notre narration un grand nombre de ces détails édifiants, si pleins de charmes pour les âmes croyantes et pieuses, et qu'on serait peut-être en droit de rechercher dans des pages écrites par un missionnaire. Nous avons eu l'intention de nous adresser à tous les lecteurs, de faire connaître la Chine et non pas de retracer exclusivement les faits qui concernent nos missions ; c'est dans les Annales de la propagation de la foi qu'on doit lire ces relations intéressantes, véritables bulletins de l'Église militante, où sont consignés tour à tour les actes des apôtres, les vertus des néophytes et les combats des martyrs. Pour nous, notre but s'est borné à donner une esquisse du théâtre de cette guerre toute pacifique et à faire connaître les populations que l'Église de Dieu veut soumettre à son empire et faire entrer dans son obéissance. Par là il sera plus facile ensuite, nous l'espérons, de comprendre ces longues luttes du christianisme eu Chine et d'apprécier ses victoires.

Encore un mot. On trouvera dans notre récit beaucoup de choses qui paraîtront peut-être invraisemblables, surtout si l'on veut s'en rendre compte à l'aide des idées européennes, et sans se placer, qu'on nous permette cette expression, au point de vue chinois. Cependant nous aimons à penser qu'on voudra bien avoir confiance en notre sincérité, et nous dispenser d'employer, en ce moment, le langage que le célèbre Marco-Polo crut devoir adresser à ses lecteurs, en commençant son intéressante relation : « ...et por ce metreron les chouses veue « por veue, et l'entandue por entandue, porceque « notre livre soit droit et vertables sanz nulle men- « songe; et chascun que cest livre liroie ou hoiront, « le doient croire, por ce que toutes sunt chouses « vertables (1). »

(1) *Recueil des voyages de la Société de géographie, Voyage de Marco-Polo,* t. I, p. 2.

Paris, 24 mai 1854.

L'EMPIRE CHINOIS

CHAPITRE PREMIER.

Organisation du départ. — Nouveau costume. — Départ de Ta-tsien-lou. — Derniers adieux de l'escorte thibétaine. — Aspect de la route. — Pont suspendu sur la rivière Lou. — Famille de notre conducteur. — Porteurs de palanquin. — Longues caravanes de portefaix. — Grande émeute à notre sujet dans la ville de Ya-tcheou. — Le pays prend définitivement le caractère chinois. — Arcs de triomphe et monuments érigés en l'honneur des vierges et des veuves. — Palais communaux pour les grands mandarins en voyage. — Découverte d'une famille chrétienne. — Aristocratie de Khioung-tcheou. — Introduction et ravages de l'opium en Chine. — Magnifique monastère de bonzes. — Entrevue avec un chrétien de la capitale du Sse-tchouen. — Arrivée à Tching-tou-fou.

Deux ans s'étaient écoulés depuis que nous avions fait nos adieux aux chrétiens de la vallée des Eaux noires. A part quelques mois de séjour dans la lamaserie de Kounboum et au sein de la capitale du bouddhisme, nous avions été perpétuellement en course parmi les vastes déserts de la Tartarie et les hautes montagnes du Thibet. Deux années d'inexprimables fatigues n'étaient pas encore assez, et nous étions loin d'être au bout de nos souffrances. Avant de retrouver un peu de repos, nous devions franchir les frontières de la Chine, et traverser cet immense empire d'occident en orient. Autrefois, lors de notre première entrée dans les missions, nous l'avions déjà parcouru dans toute sa longueur, du sud au nord, mais furtivement, en cachette, choisissant parfois les ténèbres et les sentiers détournés, voyageant enfin un peu à la façon des ballots de contrebande. Actuellement, notre position n'était plus la même. Nous allions marcher à découvert, au grand jour et sur le beau milieu des routes impériales. Ces mandarins dont jadis la seule vue nous donnait le frisson, et qui nous eussent torturés avec un bonheur infini, si nous fussions tombés entre leurs mains, allaient subir le désagrément de nous faire cortége et de nous combler de politesses et d'honneurs tout le long de la route.

Nous allions donc entrer en Chine et cheminer au milieu d'une civilisation qui ressemble fort peu, il est vrai, à celle de l'Europe, mais qui, cependant, n'en est pas moins complète en son genre. Le climat, d'ailleurs, ne serait plus le même, et les voies de communication vaudraient mieux que celles de la Tartarie et du Thibet : ainsi plus de crainte de la neige, des gouffres, des précipices, des bêtes féroces et des brigands du désert. Une immense population, des vivres en abondance et d'une riche variété, des campagnes magnifiques, des habitations d'un luxe agréable, quoique souvent bizarre, voilà ce que nous devions rencontrer durant le cours de cette nouvelle et longue étape. Cependant nous connaissions trop les Chinois pour être rassurés et nous trouver complétement à l'aise dans ce changement de position. Ki-chan (1) avait bien donné l'ordre de nous traiter avec

(1) Ambassadeur chinois à Lha-ssa. (Voir nos *Souvenirs d'un voyage*, t. II, p. 285.)

bienveillance; mais, en définitive, nous étions abandonnés, sans défense, à la merci des mandarins. Après avoir échappé aux mille dangers des contrées sauvages que nous venions de traverser, rien ne pouvait nous donner l'assurance que nous ne péririons pas de faim et de misère au sein de l'abondance et de la civilisation. Nous étions convaincus que notre sort dépendrait de l'attitude que nous saurions prendre dès le commencement.

Nous l'avons déjà fait observer ailleurs, les Chinois, et surtout leurs mandarins, sont forts avec les faibles et faibles avec les forts. Dominer et écraser ce qui les entoure, voilà leur but, et, pour y parvenir, ils savent trouver dans la finesse et l'élasticité de leur caractère des ressources inépuisables. Si on a le malheur de leur laisser prendre une fois le dessus, on est perdu sans ressources; on est tout de suite opprimé, et bientôt victime. Quand, au contraire, on a pu réussir à les dominer eux-mêmes, on est sûr de les trouver dociles et malléables comme des enfants. Il est facile alors de les plier et de les façonner à volonté; mais on doit bien se garder d'avoir avec eux un seul moment de faiblesse, il faut les tenir toujours avec une main de fer. Les mandarins chinois ressemblent beaucoup à leurs longs bambous; une fois qu'on est parvenu à leur saisir la tête et à les courber, ils restent là; pour peu qu'on lâche prise, ils se redressent à l'instant avec impétuosité. C'était donc une lutte que nous devions entreprendre, une lutte incessante et de tous les jours, depuis Ta-tsien-lou jusqu'à Canton. Il n'y avait pas de milieu, ou subir leur volonté, ou leur imposer la nôtre. Nous adoptâmes résolûment ce dernier parti, parce que nous n'étions pas du tout résignés à voir notre long pèlerinage aboutir, sans profit, à une fosse derrière les remparts de quelque ville chinoise (1). Évidemment ce n'eût pas été là le martyre après lequel soupirent les missionnaires.

En premier lieu nous eûmes à soutenir de longues et vives discussions avec le principal mandarin de Ta-tsien-lou (2), qui ne voulait pas consentir à nous faire continuer notre route en palanquin. Il dut pourtant en passer par là, car nous ne pouvions pas même supporter l'idée d'aller encore à cheval. Depuis deux ans nos jambes avaient enfourché tant de chevaux de tout âge, de toute grandeur, de toute couleur et de toute qualité, qu'elles aspiraient irrésistiblement à s'étendre en paix dans un palanquin. Cela leur fut accordé, grâce à la persévérance et à l'énergie de nos réclamations.

Après ce premier triomphe, il fallut nous insurger contre les décrets du tribunal des rites, au sujet du

(1) Nos craintes n'étaient nullement chimériques. A notre arrivée à Macao, nous apprîmes qu'un lazariste français, M. Carayon, avait été reconnu et arrêté dans une de nos missions du nord. D'après les décrets obtenus par M. Lagrénée, on ne pouvait plus juger et mettre à mort les missionnaires, comme cela se pratiquait auparavant; on devait les reconduire *honorablement* jusqu'à Macao. M. Carayon fut donc reconduit, mais enchaîné avec des malfaiteurs, et si maltraité le long de la route, si accablé d'outrages et d'avanies qu'il en est mort peu de temps après. Un autre missionnaire italien, reconduit de la même manière, se vit refuser, pendant la route, la nourriture nécessaire, et mourut d'inanition le jour même de son arrivée à Canton. Il serait trop long de citer tous les missionnaires qui, tout récemment, ont été victimes de la malice des Chinois. En 1851, M. Vacher, des Missions étrangères, fut arrêté dans la province de Yun-nan et jeté en prison, où, peu de temps après, on l'étouffa.

(2) Première ville de la frontière chinoise qu'on rencontre en venant du Thibet (Voir nos *Souvenirs d'un voyage*, t. II, p. 517.)

nouveau costume que nous voulions adopter. Nous nous étions dit : Dans tous les pays du monde, et surtout en Chine, l'habit joue, parmi les hommes, un rôle très-important. Puisqu'il nous est nécessaire d'inspirer aux Chinois une crainte salutaire, il n'est pas indifférent de nous habiller d'une façon plutôt que d'une autre. Nous jetâmes donc de côté notre costume du Thibet, les chaussures bigarrées, l'effroyable casque en peau de loup et les longues tuniques en pelleterie qui exhalaient une forte odeur de bœuf et de mouton. Un habile tailleur nous confectionna une belle robe bleu de ciel, d'après la mode la plus récente de Péking. Nous chaussâmes de magnifiques bottes en satin noir, illustrées de hautes semelles d'une éblouissante blancheur. Jusque-là les rites n'avaient pas d'objections à faire ; mais, quand on nous vit nous ceindre les reins d'une large ceinture rouge, puis couvrir notre tête rasée avec une calotte jaune enrichie de broderies, et du sommet de laquelle pendaient de longs épis de soie rouge, il y eut autour de nous un frémissement général, et l'émotion, comme un courant électrique, gagna subitement les mandarins civils et militaires de la ville. On nous cria de toute part que la ceinture rouge et le bonnet jaune étaient les attributs des membres de la famille impériale ; qu'ils étaient interdits au peuple, sous peine d'exil à perpétuité ; que le tribunal des rites était inflexible sur ce point ; qu'il fallait donc sur-le-champ réformer notre toilette et nous costumer selon les lois. Nous alléguâmes qu'étant étrangers, voyageant comme tels et par ordre de l'autorité, nous n'étions nullement tenus de nous conformer au rituel de l'empire ; que nous avions le droit de nous habiller selon la méthode de notre pays, méthode qui laissait tout le monde libre de choisir, à sa fantaisie, la forme et la couleur des vêtements. On insista ; on se mit en colère, on entra en fureur.... Nous demeurâmes calmes et impassibles, mais affirmant toujours que nous ne ferions jamais un pas sans ceinture rouge et calotte jaune. Nous fûmes fermes, et les mandarins plièrent.... Cela devait être.

Le mandarin militaire, d'origine musulmane (1), que nous avions recruté à Ly-tang après le décès du pauvre Pacificateur des royaumes, dut nous escorter jusqu'à Tching-tou-fou, capitale de la province du Sse-tchouen. Il avait bien été convenu que sa mission se terminerait à la frontière ; mais les mandarins de Ta-tsien-lou nous trouvèrent d'un naturel si revêche que tous déclinèrent l'honneur de conduire la caravane. Le musulman ne montrait pas non plus un grand empressement ; il avait un peu peur de nous ; cependant il sut, en vrai disciple de Mahomet, subir sa destinée et se dire avec résignation : C'était écrit.

Enfin, nous quittâmes Ta-tsien-lou à la grande satisfaction des mandarins du lieu qui avaient désespéré de nous plier à leurs idées de civilisation. Nous conservâmes la même escouade chinoise que nous avions prise à Lha-ssa. On se contenta seulement de la renforcer par quelques jeunes soldats de la province, commandés par un long et maigre caporal, qui, la robe retroussée jusqu'aux reins, les jambes nues, un gros parapluie d'une main et un éventail de l'autre, s'en allait d'une façon

(1) Voir nos *Souvenirs d'un voyage*, t. II, p. 512 et 513.

très-peu guerrière. Pour nous, commodément enfoncés dans nos chers palanquins, nous étions rapidement emportés par quatre vigoureux Chinois parmi les rochers, les bourbiers et les excavations de la route. Bientôt nous laissâmes derrière nous les gens de l'escorte, incapables de lutter de vitesse avec nos agiles et intrépides porteurs.

Après cinq lis (1) de marche, on s'arrêta. Les Chinois déposèrent les palanquins, et l'un d'eux nous invita à en sortir. Sa parole, pleine d'urbanité, fut accompagnée d'un petit sourire où paraissait se cacher un peu de mystère. Aussitôt que nous eûmes quitté nos waggons chinois, nous fûmes bien agréablement surpris de trouver, derrière une colline rocheuse, le lama Dchiamdchang (2) avec sa petite troupe thibétaine. Ces braves gens étaient venus nous attendre sur notre passage, pour nous faire leurs derniers adieux à la manière de leur pays. Ils avaient préparé sur le gazon, à côté d'un massif de grands arbres, une collation composée de pâtisseries chinoises, d'une compote de jujubes et d'abricots de Ladak et d'une grande jarre de vin de riz. Nous nous assîmes à la ronde et nous fîmes, tous ensemble, une petite fête où un peu de joie se trouvait mêlée à beaucoup de tristesse. Nous étions heureux de nous trouver réunis encore une fois ; mais la pensée que nous allions bientôt nous séparer, et peut-être pour toujours, remplissait nos cœurs d'amertume. L'escorte, que nous avions laissée en arrière, nous atteignit, et il fallut se re-

(1) Le li chinois est un dixième de notre lieue.

(2) Chef de l'escorte thibétaine qui nous avait accompagnés depuis Lha-ssa jusqu'aux frontières de Chine. (Voir nos *Souvenirs d'un voyage*, t. II, p. 403.)

mettre en route. Nous distribuâmes à nos porteurs une bonne rasade de vin chinois, et, après avoir souhaité un heureux retour à nos chers Thibétains et leur avoir dit : Au revoir ! nous rentrâmes dans nos palanquins.

Au revoir ! Ces paroles si pleines de consolation et qui sèchent tant de larmes quand on quitte un ami, que de fois nous les avons prononcées avec la ferme espérance qu'un jour nous nous retrouverions auprès de ceux à qui nous les adressions ! Que de fois, en Chine, en Tartarie, au Thibet, en Égypte, en Palestine, avons-nous dit à revoir à des amis que nous ne verrons plus !... Dieu nous cache notre avenir ; il ne veut pas que nous sachions les desseins qu'il a sur nous, et il nous traite encore en cela avec une bonté infinie ; car il est des séparations qui nous tueraient, si nous pouvions prévoir que nous disons adieu pour toujours. Ces Thibétains auxquels nous étions attachés par tant de liens, nous ne les verrons plus. Cependant il restera toujours à notre douleur une grande consolation : nous pourrons prier le Seigneur pour ces intéressantes populations et former les vœux les plus ardents pour que les missionnaires chargés de les évangéliser puissent parvenir jusqu'à elles et les faire passer des ténèbres et des glaces du bouddhisme aux clartés et à la chaleur vivifiante de la foi chrétienne.

La route que nous suivions depuis Ta-tsien-lou allant toujours en pente, nous nous trouvâmes bientôt dans une profonde et étroite vallée arrosée par un limpide ruisseau aux rives ombragées de saules et de touffes de bambous. Des deux côtés s'élevaient presque perpendiculairement de hautes et majestueuses montagnes ornées de grands arbres, de lianes et d'une inépuisable variété de plantes et de fleurs. Nos yeux s'enivraient de cette belle verdure émaillée des plus vives couleurs, et toutes les puissances de notre âme étaient dans le ravissement. Notre être tout entier se dilatait au milieu de ces riches épanouissements de la nature ; des larmes de bonheur mouillaient nos paupières pendant que nous aspirions par tous les pores les tièdes effluves de la végétation et les parfums de l'air. Il faut avoir vécu pendant deux années entières au milieu des glaces et des frimas, dans des déserts sablonneux et parmi de sombres et arides montagnes pour sentir les beautés merveilleuses et les charmes enivrants des plantes et des fleurs. Lorsque, pendant si longtemps, les yeux n'ont pu se reposer que sur la triste et monotone blancheur de la neige, on contemple avec extase les magnétiques attraits de la verdure.

Le chemin suivait ordinairement le cours de l'eau. Souvent nous passions d'une rive à l'autre, tantôt sur de petits ponts de bois recouverts de gazon et tantôt sur de grosses pierres jetées au milieu du ruisseau. Mais rien n'était capable de ralentir la marche de nos porteurs ; ils allaient toujours avec la même rapidité, franchissant, pleins de courage et d'agilité, tous les obstacles qui se rencontraient sur leur passage. Quelquefois ils faisaient une petite halte pour se délasser un peu, essuyer leur sueur et fumer la pipe ; puis ils reprenaient leur marche avec une ardeur nouvelle. L'étroite vallée que nous suivions était peu fréquentée. Nous rencontrions seulement, de temps en temps, quelques bandes de voyageurs, parmi lesquels il nous était facile de distinguer le vigoureux et énergique barbare Thibétain du civilisé Chinois, à la face si blême et si rusée. De toute part on voyait des troupes de chèvres et de bœufs à long poil brouter les pâturages de la montagne, pendant que de nombreux oiseaux chantaient et folâtraient parmi les branches des arbres.

Nous passâmes la première nuit dans une hôtellerie bien modeste et très-mal approvisionnée. Cependant, comme les habitations que nous avions rencontrées dans le Thibet ne nous avaient donné aucune habitude de luxe, nous y trouvâmes tout à souhait. Les misères de tout genre que nous avions si longtemps endurées nous avaient merveilleusement disposés à trouver tolérables toutes les épreuves de la vie.

Le lendemain la route devint plus sauvage et plus périlleuse à mesure que nous avancions. La vallée se rétrécissait de plus en plus, et nous rencontrions fréquemment devant nous d'énormes rochers et de grands arbres tombés de la crête des montagnes. Bientôt le ruisseau, qui la veille n'avait cessé de nous accompagner comme un ami fidèle, s'éloigna de nous insensiblement, et finit par disparaître dans une gorge profonde. Un torrent, que nous entendions gronder depuis longtemps et par intervalles, avec un bruit sourd semblable aux lointains roulements du tonnerre, déboucha brusquement de derrière une montagne, et s'en alla tout furieux à travers les rochers. Nous le suivîmes longtemps dans sa course vagabonde. On le voyait descendre en bruyantes cascades le long du granit, ou, semblable à un gigantesque serpent, traîner ses eaux verdâtres dans de sombres enfoncements. Cette seconde journée de marche ne nous offrit pas, comme la précédente, les attraits paisibles et gracieux de montagnes recouvertes d'arbres et de fleurs. Cependant ces âpres et sauvages grandeurs de la nature n'étaient pas non plus sans charmes. Nous quittâmes enfin ces défilés scabreux ; et, après avoir traversé une large vallée nommée *Hoang-tsao-ping* (plaine aux herbes jaunes), où l'on remarque une grande variété de culture et de végétation, nous arrivâmes au célèbre pont Lou-ting-khiao, que nous dûmes traverser à pied et à pas lents.

Le pont Lou-ting-khiao fut construit en 1701. Sa longueur est de trente-deux toises et sa largeur de dix pieds seulement. Il se compose de neuf énormes chaînes de fer, fortement tendues d'une rive à l'autre, sur lesquelles sont posées des planches transversales, mobiles, mais assez bien ajustées. La rivière Lou, sur laquelle est suspendu le Lou-ting-khiao, coule avec une si grande rapidité qu'il a toujours été impossible d'y construire un pont d'un autre genre. Les deux rives sont extrêmement élevées ; aussi, quand on est au milieu du pont, si on regarde de cette hauteur les eaux du fleuve qui fuient avec la vitesse d'une flèche, il est prudent de se tenir fortement cramponné aux garde-fous, de peur d'être saisi par le vertige et de se précipiter dans l'abîme. On a soin de marcher toujours très-lentement, parce que, le pont étant d'une grande élasticité, on risquerait de faire la culbute.

De l'autre côté de la rivière Lou est une petite ville où nous fûmes reçus assez bruyamment par un nombreux concours de peuple. Cette ville était la patrie de notre mandarin musulman, conducteur de la caravane.

Il fut décidé que nous nous y arrêterions un jour ; il était bien juste que ce mandarin, après avoir passé plus de deux ans à Ly-tang, sur la route du Thibet, pût se délasser, au moins pendant une journée, au sein de sa famille. Le lendemain, il nous présenta avec un orgueil tout paternel ses deux enfants enveloppés dans une superbe et resplendissante toilette. Ces enfants avaient la figure si stupéfaite, si ébouriffée, il y avait tant de roideur dans leurs bras et dans leurs jambes que nous les soupçonnâmes d'être logés pour la première fois dans de si magnifiques habits. Nous appréciâmes beaucoup, du reste, la courtoisie de notre musulman. Nous distribuâmes des friandises et quelques bonnes paroles à ces deux petits génies, nous les caressâmes de notre mieux, nous les trouvâmes, enfin, gentils et spirituels au delà de toute expression, pendant que leur papa, souriant de l'un à l'autre, s'épanouissait d'aise et de bonheur. Il est fâcheux que nous ne puissions pas faire un éloge aussi pompeux de la cuisine du mandarin que de sa progéniture. Ce brave homme, s'imaginant, sans doute, qu'après avoir admiré et contemplé ses deux héritiers pendant deux heures nous n'avions plus rien à désirer en ce monde, s'avisa de nous servir un dîner détestable. Ce malheureux incident nous donna la conviction que nous avions affaire à un personnage qui ne se ferait pas faute de spéculer, en route, sur notre estomac, et, comme il était évident pour nous que la famine et la mort se trouvaient au bout d'un pareil système, nous lui signifiâmes, en fronçant un peu les sourcils, que nous entendions vivre en Chine autrement que parmi les montagnes du Thibet. Les excuses ne manquèrent pas mais nous étions bien déterminés à n'en admettre jamais aucune.

Parmi les habitants de Lou-ting-khiao, on retrouve encore un peu l'élément thibétain dans les mœurs, et surtout dans le costume. A mesure qu'on avance, le mélange disparaît insensiblement, et il ne reste bientôt plus que la pure race chinoise.

Nous quittâmes Lou-ting-khiao de grand matin, et nous franchîmes une haute montagne au sommet de laquelle on rencontre un immense plateau avec un beau lac d'une demi-lieue de largeur. Les sentiers qui conduisent à ce plateau sont si tortus et si difficiles que l'*Itinéraire chinois* (1) n'a pas cru pouvoir mieux les décrire qu'en disant : « Ils ne sont commodes que « pour les oiseaux. »

Le jour suivant, nous eûmes un très-peu gracieux souvenir de nos terribles ascensions dans le Thibet. Nous escaladâmes le Fey-yué-ling, « montagne gigan« tesque dont les rochers monstrueux s'élèvent pres« que perpendiculairement. Leurs pointes blessent la « vue du voyageur. Pendant l'année entière, tout est « couvert de neige et entouré de nuages jusqu'au pied « de la montagne. Le chemin est affreux et passe par « des rochers et des crevasses ; c'est une des routes les « plus difficiles de toute la Chine ; on n'y trouve « aucune place pour se reposer. » Cette description, que nous empruntons à l'*Itinéraire chinois*, est d'une parfaite exactitude. Nous retrouvâmes la neige sur cette fameuse montagne, et, en la retrouvant, il nous sembla

(1) Voir ce qui est dit de cet *Itinéraire chinois* dans les *Souvenirs d'un voyage*, t. II, p. 404.

voir réunies et amoncelées toutes les horreurs et les misères des routes du Thibet et de la Tartarie. Nous étions comme des malheureux qui, après s'être arrachés du fond d'un abîme par des efforts de tout genre, y sont tout à coup précipités de nouveau. Les porteurs de nos palanquins firent des prodiges d'adresse, de force et de courage. Dans les endroits les plus difficiles, nous voulions descendre pour leur procurer un peu de soulagement; mais ils ne le permettaient que rarement, car ils mettaient une sorte d'amour-propre à gravir comme des chamois les rochers les plus escarpés, et à franchir d'affreux précipices, toujours portant sur leurs épaules ce lourd palanquin, qu'on voyait se balancer au-dessus des abîmes. Que de fois le frisson est venu parcourir nos membres! Il n'eût fallu qu'un faux pas pour nous faire rouler au fond de quelque gouffre et nous broyer contre les rochers. Mais rien n'est comparable à la solidité et à l'agilité de ces infatigables porteurs de palanquin. Ce n'est que parmi ces étonnants Chinois qu'il est possible de trouver les gens de cette trempe. Ils exercent leur épouvantable métier avec une prestesse et une jovialité dont on est stupéfait. Pendant qu'ils courent sur ces affreux chemins, haletants, le corps ruisselant de sueur, et perpétuellement exposés à se casser quelque membre, on les entend rire, plaisanter, quolibeter, comme s'ils étaient tranquillement assis dans une taverne à thé. Malgré les fatigues inimaginables que ces malheureux endurent, ils sont très-peu rétribués. La taxe de leur salaire est fixée à une sapèque par li, ce qui revient à peu près à un sou par lieue. Ainsi ils peuvent tout au plus gagner la valeur de dix sous dans une journée ; et, comme dans l'année il se rencontre un grand nombre de jours où ils ne trouvent pas à exercer leur industrie, ils ont une moyenne de six sous à dépenser journellement. Avec cela ils doivent se nourrir, se vêtir, se loger et trouver encore du superflu pour passer la majeure partie des nuits à jouer et à fumer l'opium. Il est vrai que, en Chine, la nourriture du peuple est d'un bon marché incroyable ; puis le porteur de palanquin est de sa nature un peu maraudeur, et il a le privilége de loger partout où il trouve un recoin, dans les pagodes, dans les auberges et autour des tribunaux. Pour ce qui est de son costume, il n'est pas, en général, très-compliqué : les sandales en paille de riz, un caleçon qui descend jusqu'à moitié cuisse... et voilà tout. Il a bien encore à son usage une courte camisole, mais il ne s'en affuble jamais qu'à demi. Le porteur de palanquin est, parmi les Chinois, un des types les plus originaux ; nous aurons occasion de l'étudier souvent dans le cours de ce voyage.

Sur le sommet de la montagne, nos porteurs prirent un peu de repos ; ils dévorèrent avec avidité quelques galettes de maïs et fumèrent plusieurs pipes de tabac. Pendant ce temps, nous contemplions en silence de gros nuages roux et gris qui tantôt se balançaient ou se traînaient pesamment sur les flancs de la montagne, et tantôt demeuraient immobiles, se dilatant, se gonflant peu à peu et semblant vouloir s'élever jusqu'à nous. Au-dessous des nuages on voyait se dessiner en miniature des groupes de rochers avec de profonds ravins, des torrents écumeux, des cascades et des vallons cultivés avec soin, où de grands arbres au noir et épais feuillage tranchaient vivement sur la tendre verdure des rizières. Le tableau se complétait par quelques habitations à moitié cachées dans des touffes de bambou, d'où s'échappaient par intervalles de légers tourbillons de fumée.

Malgré les difficultés et les dangers que présente cette montagne, elle est perpétuellement couverte d'un grand nombre de voyageurs ; car il n'y a pas d'autre passage pour se rendre à Ta-tsien-lou, grande place de commerce entre la Chine et les tribus thibétaines. On rencontre, à chaque instant, le long de ces étroits sentiers, des files interminables de porteurs de thé en brique (1) qu'on prépare à Khioung-tcheou, et qui s'expédie de Ta-tsien-lou dans les diverses provinces du Thibet. Ces thés, pressés et empaquetés en long dans des nattes grossières, sont placés et retenus par des lanières en cuir sur le dos des porteurs chinois, qui s'en chargent ordinairement outre mesure. On voit ces malheureux, parmi lesquels on remarque un grand nombre de femmes, d'enfants et de vieillards, grimper ainsi, à la suite les uns des autres, sur les flancs escarpés de la montagne. Ils avancent en silence, à pas lents, appuyés sur de gros bâtons ferrés et les yeux continuellement fixés en terre. Des bêtes de somme supporteraient difficilement les fatigues journalières et excessives auxquelles sont condamnés ces nombreux forçats de la misère. De temps en temps, celui qui est à la tête de la file donne le signal d'une courte halte en frappant la montagne d'un grand coup de son bâton ferré. Ceux qui le suivent imitent succes-

(1) Fabrication et préparation du thé en brique. (Voir *Souvenirs d'un voyage*, t. I, p. 61.)

sivement ce signal. Bientôt tout le monde s'arrête, et chacun, après avoir placé son bâton derrière le dos pour soutenir un peu la charge, relève lentement la tête et pousse un long sifflement qui ressemble à un douloureux soupir. De cette manière, ils essayent de ranimer leurs forces et de rappeler un peu d'air dans leurs poumons épuisés. Après une minute de repos, la lourde charge retombe sur la tête de ces pauvres créatures, leurs corps se courbent de nouveau vers la terre, et la caravane s'ébranle pour continuer sa route.

Lorsque nous rencontrions ces malheureux porteurs de thé, ils étaient obligés de s'arrêter et de s'appliquer contre la montagne pour nous laisser le passage libre. A mesure que nos palanquins avançaient, ils soulevaient un peu la tête et jetaient sur nous un regard furtif et plein d'une affreuse stupidité. Voilà, nous disions-nous le cœur oppressé de tristesse, voilà ce qu'une civilisation corrompue et sans croyances a su faire de l'homme créé à l'image de Dieu, de l'homme presque égal aux anges, qui, au commencement, fut couronné d'honneur et de gloire et constitué souverain de tous les biens de ce monde. Ces paroles, par lesquelles le Roi-Prophète élève si haut la dignité de l'homme, nous revenaient involontairement à l'esprit ; mais elles étaient comme une amère dérision en présence de ces êtres dégradés et devenus semblables à des bêtes de somme.

Le thé en brique et les *khatas*, ou écharpes de félicité (1), sont un objet de grand commerce entre la Chine et le Thibet. On ne saurait se faire une idée de la

(1) Voir une notice sur les écharpes de félicité dans les *Souvenirs d'un voyage*, t. II, p. 88.

quantité prodigieuse qui s'en expédie annuellement des provinces du Kan-sou et du Sse-tchouen. Ces articles, qu'on ne peut, en aucune manière, considérer comme des objets de première nécessité, sont toutefois tellement entrés dans les habitudes et les besoins des Thibétains qu'ils ne sauraient maintenant s'en passer. Ainsi ils se sont rendus volontairement les tributaires de cet empire chinois qui pèse lourdement sur eux, et dont ils auraient si grand intérêt à secouer le joug. Il leur serait donné peut-être de vivre libres et indépendants au milieu de leurs montagnes, s'ils savaient se passer des Chinois en bannissant de chez eux le thé et les écharpes de félicité... C'est, sans doute, ce qu'ils ne feront pas, car les besoins les plus factices sont souvent ceux dont on a le plus de peine à se défaire.

Après avoir franchi le fameux Fey-yué-ling, qui se dresse, sur les frontières de l'empire du Milieu, comme une sentinelle avancée des montagnes du Thibet, nous retrouvâmes la Chine avec ses belles campagnes, ses villes et ses villages, et sa nombreuse population. La température s'éleva rapidement, et bientôt les chevaux thibétains que conduisaient les soldats chinois de la garnison de Lha-ssa, se trouvèrent tellement accablés de chaleur qu'on les voyait s'en aller tristement le cou tendu, les oreilles baissées et la bouche entr'ouverte et haletante. Plusieurs ne résistèrent pas à cette brusque transition et moururent en route. Les soldats chinois, qui avaient compté les vendre très-cher dans leur pays, étaient furieux et maudissaient dans leur colère le Thibet tout entier.

Un peu avant d'arriver à Tsing-khi-hien, ville de

troisième ordre, le vent se mit à souffler avec une telle impétuosité que nos porteurs avaient toutes les peines du monde à retenir les palanquins sur leurs épaules. Quand nous entrâmes dans la ville agitée par ce furieux ouragan, nous fûmes fort surpris de trouver les habitants vaquant à leurs occupations ordinaires, dans la plus grande tranquillité. Le chef de l'hôtellerie où nous mîmes pied à terre nous dit que c'était le temps ordinaire du pays. Nous consultâmes notre *Itinéraire chinois*, et nous y lûmes, en effet, les paroles suivantes : « A Tsing-khi-hien, les vents sont terribles; tous les « soirs il y a des tourbillons furieux qui s'élèvent tout à « coup, font trembler les maisons et occasionnent un « bruit effroyable, comme si tout s'écroulait; cependant « les habitants sont accoutumés à ce phénomène. » Il est probable que ces mouvements atmosphériques sont dus au voisinage du Fey-yué-ling et de ses grandes et nombreuses gorges.

Depuis notre départ de Ta-tsien-lou, nous avions voyagé assez tranquillement et sans trop exciter sur notre passage la curiosité des Chinois; mais l'agitation commença à se faire aussitôt que nous eûmes gagné les grands centres de population. L'estafette qui nous précédait dans les diverses étapes, pour annoncer notre arrivée, ne manquait pas d'emboucher la trompette et de donner partout l'éveil. Les paysans interrompaient alors les travaux des champs, et couraient se poster sur les rebords des chemins pour nous voir passer. A l'entrée des villes surtout, les curieux débouchaient de tous côtés en si grand nombre que les palanquins ne pouvaient avancer qu'avec la plus grande difficulté. Les soldats de l'escorte cherchaient à écarter la foule en distribuant, à droite et à gauche, de grands coups de rotin; les porteurs vociféraient ; et, pendant que nous avancions ainsi comme au milieu d'une émeute, tous ces petits yeux chinois plongeaient dans nos palanquins avec une avide curiosité. On faisait tout haut des réflexions sur la découpure de notre visage; la barbe, le nez, les yeux, le costume, rien n'était oublié. Quelques-uns paraissaient satisfaits de notre façon d'être; plusieurs, au contraire, partaient subitement d'un grand éclat de rire, aussitôt qu'ils avaient saisi tout ce qu'il y avait de drôle et de burlesque dans notre physionomie européenne. Cependant la calotte jaune et la ceinture rouge produisaient un effet magique. Ceux qui les premiers en faisaient la découverte les montraient à leurs voisins avec ébahissement, et les figures prenaient à l'instant un aspect grave et sévère. Les uns disaient que l'empereur nous avait chargés d'une mission extraordinaire, et qu'il nous avait lui-même donné ces décorations impériales; d'autres prétendaient que nous étions des espions envoyés par l'Europe, qu'on nous avait arrêtés dans le Thibet, et qu'après nous avoir jugés on nous couperait la tête. Tous ces propos, qui se croisaient sur notre passage, étaient parfois assez amusants; mais, le plus souvent, nous en étions importunés.

A Ya-tcheou, belle ville de second ordre, où nous nous arrêtâmes après avoir quitté Tsing-khi-hien, il y eut à notre sujet une véritable insurrection. L'hôtellerie que nous habitions possédait une vaste et belle cour autour de laquelle étaient disposées les chambres destinées aux voyageurs. Aussitôt que nous fûmes installés dans les appartements qu'on nous y avait préparés, les curieux arrivèrent en foule pour nous voir, et bientôt la cohue fut étourdissante. Comme nous étions beaucoup plus désireux de nous reposer que de nous donner en spectacle, nous essayâmes de mettre tout le monde à la porte. L'un de nous se présenta sur le seuil de la chambre, et adressa à la multitude quelques paroles qui furent accompagnées d'un geste si énergique et si impérieux que le succès fut complet et instantané. La foule fut saisie comme d'une terreur panique et se sauva en courant. Aussitôt que la cour fut complétement évacuée, nous fîmes fermer le grand portail de peur d'une nouvelle invasion. Peu à peu, cependant, le tumulte recommença dans la rue. On entendit d'abord les sourdes agitations de la multitude, et puis les clameurs éclatèrent de toute part. A toute force ces excellents Chinois voulaient voir les Européens. On frappa à coups redoublés au grand portail; on l'agita si violemment qu'il tomba bientôt à terre, et le torrent populaire se précipita de nouveau avec impétuosité dans la cour. Le cas était grave, et il importait beaucoup que nous eussions le dessus. Nous saisîmes, d'inspiration, un long et gros bambou qui se trouvait, par hasard, à notre portée. Ces pauvres Chinois s'imaginèrent que nous avions dessein de les assommer, et, se culbutant, se précipitant les uns sur les autres, ils se sauvèrent en désordre. Nous courûmes à la chambre de notre mandarin conducteur, qui, ne sachant quel rôle jouer au milieu de toutes ces émeutes, avait pris le parti de se cacher. Aussitôt que nous l'eûmes découvert, sans lui laisser le temps de parler, pas même de réfléchir, nous lui posâmes sur la tête son chapeau d'ordonnance, et, le saisissant par le bras, nous le traînâmes en courant jusqu'au grand portail de l'hôtellerie. Là, nous plaçâmes dans ses mains l'énorme bambou dont nous nous étions armés, et nous lui enjoignîmes de faire sentinelle. Si un seul individu passe, lui dîmes-nous, tu es un homme perdu. Cela se fit avec tant d'aplomb que le pauvre musulman le prit au sérieux et n'osa pas bouger. Dans la rue, le peuple riait aux éclats; c'est que, en effet, c'était une chose fort burlesque qu'un mandarin militaire montant la garde avec un long bambou à la porte d'une auberge. L'ordre fut parfait jusqu'au moment où nous allâmes nous coucher. La consigne fut alors levée; notre guerrier déposa ses armes et se rendit dans sa chambre pour se consoler de sa mésaventure en fumant quelques pipes de tabac.

Ceux qui ne connaissent pas parfaitement les Chinois se scandaliseront peut-être et blâmeront avec sévérité notre conduite. Ils nous demanderont de quel droit nous avons fait de ce mandarin un personnage ridicule en l'exposant ainsi à la risée du peuple. Du droit, répondrons-nous, qu'a tout homme de pourvoir à sa sûreté personnelle. Ce premier triomphe, tout bizarre qu'il était, nous donna cependant une grande force morale, et nous en avions absolument besoin pour arriver sains et saufs au bout de notre carrière. Vouloir, en Chine, raisonner et agir comme en Europe, ce serait démence ou puérilité. Du reste, le fait que nous venons de citer est bien peu de chose; on en trouvera d'une tout autre force dans le cours de notre récit.

Notre sortie de Ya-tcheou fut presque imposante. La

manifestation de la veille nous avait fait monter si haut dans l'opinion publique qu'on n'eut pas à remarquer sur notre passage la plus légère inconvenance. Le peuple encombrait les rues; mais son attitude était bienveillante et presque respectueuse. On s'écartait sans tumulte devant nos palanquins, et chacun ne paraissait préoccupé que de l'étude de notre physionomie, pendant que nous nous efforcions d'avoir la pose la plus majestueuse possible et la plus conforme aux rites.

Nous étions au mois de juin, la plus belle saison pour la province du Sse-tchouen. Le pays que nous parcourions était riche et d'une admirable variété; nous rencontrions tour à tour des collines, des plaines et des vallons arrosés par des eaux ravissantes de fraîcheur et de limpidité. La campagne était dans toute sa splendeur, les moissons mûrissaient de toute part, les arbres étaient chargés de fleurs ou de fruits qui déjà commençaient à se gonfler de séve. De temps à autre l'air, délicieusement parfumé, nous avertissait que nous traversions de grandes plantations d'orangers et de citronniers.

Dans les champs, et sur tous les sentiers, nous retrouvions cette laborieuse population chinoise, incessamment occupée d'agriculture ou de commerce; les villages avec leurs pagodes au toit recourbé, les fermes environnées d'épais bouquets de bambous et de bananiers, les hôtelleries et les restaurants échelonnés le long de la route, les nombreux petits marchands qui vendent aux voyageurs des fruits, des fragments de canne à sucre, des pâtisseries à l'huile de coco, des potages, du thé, du vin de riz et une infinité d'autres friandises chinoises, tout cela était pour nous comme des réminiscences de nos anciens voyages au sein du Céleste Empire. Une odeur fortement musquée, et particulière à la Chine et aux Chinois, nous annonçait d'ailleurs, en nous pénétrant de toute part, que nous étions définitivement entrés dans l'empire du Milieu.

Ceux qui ont voyagé dans les pays étrangers ont du facilement remarquer que tous les peuples ont une odeur qui leur est propre. Ainsi on distingue, sans peine, les nègres, les Malais, les Chinois, les Tartares, les Thibétains, les Indiens et les Arabes. Le pays même, le sol qu'habitent ces divers peuples répand aussi des exhalaisons analogues, et qu'on peut apprécier surtout le matin en parcourant les villes ou la campagne. Moins il y a de temps qu'on habite les pays étrangers, plus il est facile de faire attention à ces différences ; à la longue l'odorat s'y habitue et finit par ne plus les remarquer. Les Chinois trouvent également aux Européens une odeur spéciale, mais moins forte, disent-ils, et moins appréciable que celle des autres peuples avec lesquels ils sont en contact. Un fait bien remarquable, c'est que, en parcourant les diverses provinces de la Chine, jamais nous n'avons été reconnus par personne, excepté par les chiens qui aboyaient sans cesse après nous, et paraissaient s'apercevoir que nous étions étrangers. Nous avions tout l'extérieur d'un véritable Chinois, et l'extrême délicatesse de leur odorat était seule capable de les avertir que nous n'appartenions pas à la grande nation centrale.

Nous rencontrâmes sur notre route un grand nombre de monuments particuliers à la Chine, et qui suffiraient seuls pour distinguer ce pays de tous les autres,

Ce sont des arcs de triomphe élevés à la viduité et à la virginité. Si une fille ne veut pas se marier, afin de mieux se dévouer au service de ses parents, ou si une veuve refuse de passer à de secondes noces, par respect pour la mémoire de son mari défunt, elles sont honorées, après leur mort avec pompe et solennité. On forme des souscriptions pour élever des monuments à leur vertu ; tous les parents y contribuent, et souvent même les habitants du village ou du quartier où demeurait l'héroïne veulent y prendre part. Ces arcs de triomphe sont en pierre ou en bois ; ils sont chargés de sculptures, quelquefois assez remarquables, représentant des animaux fabuleux, des fleurs et des oiseaux de toute espèce. Nous y avons souvent admiré des moulures et des ornements de fantaisie que n'eussent pas désavoués les artistes qui sculptèrent jadis nos belles cathédrales. Sur le frontispice il y a ordinairement une grande inscription dédicatoire à la virginité ou à la viduité ; elle est gravée horizontalement et en creux. Sur les deux côtés on lit en petits caractères les vertus de l'héroïne. Ces arcs de triomphe sont d'un bel effet, et sont très-répandus sur les chemins et quelquefois dans les villes. A Ning-po, célèbre port de mer dans la province du Tché-kiang, il y a une longue rue entièrement composée de semblables monuments. Ils sont tous en pierre et d'une riche et majestueuse architecture. La beauté des sculptures a excité l'admiration de tous les Européens qui ont pu les voir ; en 1842, quand les Anglais se furent emparés de cette ville, ils eurent, dit-on, la pensée d'enlever tous ces arcs de triomphe et de transporter ainsi à Londres une rue chinoise tout entière.

L'entreprise était bien digne de l'excentricité britannique ; mais, soit crainte d'irriter la population de Ning-po, soit pour tout autre motif, le projet fut abandonné.

Deux jours de marche parmi ces populeuses contrées nous avaient complétement retrempés dans nos anciennes habitudes chinoises ; tout ce que nous pouvions voir, entendre et sentir était pour nous comme autant de réminiscences. La Chine nous pénétrait par tous les pores, et nous perdions insensiblement toutes nos impressions tartares et thibétaines. Nous arrivâmes à Kioung-tcheou, ville de second ordre, agréablement située, et dont les habitants paraissent vivre dans une grande abondance. Nous n'allâmes pas loger dans une hôtellerie publique, comme les jours précédents, mais dans un petit palais décoré avec richesse et élégance, où nous n'avions affaire qu'à des gens d'une politesse exquise et où régnait partout la stricte observance des rites chinois. A notre arrivée, plusieurs mandarins du lieu étaient venus nous recevoir à la porte, et nous avaient introduits dans un brillant salon où nous trouvâmes une collation servie avec luxe et recherche. Ces hôtels se nomment *koung-kouan*, ou palais communal. Il y en a d'étape en étape, sur toutes les routes de l'empire chinois, et ils sont réservés pour les grands mandarins qui vont y loger quand ils voyagent pour quelque service public. Les voyageurs ordinaires en sont sévèrement exclus. Ils sont confiés à la garde d'une famille chinoise chargée de les maintenir en bon état, et d'y faire les dispositions nécessaires lorsque quelque mandarin doit y passer. Les frais de réception sont à la charge du gouverneur de la ville ; c'est lui qui doit, en outre, désigner quelques domestiques de sa maison pour faire le service. Les koung-kouan de la province du Sse-Tchouen sont renommés dans tout l'empire pour leur magnificence ; ils furent complétement renouvelés sous l'administration de Ki-chan, qui fut pendant plusieurs années gouverneur de la province, et dont tous les actes portent l'empreinte de son caractère plein de noblesse et de grandeur.

Nous fûmes d'abort un peu étonnés de nous trouver logés dans cette demeure seigneuriale, où on nous servit un splendide festin, et où nous ne rencontrions que des domestiques revêtus de magnifiques habits de soie. Nous causâmes beaucoup avec les mandarins de la ville, qui avaient eu la courtoisie de venir nous visiter. Le résultat de toutes ces conversations fut pour nous la conviction bien nette et bien précise que, depuis notre départ de Ta-tsien-lou, on devait nous faire loger tous les jours dans les koung-kouan ou palais communaux, et nous traiter en tout comme des mandarins de premier degré. En réglant ainsi les choses, Ki-chan avait probablement suivi d'abord l'impulsion de son caractère généreux, et puis, sans doute, par un orgueil patriotique bien légitime, il avait voulu donner à des étrangers une haute idée de la grandeur de son pays ; il avait voulu que nous pussions dire partout qu'en Chine on reçoit une belle et brillante hospitalité ; mais Ki-chan avait compté sans notre petit musulman. Celui-ci, qui ne se croyait probablement pas tenu à faire briller aux yeux de deux étrangers l'éclat de l'empire et de la dynastie mantchoue, spécula sordidement sur le programme de notre itinéraire. Il s'entendit avec l'estafette qui nous précédait d'un jour partout où nous devions nous arrêter, et fit déclarer à tous les mandarins des villes par où nous passions qu'absolument nous ne voulions pas aller loger dans les koung-kouan, que cette bizarrerie tenait au caractère des gens de notre nation, et qu'il était impossible de nous plier en cela aux usages de l'empire du Milieu. On n'avait donc qu'à lui remettre les allocations fixées pour notre réception au koung-kouan, et il se chargerait lui-même de nous entretenir d'une manière conforme à nos goûts et à nos désirs. Les mandarins et les gardiens des palais communaux adoptaient, de leur côté, avec empressement une mesure qui les mettait à l'abri de tout souci et de tout embarras ; or, il paraît que nos goûts et nos désirs n'aspiraient qu'à aller nous caser dans une pauvre hôtellerie pour y vivre d'un peu de riz cuit à l'eau avec accompagnement d'herbes salées et de quelques tranches de lard ; de plus, comme nous entrions dans les pays chauds, le vin eût été trop échauffant et nuisible à des estomacs venus des mers occidentales ; du thé bien clair et bien léger était ce qui nous convenait le mieux. De cette façon, notre rusé musulman trouva moyen de dépenser tout au plus un dixième de la somme qu'il recevait, et de faire rentrer le restant dans son escarcelle. Cette découverte fut pour nous de la plus haute importance, car elle nous fit connaître l'étendue de nos droits et la valeur de l'individu à qui nous étions confiés.

Au moment où nous allâmes nous coucher, nous remarquâmes que les gardiens du koung-kouan rôdaient autour de nous d'une façon toute mystérieuse. Ils nous adressaient furtivement quelques paroles insignifiantes.

mais qui nous faisaient assez conprendre qu'ils désiraient se mettre en rapport avec nous. Enfin, l'un d'eux, après avoir bien regardé de tous côtés pour voir s'il n'était pas aperçu, entra dans notre chambre, ferma la porte sur lui, puis fit le signe de la croix et se mit à genoux en nous demandant notre bénédiction... C'était un chrétien ! Il en arriva bientôt un second, puis un troisième ; toute la famille enfin, préposée à la garde du koung-kouan, se réunit autour de nous. Cette famille tout entière était chrétienne ; pendant la journée, elle n'avait osé nous faire aucune manifestation en présence des mandarins, de peur de compromettre sa position... Il est impossible qu'on se fasse une idée des émotions que cette rencontre nous fit éprouver ; elles furent si vives et si profondes que celui qui écrit ceci ne peut encore, six ans après, en rappeler le souvenir sans sentir battre son cœur et ses yeux se mouiller de larmes. Ces hommes qui nous entouraient nous étaient inconnus, et cependant nous étions les uns pour les autres des frères et des amis. Leurs sentiments et leurs pensées sympathisaient avec nos pensées et nos sentiments. Nous pouvions nous parler à cœur ouvert, car nous étions étroitement unis par les liens de la foi, de l'espérance et de la charité. Ce bonheur ineffable d'avoir partout des frères n'est que pour les catholiques. Eux seuls peuvent parcourir la terre du nord au sud et du couchant à l'aurore avec l'assurance de rencontrer partout quelque membre de la grande famille. On parle beaucoup de fraternité universelle ; mais, si on l'aime du fond du cœur et non pas seulement du bout des lèvres, qu'on s'intéresse donc efficacement à la belle œuvre de la propagation de la foi.

Le lendemain, avant notre départ, nous reçûmes nombre de visiteurs, appartenant tous à la haute société de Kioung-tcheou. Pendant que nous vivions dans nos missions, nous n'avions été, le plus souvent, en contact qu'avec les classes inférieures ; dans les campagnes avec les paysans, et dans les villes avec les artisans ; car, en Chine comme partout, c'est chez le peuple que le christianisme jette ses premières racines. Nous fûmes heureux de trouver cette occasion de pouvoir faire connaissance avec l'aristocratie de cette curieuse nation. Les Chinois bien élevés sont réellement aimables, et leur société n'est pas dépourvue de charmes. Leur politesse n'est pas fatigante et ennuyeuse comme on pourrait se l'imaginer ; elle a quelque chose d'exquis, de naturel même, et elle ne tombe dans l'afféterie que chez ceux qui ont la prétention de faire les élégants, sans avoir les usages du grand monde. La conversation des Chinois est quelquefois très-spirituelle ; les compliments outrés et les paroles louangeuses qu'on s'adresse mutuellement à tout propos agacent et fatiguent un peu tout d'abord, quand on n'y est pas habitué ; mais il y a dans tout cela tant de bonne grâce qu'on s'y fait aisément. Parmi ces visiteurs, il y avait surtout un groupe de jeunes gens qui nous émerveilla. Leur maintien était modeste sans contrainte. C'était un mélange de timidité et d'assurance qui s'harmonisait à ravir avec leur jeune âge. Ils parlaient peu, et seulement quand on les interrogeait. Pendant que les anciens avaient la parole, ils se contentaient de prendre part à la conversation par l'animation de leurs figures et de gracieux mouvements de tête. Les éventails maniés avec élégance et dextérité venaient encore ajouter aux agréments de cette société choisie. Nous fîmes de notre mieux pour prouver à cette élégante aristocratie que l'urbanité française n'est pas au-dessous de la cérémonieuse politesse des Chinois.

Quand nous nous mîmes en route, nous remarquâmes que notre escorte était beaucoup plus considérable qu'à l'ordinaire. Nos palanquins avançaient entre une haie de lanciers à cheval que le gouverneur de Kioung-tcheou nous avait donnés pour nous protéger contre les bandits dont le pays était infesté. Ces bandits étaient des contrebandiers d'opium. On nous dit que, depuis quelques années, ils allaient par grandes troupes chercher dans la province du Yun-nan et jusque chez les Birmans l'opium qu'on leur envoyait de l'Inde par terre. Ils revenaient ensuite ouvertement avec leur contrebande, mais armés de pied en cap, afin de pouvoir résister aux mandarins qui tenteraient de s'opposer à leur passage. On citait plus d'un combat meurtrier où l'on s'était battu avec acharnement, d'un côté pour conserver la contrebande, et de l'autre pour la piller ; car les soldats chinois n'ont de courage contre les voleurs et les contrebandiers que dans l'espoir de se saisir eux-mêmes de la proie. Lorsque ces bandes armées de porteurs d'opium rencontrent sur leur route des mandarins ou quelque riche voyageur, ils ne se font pas faute de les attaquer et de les dépouiller.

Tout le monde connaît la malheureuse passion des Chinois pour l'opium, et la guerre que cette fatale drogue occasionna, en 1840, entre la Chine et l'Angleterre. Son importation dans le Céleste Empire ne date pas de longtemps ; mais il n'est pas au monde de commerce dont les progrès aient été si rapides. Deux agents de la compagnie des Indes furent les premiers qui eurent, vers le commencement du dix-huitième siècle, la déplorable pensée de faire passer en Chine l'opium du Bengale. C'est au colonel Watson et au vice-résident Wheeler que les Chinois sont redevables de ce nouveau système d'empoisonnement. L'histoire a conservé le nom de Parmentier, pourquoi ne garderait-elle pas aussi celui de ces deux hommes ? Ceux qui font du bien ou du mal à leurs semblables méritent qu'on se souvienne d'eux ; car l'humanité doit glorifier les uns et flétrir les autres.

Aujourd'hui la Chine achète annuellement aux Anglais pour cent cinquante millions d'opium. Ce trafic se fait par contrebande, sur les côtes de l'empire, surtout dans le voisinage des cinq ports qui ont été ouverts aux Européens. De grands et beaux navires armés en guerre servent d'entrepôts aux marchands anglais, qui demeurent toujours à poste fixe pour livrer leur marchandise aux Chinois. Ce commerce illicite est également protégé et par le gouvernement anglais et par les mandarins du Céleste Empire. La loi qui défend, sous peine de mort, de fumer l'opium n'a pas été rapportée ; cependant elle est tellement tombée en désuétude, que chacun peut fumer en liberté, sans avoir à redouter la répression des tribunaux. Dans toutes les villes, on étale et vend publiquement les pipes, les lampes et tous les instruments nécessaires aux fumeurs. Les mandarins sont eux-mêmes les premiers à violer la loi et à donner le mauvais exemple au peuple. Pendant notre long voyage en Chine, nous n'avons pas rencontré un seul tribunal où on ne fumât l'opium ouvertement et impunément.

L'opium ne se fume pas de la même manière que le tabac. La pipe est composée d'un tube ayant à peu près la longueur et la grosseur d'une flûte ordinaire. Un peu avant l'extrémité de ce tube, on adapte une boule en terre cuite, ou d'une autre matière plus ou moins précieuse, et qu'on perce d'un petit trou qui communique avec l'intérieur du tube. L'opium est une pâte noirâtre et visqueuse qu'on est obligé de préparer de la manière suivante avant de fumer. On prend avec l'extrémité d'une longue aiguille une portion d'opium de la grosseur d'un pois, on le chauffe ensuite à une petite lampe jusqu'à ce qu'il se gonfle et soit parvenu à la cuisson et à la consistance voulues. Alors on dispose cet opium ainsi préparé au-dessus du trou de la boule, de manière à lui donner la forme d'un petit cône qu'on a le soin de percer avec l'aiguille, pour qu'il y ait communication avec la cavité du tube. On approche alors cet opium de la flamme de la lampe. Après trois ou quatre aspirations, le petit cône est entièrement brûlé, et toute la fumée est passée dans la bouche du fumeur, qui la rejette insensiblement par les narines. On recommence ensuite la même opération, ce qui rend cette manière de fnmer extrêmement longue et minutieuse. Les Chinois préparent et fument l'opium toujours couchés, tantôt sur un côté et tantôt sur un autre; ils prétendent que cette position est la plus favorable. Les fumeurs de distinction ne se donnent pas la peine de façonner eux-mêmes l'opium ; ils ont quelqu'un chargé de ces menus détails, et qui leur sert la pipe toute préparée.

A Canton, à Macao et dans les divers ports de la Chine ouverts au commerce européen, nous avons entendu bien des personnes essayer de justifier le commerce de l'opium, parce que, disaient-elles, il n'avait pas essentiellement les mauvais effets qu'on lui attribuait, et qu'il en était comme des liqueurs fermentées ou d'une foule d'autres substances, dont l'abus seul était nuisible. Un usage modéré ne pouvait être, au contraire, que d'un excellent résultat sur le tempérament faible et lymphatique des Chinois... Ceux qui parlent ainsi sont, en général, des marchands d'opium, et l'on comprend assez qu'ils cherchent, par tous les arguments possibles, à calmer les inquiétudes de leur conscience, qui leur crie peut-être souvent : Ce que tu fais est une mauvaise action ! Mais le mercantilisme et la soif de l'or aveuglent complétement ces hommes, doués, d'ailleurs, d'une grande générosité, et dont les coffres-forts sont toujours ouverts quand il y a des malheureux à soulager et de bonnes œuvres à soutenir. Ces riches spéculateurs, vivant perpétuellement au milieu du luxe et des fêtes, ne pensent pas même aux affreux désastres qu'ils préparent et consomment par leur détestable trafic. Quand, du belvédère de leurs maisons, qui s'élèvent sur les bords de la mer, somptueuses et splendides comme des palais, ils voient revenir de l'Inde leurs beaux navires glissant majestueusement sur les flots et entrant, voiles déployées, dans le port, ils ne réfléchissent pas sans doute que ces cargaisons renfermées dans leurs superbes clippers vont être la ruine et la désolation d'un grand nombre de familles... A part quelques rares fumeurs qui, grâce à une organisation tout exceptionnelle, peuvent se contenir dans les bornes d'une prudente modération, tous les autres vont rapidement à la mort, après avoir passé successivement par la paresse, la débauche, la misère, la ruine de leurs forces physiques et la dépravation complète de leurs facultés intellectuelles et morales. Rien ne peut distraire de sa passion un fumeur déjà avancé dans sa mauvaise habitude. Incapable de la plus petite affaire, insensible à tous les événements, la misère la plus hideuse et l'aspect d'une famille plongée dans le désespoir ne sauraient le toucher. C'est une atonie dégoûtante, une prostration absolue de toutes les facultés et de toutes les énergies.

Depuis plusieurs années quelques provinces méridionales s'occupent, avec beaucoup d'activité, de la culture du pavot et de la fabrication de l'opium. Les marchands anglais confessent que les produits chinois sont d'excellente qualité, quoique, cependant, encore inférieurs à ceux qui viennent du Bengale ; mais l'opium anglais subit tant de falsifications avant d'arriver dans la pipe du fumeur, qu'il ne vaut plus, en réalité, celui que préparent les Chinois. Ce dernier, quoique livré au commerce dans toute sa pureté, se donne à bas prix et n'est consommé que par les fumeurs de bas étage. Celui des Anglais, malgré sa falsification, est très-cher et réservé aux fumeurs de distinction. Cette bizarrerie provient de l'amour-propre et de la vanité des riches chinois, qui croiraient déroger en fumant un opium fabriqué chez eux et incapable de les ruiner ; celui qui vient de fort loin doit évidemment avoir la préférence..... « *Tutto il mondo è fatto come* « *la nostra famiglia !* »

Pourtant on peut prévoir qu'un tel état de choses ne durera pas. Il est probable que les Chinois cultiveront le pavot sur une très-grande échelle, et pourront fabriquer chez eux tout l'opium nécessaire à leur consommation. Les Anglais, incapables d'obtenir les mêmes produits à aussi bon marché que les Chinois, ne pourront soutenir la concurrence, surtout lorsque l'engouement pour les produits lointains sera passé de mode. Ce jour-là les Indes britanniques recevront un coup terrible, qui se fera ressentir jusqu'à la métropole; et alors peut-être les Chinois se montreront moins passionnés pour cette funeste drogue. Qui sait? lorsque les Chinois pourront se procurer l'opium facilement et à bas prix, il ne serait pas surprenant de les voir abandonner peu à peu cette meurtrière et dégradante habitude. On prétend que le peuple de Londres et des autres villes manufacturières de l'Angleterre, s'est adonné, lui aussi, depuis quelques années, à l'usage de l'opium pris en liquide et en mastication. Cette nouveauté est encore peu remarquée, quoiqu'elle fasse, dit-on, des progrès alarmants. Ce serait une chose à la fois curieuse et instructive, si un jour les Anglais étaient obligés d'aller acheter l'opium dans les ports de la Chine. En voyant leurs navires rapporter du Céleste Empire cette substance vénéneuse, pour empoisonner l'Angleterre, il serait permis de s'écrier : Laissez passer la justice de Dieu !

Depuis notre départ du palais communal de Kioung-tcheou, nous parcourûmes une magnifique plaine, où nous admirâmes les populations chinoises déployant toutes les ressources de leur activité agricole et commerciale; à mesure que nous avancions, les routes devenaient plus larges, les villages plus nombreux et les maisons mieux bâties et plus élégantes. Les camisoles courtes disparaissaient peu à peu, pour faire place aux longs habits de parade ; et les physionomies des voyageurs que nous rencontrions portaient l'empreinte d'une civilisation plus avancée. Parmi les paysans chaussés de sandales et coiffés d'un large chapeau de paille, on voyait un grand nombre de citadins à la démarche nonchalante et prétentieuse, jouant sans cesse de l'éventail, et protégeant leur teint blême et farineux contre les ardeurs du soleil, au moyen d'un petit parasol en papier vernissé ; tout nous annonçait que nous n'étions pas très-éloignés de Tching-tou-fou, capitale de la petite province de Ssetchouen.

Avant d'entrer dans la ville, notre conducteur nous invita à nous reposer dans une bonzerie que nous rencontrâmes sur notre chemin. En attendant, il irait, lui-même, selon le cérémonial chinois, se présenter au vice-roi, le prévenir de notre arrivée et lui demander ses ordres à notre sujet. Le supérieur de ce monastère de bonzes vint nous recevoir avec force révérences, et nous introduisit dans un vaste salon, où on nous servit du thé, des fruits secs et des pâtisseries de toute couleur, frites à l'huile de sésame, que les Chinois nomment *hiang-you*, c'est-à-dire huile odoriférante. Plusieurs religieux du monastère se joignirent à leur supérieur pour nous faire compagnie et donner plus d'entrain à la conversation. Nous ne trouvâmes pas chez ces bonzes le laisser aller, la franchise et le cachet de conviction religieuse que nous avions remarqués chez les lamas du Thibet et de la Tartarie. Leurs manières étaient, il faut en convenir, pleines de courtoisie, leurs longues robes couleur cendrée étaient irréprochables ; mais il nous fut impossible de découvrir un peu de foi et de dévotion dans leur physionomie sceptique et rusée.

Cette bonzerie est une des plus riches et des mieux entretenues que nous ayons rencontrées en Chine. Après avoir pris une tasse de thé, nous fûmes invités par le supérieur à en faire la visite. La solidité des constructions et la richesse des ornements fixèrent notre attention; mais nous admirâmes surtout le parc, les bosquets et les jardins dont le monastère est entouré. On ne peut rien imaginer de plus frais et de plus gracieux. Nous nous arrêtâmes quelques instants avec plaisir sur les bords d'un grand vivier, où l'on voyait de nombreuses troupes de tortues jouer et s'agiter parmi les larges feuilles de nénuphar qui flottaient à la surface des eaux. Un autre étang, plus petit que le premier, était rempli de poissons rouges et noirs; un jeune bonze, dont les longues et larges oreilles s'épanouissaient niaisement aux deux côtés de sa tête fraîchement rasée, s'amusait à leur jeter des boulettes de pâte de riz. Les poissons se rassemblaient pleins d'avidité et d'impatience, soulevaient leur tête au-dessus de l'eau et entr'ouvraient continuellement leur bouche, comme pour caresser l'air de leurs baisers.

Après cette charmante promenade, nous rentrâmes au salon de la bonzerie. Nous y trouvâmes plusieurs visiteurs, parmi lesquels un jeune homme aux manières alertes et dégagées, et doué d'une prodigieuse volubilité de langue; à peine eut-il prononcé quelques paroles, que nous comprîmes qu'il était chrétien. — Tu es, sans doute, lui dîmes-nous, de la religion du Seigneur du ciel? — Pour toute réponse, il se jeta fièrement à genoux, fit un grand signe de croix et nous demanda notre bénédiction. Un pareil acte, en présence des bonzes et d'une foule de curieux, témoignait d'une foi vive et d'un grand courage ; ce jeune homme, en effet, avait une âme fortement trempée. Il se mit à nous parler, sans se gêner le moins du monde, des nombreux chrétiens de la capitale, des quartiers de la ville où il y en avait le plus, et du bonheur qu'ils auraient à nous voir ; puis il attaqua à brûle-pourpoint le paganisme et les païens, fit l'apologie du christianisme, de sa doctrine et de ses pratiques, interpella les bonzes, railla les idoles et les superstitions, et apprécia enfin la valeur théologique des livres de Confucius, de Lao-tze et de Bouddha. C'était un flux de paroles qui ne tarissait pas ; les bonzes étaient déconcertés de ses attaques à bout portant, les curieux riaient de plaisir, et nous, au milieu de cette scène imprévue, nous ne pouvions nous empêcher d'être tout glorieux de voir un chrétien chinois afficher et défendre en public ses croyances. C'était une rareté.

Pendant le long monologue de notre chrétien, il fut question, à plusieurs reprises, comme d'une ambassade française arrivée à Canton et d'un certain grand personnage nommé *La-ko-nie* (1), qui avait arrangé les affaires de la religion chrétienne en Chine, de concert avec le commissaire impérial Ky-yn. Les chrétiens ne

(1) Nom chinoisé de M. Lagrenée. L'ambassade française en Chine avait eu lieu pendant nos courses dans la Tartarie et le Thibet, et c'était pour la première fois que nous en entendions vaguement parler.

devaient plus être persécutés ; l'empereur approuvait leur doctrine, et les prenait sous sa protection, etc. Nous ne comprîmes pas grand'chose à tout cela ; toutes ces idées, qui nous étaient jetées éparses et par fragments, nous cherchions bien à les rajuster dans notre esprit ; mais, comme nous n'avions eu auparavant aucune donnée, il nous était impossible de nous débrouiller au milieu de toutes ces énigmes. Nous allions demander quelques explications un peu nettes et précises à notre orateur, lorsque quatre mandarins, arrivés de la capitale, nous invitèrent à entrer dans nos palanquins pour continuer notre route.

Les porteurs nous conduisirent en course et tout d'une haleine jusque sous les murs de la ville, où nous trouvâmes des soldats pour nous escorter. La précaution n'était pas inutile ; sans ce secours, il nous eût été impossible de circuler dans les rues, tant était compacte et pressée la foule qui se portait sur notre passage. Il nous sembla que le cœur nous battait dans la poitrine plus vite que d'habitude ; car nous savions qu'on allait nous faire subir un jugement par ordre de l'empereur. Nous enverrait-on à Péking, à Canton, ou bien dans l'autre monde ? Il n'y avait certainement pas dans tout cela de quoi avoir peur ; mais il était bien permis, au milieu de cette incertitude, d'éprouver un peu d'émotion. Enfin nous arrivâmes devant un grand tribunal ; les deux énormes battants du portail sur lesquels étaient peintes deux monstrueuses divinités armées de grands sabres, s'ouvrirent solennellement, et nous entrâmes, sans trop savoir de quelle manière nous sortirions. De Ta-tsien-lou, ville frontière, jusqu'à Tching-tou-fou (1), capitale du Sse-tchouen, nous avions eu pour douze jours de marche, et nous avions parcouru à peu près mille lis, qui équivalent à cent lieues.

(1) *Fou* désigne, en Chine, une ville de premier ordre; *tcheou*, de second; *hien*, de troisième. Les fou, les tcheou et les hien sont toujours enfermées dans une enceinte de remparts.

CHAPITRE II.

Entretien avec le préfet du Jardin de fleurs. — Logement dans le tribunal d'un juge de paix. — Invitation à dîner avec les deux préfets de la ville. — Conversation avec ces deux hauts fonctionnaires. — On nous assigne deux mandarins d'honneur pour charmer nos loisirs. — Jugement solennel par-devant tous les tribunaux réunis. — Divers incidents de ce jugement. — Rapport adressé à l'empereur à notre sujet, et réponse de l'empereur. — Édits impériaux en faveur des chrétiens obtenus par l'ambassade française en Chine. — Insuffisance de ces édits. — Comparution devant le vice-roi. — Portrait de ce personnage. — Dépêche du vice-roi à l'empereur. — Entretien avec le vice-roi.

La capitale de la province du Sse-tchouen est divisée en trois préfectures chargées de la police et de l'administration de la ville tout entière. Chaque préfet a un palais-tribunal où il juge les affaires de son ressort : c'est là qu'il habite avec sa famille, ses conseillers, ses scribes, ses satellites et son nombreux domestique. Le tribunal préfectoral où nous fûmes introduits se nommait *Hoa-yuen*, c'est-à-dire Jardin de fleurs. Ce fut donc au préfet du Jardin de fleurs que nous eûmes tout d'abord affaire. Ce mandarin était un homme d'une quarantaine d'années, court, large et tout rond d'embonpoint. Sa figure ressemblait à une grosse boule de chair, où le nez était enseveli et les yeux éclipsés ; on remarquait tout au plus deux petites fentes obliques par où notre Chinois nous regardait. Quand il entra dans la salle où nous faisions antichambre, il nous trouva occupés à lire des sentences mantchoues dont les murs étaient décorés. Il nous demanda, avec beaucoup d'affabilité, si nous comprenions cette langue. — Nous l'avons un peu étudiée, lui répondîmes-nous.....; et nous essayâmes en même temps de lui traduire en chinois le distique mantchou que nous avions devant nous ; il signifiait :

« Si vous êtes dans la solitude, ayez soin de méditer sur vos pro-
« pres défauts.
« Si vous conversez avec les hommes, gardez-vous de parler des
« fautes du prochain. »

Le préfet du Jardin de fleurs était Tartare-Mantchou. Il fut d'abord étonné, puis extrêmement flatté que nous sussions la langue de son pays, langue des conquérants de la Chine, de la famille impériale ; ses longs petits yeux s'écarquillèrent de joie et de bonheur. Il nous fit asseoir sur une espèce de divan de satin rouge, et nous causâmes. La conversation n'eut aucun rapport à nos affaires. Nous parlâmes de littérature et de géographie, du vent et de la neige, des contrées barbares et des pays civilisés. Il nous demanda des détails sur notre manière de voyager depuis Ta-tsien-lou ; s'il était vrai que, jusqu'à Kioung-tcheou, on nous avait fait loger dans les hôtelleries publiques, etc. Après avoir fortement invectivé contre le mandarin musulman qui avait gouverné l'escorte, il nous annonça qu'il allait nous faire conduire à la maison désignée pour notre résidence.

Nous ne trouvâmes plus à la porte de la préfecture du Jardin de fleurs nos palanquins de voyage ; ils avaient été remplacés par d'autres plus commodes et plus élégants. Notre petit état-major avait aussi été changé. Le logement qu'on nous avait assigné étant très-éloigné, il nous fallut parcourir, pour y arriver, les principaux quartiers de la ville. On nous introduisit enfin dans un tribunal de second ordre, où résidait un mandarin dont les attributions sont à peu près analogues à celles d'un juge de paix. Plus tard nous aurons occasion de parler plus au long de ce magistrat et de sa famille. Après avoir échangé quelques paroles de politesse avec le maître du lieu, nous fûmes installés dans nos appartements, qui se composaient, pour chacun, d'une chambre convenablement meublée et d'un salon de réception. Du reste, le tribunal tout entier fut mis à notre disposition, avec ses cours, ses jardins et un charmant belvédère qui dominait la ville, et d'où la vue s'étendait jusque dans la campagne.

La nuit était close depuis longtemps ; tout le monde se retira, et nous pûmes enfin nous trouver seuls et méditer un peu en paix sur la singularité de notre position. Quel drame que notre existence depuis deux ans ! Notre paisible départ de la vallée des Eaux noires avec Samdadchiemba, nos chameaux et notre tente bleue (1) ; nos campements et notre vie patriarcale à travers les pâturages de la Tartarie ; le fameux monastère lamaïque de Kounboum et nos longues relations avec les religieux bouddhistes ; la grande caravane thibétaine ; les horreurs et les péripéties de cette épouvantable route dans les déserts de la haute Asie ; notre séjour à Lha-ssa ;

(1) Voir *Souvenirs d'un voyage*, passim.

nos rapports à la fois pénibles et consolants avec l'ambassadeur chinois et le régent du Thibet; enfin notre expulsion de Lha-ssa et ces trois mois affreux pendant lesquels nous fûmes tous les jours condamnés à escalader des montagnes parmi la neige, les glaces et les précipices..... : tous ces événements, tous ces souvenirs, encombraient notre tête et s'y entassaient pêle-mêle. Il y avait de quoi en devenir fou ! Et cependant tout n'était pas encore fini : actuellement nous étions entre les mains des Chinois, seuls, sans amis, sans protection, sans secours. Nous nous trompons; nous avions Dieu pour ami et pour protecteur. Il est des positions dans la vie où, lorsque la confiance en Dieu s'en va du cœur de l'homme, il ne peut plus y avoir de place que pour le désespoir; mais, lorsqu'on prend le Seigneur pour appui, on se trouve doué d'un courage incomparable. Dieu, nous disions-nous, a évidemment fait des miracles pour nous sauver la vie dans la Tartarie et le Thibet; il est bien probable que ce n'est pas pour qu'un Chinois quelconque puisse en disposer à sa fantaisie..... Et là-dessus nous conclûmes qu'il y avait lieu à nous tenir parfaitement tranquilles et à laisser aller nos petites affaires suivant le bon plaisir de la Providence. La nuit était très-avancée; nous fîmes notre prière, qui, à la rigueur, pouvait être celle du matin, et nous nous couchâmes en paix.

Le lendemain, on nous remit, de la part du préfet du Jardin de fleurs, une longue et large feuille de papier rouge ; c'était une invitation à dîner pour le jour même. Quand l'heure fut venue, nous montâmes en palanquin et nous partîmes. Les tribunaux des mandarins n'ont ordinairement rien de remarquable au point de vue architectural ; l'édifice est toujours très-bas et ne s'élève jamais au-dessus du rez-de-chaussée ; la toiture, chargée d'ornements et de petits pavillons, indique seule que c'est un monument public. Il est toujours entouré d'un grand mur de clôture, presque aussi élevé que l'édifice principal. A l'intérieur, on ne voit que de vastes cours, de grandes salles, et quelquefois des jardins qui ne sont pas dépourvus d'agrément. La seule chose qui présente un certain caractère de grandeur, c'est la série de quatre ou cinq portails placés dans la même direction, et qui séparent les diverses cours. Ces portails sont ornés de grandes figures historiques ou mythologiques, grossièrement peintes, mais toujours avec des couleurs éclatantes. Quand toutes les portes s'ouvrent successivement, à deux battants et à grand fracas, l'imagination des Chinois doit être vivement frappée ; car à l'extrémité de cette espèce de corridor grandiose se trouve la salle où le magistrat distribue ou plutôt vend la justice au peuple. Sur une estrade un peu élevée est une grande table recouverte d'un tapis rouge ; des deux côtés de la salle on voit des armes de toute espèce et des instruments de supplice appendus aux murs. Le mandarin a son siége derrière la table ; les scribes, les conseillers et les officiers subalternes du tribunal se tiennent debout autour de lui. Le bas de l'estrade est la place réservée au public, aux accusés et aux satellites chargés de torturer les malheureuses victimes de la justice chinoise. Les appartements particuliers du mandarin et de sa famille se trouvent derrière cette salle d'audience.

Souvent le tribunal sert en même temps de prison ;

les loges des condamnés sont ordinairement placées dans la première cour. Quand nous entrâmes au palais du préfet, nous remarquâmes une foule de ces malheureux, à la face livide, et dont les membres décharnés étaient à moitié recouverts de quelques lambeaux de haillons. Ils étaient accroupis au soleil ; les uns avaient sur les épaules une énorme cangue, d'autres étaient chargés de chaînes ou portaient aux pieds et aux mains de lourdes entraves.

Le préfet du Jardin de fleurs ne se fit pas attendre. Aussitôt que nous fûmes arrivés, il se présenta et nous introduisit dans la salle à manger où nous trouvâmes un quatrième convive. C'était le préfet du troisième district de la ville. Un coup d'œil nous suffit pour reconnaître en lui le type chinois. Il était de taille moyenne et d'un assez joli embonpoint. Sa figure, plus fine, plus distinguée que celle de son confrère tartare-mantchou, avait cependant moins d'intelligence et de pénétration. Ses yeux étaient suspects, ils témoignaient encore plus de méchanceté que de malice. Nous nous assîmes à une table carrée, missionnaire contre missionnaire et préfet contre préfet. Selon la pratique chinoise, le dîner commença par le dessert. Nous nous amusâmes longtemps avec des fruits, des confitures et des sucreries, pendant que nos échansons ne discontinuaient pas de remplir nos petits verres de vin chaud (1). La conversation avait la prétention d'être insignifiante ; mais nous ne tardâmes pas à nous apercevoir que nos deux

(1) La politesse chinoise exige que le verre soit toujours plein. Pour si peu qu'on boive à la fois, ceux qui servent doivent aussitôt remplir le vide.

magistrats voulaient nous scruter et nous faire subir un interrogatoire, en quelque sorte à notre insu. Ce n'était pas chose aisée ; comme nous avions été invités à un dîner, nous entendions dîner paisiblement et gaiement même, s'il y avait possibilité. Nous eûmes donc la malicieuse obstination de ne jamais nous placer sur le terrain où ils nous poussaient le plus adroitement du monde. Quand ils croyaient nous saisir, nous leur échappions brusquement en leur demandant si la récolte du riz avait été bonne ou combien de dynasties comptait la monarchie chinoise. Ce qui les rendait surtout malheureux, c'est qu'il nous échappait quelquefois de parler français entre nous. Alors ils nous regardaient et se regardaient eux-mêmes avec anxiété, comme s'ils eussent voulu saisir des yeux ce qu'ils ne comprenaient pas par les oreilles. Nous arrivâmes ainsi d'une manière très-amusante à la fin du dîner, qui se termina, comme de raison, par le potage, puisqu'il avait commencé par le dessert.

Nous nous levâmes de table ; chacun prit sa pipe, et on servit le thé. Le préfet mantchou nous quitta un instant et revint bientôt portant sous le bras un livre européen et un paquet. Il nous remit le livre en nous demandant si nous connaissions cela. C'était un vieux bréviaire. — Voilà un livre chrétien, lui dîmes-nous, un formulaire de prières ; comment se trouve-t-il ici ? — J'ai beaucoup d'amis parmi les chrétiens, l'un d'eux m'en a fait cadeau. Nous le regardâmes en souriant, car c'était plus poli que de lui dire : Vous mentez. — Voici, encore, ajouta-t-il, ce qui m'a été donné, et il découvrit un beau crucifix enveloppé d'un vieux chiffon de soie. Les deux préfets durent s'apercevoir que nous fûmes subitement saisis d'émotion à la vue de ces objets qui étaient pour nous de vénérables reliques. En feuilletant le bréviaire, nous avions lu sur la première page le nom de Monseigneur Dufraisse, évêque de Tabraca, vicaire apostolique de la province du Sse-tchouen. Ce saint et courageux évêque avait été martyrisé en 1815, dans la ville de Tching-tou-fou ; peut-être avait-il été jugé et torturé dans le tribunal même où nous étions. — Ces objets, dîmes-nous aux mandarins, ont appartenu à un chef de la religion chrétienne, à un Français que vous avez mis à mort ici, dans cette ville, il y a trente ans. Cet homme était un saint, et vous l'avez tué comme un malfaiteur. Nos mandarins parurent étonnés et interdits de nous entendre parler de cet événement déjà ancien. Après un moment de silence, l'un d'eux nous demanda qui avait pu nous tromper de la sorte et nous raconter une fable si extraordinaire. — Probablement, ajouta-t-il en riant et sur le ton de l'insouciance, probablement on a voulu plaisanter. — Non, non, il n'y a certes pas lieu à plaisanterie ! Ce grand acte d'iniquité a été commis comme nous te le disons ; ne rions pas de cela ; toutes les nations de l'Occident savent que vous avez torturé et étranglé un grand nombre de missionnaires chrétiens. Il y a quelques années seulement, n'avez-vous pas mis à mort un autre Français, un de nos frères, à Ou-tchang-fou (1)? — Les deux représentants de la justice chinoise se récrièrent, frappèrent du pied et soutinrent avec une inexprimable impudence

(1) Le vénérable Perboyre, missionnaire de la congrégation de Saint-Lazare, martyrisé, en 1840, à Ou-tchang-fou, capitale de la province du Hou-pé.

que tous nos renseignements étaient creux et vains. Ce n'était pas le moment d'insister ; nous priâmes seulement le préfet du Jardin des fleurs de nous faire cadeau du bréviaire et du crucifix de Monseigneur Dufraisse ; nos instances et nos supplications furent sans succès. Ce singulier personnage essaya de nous faire croire qu'il tenait ces objets d'un chrétien, son ami intime, et qu'il lui serait impossible de s'en dessaisir sans blesser le rituel de l'honneur et de l'amitié. Là-dessus, il se mit à nous parler des nombreux chrétiens de la province et de la capitale du Sse-tchouen, et nous donna à leur sujet d'intéressants détails.

Les mandarins chinois n'ignorent nullement le mouvement et le progrès du christianisme dans leur pays; ils connaissent très-bien les localités où il y a des néophytes ; la présence même des nombreux missionnaires européens dans les diverses provinces de l'empire n'est pas un mystère pour eux. Nous pensions bien que les chrétiens, malgré leurs précautions à se cacher, ne pouvaient jamais réussir à déjouer complétement la surveillance de la police et des tribunaux. Nous savions qu'ils étaient connus ; qu'on n'ignorait pas les lieux et les heures de leurs réunions ; qu'on pouvait même assez facilement soupçonner parmi eux la présence des Européens; mais nous étions bien éloignés de croire que la plupart des mandarins étaient au courant de toutes leurs affaires. A Lha-Ssa, l'ambassadeur Ki-Chan nous avait déjà annoncé que, dans la province du Sse-tchouen, nous rencontrerions beaucoup de chrétiens; il nous signala même les endroits où ils étaient en plus grand nombre. Pendant qu'il était vice-roi de la province, il était instruit de tout ; il savait que les alentours de son palais étaient presque entièrement habités par des chrétiens, et de chez lui il entendait le chant des prières, quand on se réunissait aux jours de fête. — Je sais même, ajouta-t-il, que le chef de tous les chrétiens de la province est un Français nommé *Ma* (1) ; je connais la maison où il réside ; tous les ans il envoie des courriers à Canton chercher de l'argent et des marchandises ; à une certaine époque de l'année, il fait la visite de tous les districts où il y a des chrétiens. Je ne l'ai pas tracassé, parce que je me suis assuré que c'est un homme vertueux et charitable... Il est évident que, si on voulait s'emparer, en Chine, de tous les chrétiens et de tous les missionnaires, la chose ne serait peut-être pas très-difficile ; mais les mandarins se garderaient bien d'en venir là, parce qu'ils se trouveraient surchargés d'affaires qui, en définitive, ne leur rapporteraient aucun profit ; ils seraient même grandement exposés à être dégradés et envoyés en exil. Les grands tribunaux de Péking et l'empereur ne manqueraient pas de les accuser de négligence, et de leur demander comment ils ont été jusqu'à ce jour sans savoir ce qui se passait dans leur mandarinat, et sans faire exécuter les lois de l'empire. Ainsi l'intérêt personnel des magistrats est souvent pour les chrétiens une garantie de paix et de tranquillité.

L'heure étant venue pour le préfet du Jardin de fleurs de donner audience à ses administrés, nous prîmes congé de lui. Ce bonhomme de Tartare-Mantchou avait eu l'amabilité de nous régaler d'un excellent dî-

(1) Mgr Perocheau, évêque de Maxula.

ner. Nous lui en fûmes très-reconnaissants ; mais notre gratitude n'alla pas jusqu'à lui donner les renseignements qu'il espérait obtenir de nous. Après nous être adressé mutuellement un nombre infini de salutations et avoir épuisé toutes les formules de la civilité chinoise, nous retournâmes chez nous.

Pendant notre absence, le juge de paix nous avait organisé notre maison par ordre du vice-roi. On nous avait alloué deux jeunes gens adroits et bien élevés pour valets de chambre, et puis deux mandarins inférieurs, à globule de cuivre doré, chargés de nous tenir compagnie, de dissiper nos ennuis, et surtout de nous rendre la vie douce et agréable par les charmes de leur conversation. L'un d'eux, bredouillant d'une force prodigieuse, était, quoique jeune encore, presque décrépit par un usage immodéré de l'opium. L'autre, naturellement vieux, sans dents et presque aveugle, toussait perpétuellement ou poussait de gros soupirs, sans doute sur sa jeunesse, qu'il avait vue se faner comme une fleur. Le premier n'était occupé du matin au soir que de sa pipe et de sa petite lampe à opium. Le second, accroupi dans sa chambre, passait tout son temps à éplucher des graines de melon d'eau avec ses longs ongles, qui donnaient à ses mains desséchées la tournure de deux pattes de vieux singe. Il absorbait journellement une quantité prodigieuse de ces graines, qu'il arrosait sans cesse d'abondantes rasades de thé ; il prétendait qu'une telle alimentation était ce qu'il y avait de mieux pour la délicatesse de son tempérament. On conçoit que les talents de société de nos deux compagnons n'avaient rien de bien attrayant pour nous ; ils ne pouvaient, tout au plus, que nous faire regretter les mœurs un peu bourrues et sauvages des Tartares. Heureusement que nous recevions de temps en temps quelques visiteurs de distinction, dont les fines et élégantes manières nous rappelaient que nous étions dans la capitale de la province la plus civilisée, peut-être, du Céleste Empire.

Quatre jours après notre arrivée à Tching-tou-fou, on nous signifia, de grand matin, que, le dossier de notre procès étant suffisamment étudié, on allait procéder à notre jugement. Cette nouvelle, on peut bien le penser, était pour nous toute palpitante d'intérêt. Un jugement en Chine, et par ordre de l'empereur, ce n'était pas une bagatelle. Plusieurs de nos heureux devanciers n'étaient entrés dans les tribunaux que pour y être torturés, et n'en étaient sortis que pour aller glorieusement à la mort. Cette journée allait donc être décisive et trancher toutes nos incertitudes sur notre avenir, depuis si longtemps enveloppé de ténèbres. Notre position n'était pas tout à fait semblable à celle de la plupart des missionnaires qui ont eu à comparaître devant les mandarins. Nous n'avions pas été arrêtés sur le territoire chinois, aucun chrétien de la province n'avait jamais eu de relations avec nous, personne ne se trouvait impliqué dans nos affaires, et nous étions sûrs qu'à cause de nous personne ne serait compromis. Samdadchiemba était le seul complice de nos fatigues, de nos privations et de notre bonne volonté pour la gloire de Dieu et le salut des hommes. Notre cher néophyte n'était plus avec nous ; il se trouvait dans son pays, à l'abri de tout danger. On n'avait donc à s'occuper que de nous seuls ; le gouvernement chinois n'avait que nos deux têtes sur lesquelles il pût frapper. La question se trouvait ainsi très-peu compliquée. En cette situation tout exceptionnelle, nous pouvions, Dieu aidant, nous présenter devant nos juges avec une grande sérénité d'esprit et de cœur.

L'administration générale de chaque province est confiée à deux *sse* ou commissaires, qui ont leurs tribunaux dans la capitale ; ce sont les plus importants après celui du vice-roi. Nous fûmes conduits au prétoire du premier commissaire provincial, qui porte le titre de *Pou-tching-sse*. Son collègue, le *Ngan-tcha-sse* (scrutateur des délits), espèce de procureur général, devait s'y trouver réuni avec les principaux mandarins de la ville ; car, nous avait-il été dit, le jugement devait être solennel et extraordinaire.

Une foule immense attendait aux environs du tribunal. Parmi cette cohue populaire, avide de voir les deux diables des mers occidentales (*Yan-koui-dze*), nous remarquâmes quelques figures sympathiques et qui semblaient nous dire : Vous voilà plongés dans une grande détresse, et nous ne pouvons rien faire pour vous... L'abattement de ces pauvres chrétiens nous faisait mal ; nous eussions voulu faire pénétrer dans leur âme un peu de ce calme et de cette paix dont nous étions remplis... Des soldats armés de bambous et de rotins écartèrent la foule, le grand portail s'ouvrit, et nous entrâmes. Nous fûmes placés dans une petite salle d'attente, en la compagnie des deux aimables compagnons qu'on nous avait donnés chez le juge de paix. De là, nous pouvions nous amuser à contempler le mouvement et l'agitation qui régnaient dans le tribunal. Les mandarins qui devaient prendre part à la cérémonie arrivaient successivement en grand costume et suivis de leur état-major, qui avait toutes les allures d'une bande d'assassins et de voleurs. On voyait courir de côté et d'autre les satellites, affublés de longues robes rouges et coiffés de hideux chapeaux pointus, en feutre noir ou en fil de fer, et surmontés de longues plumes de faisan. Ils étaient armés de vieux sabres ébréchés, de chaînes, de tenailles, de crampons et de divers instruments de supplice, dont il nous serait impossible de préciser les formes bizarres et affreuses. Les mandarins se réunissaient par petits groupes et causaient entre eux avec de grands éclats de rire ; les officiers subalternes, les scribes, les satellites, les bourreaux, allaient et venaient en courant pour se donner de l'importance ; tout le monde avait l'air de se promettre une séance très-curieuse et assaisonnée d'émotions inusitées.

Toute cette agitation, tous ces préparatifs interminables avaient quelque chose d'outré et d'extravagant. Évidemment on cherchait à nous faire peur. Enfin, tout le monde disparut, et un grand silence succéda à ce long tumulte. Un instant après, un cri affreux, poussé par un grand nombre de voix, se fit entendre dans la salle d'audience ; il se renouvela trois fois, et nos compagnons nous dirent que les juges faisaient leur entrée solennelle et s'installaient sur leurs siéges. Deux officiers décorés du globule de cristal se présentèrent dans notre petite salle d'attente, et nous firent signe de les suivre. Ils se placèrent entre nous deux ; nos compagnons se mirent derrière nous, et les deux accusés s'en allèrent ainsi au jugement.

Une grande porte s'ouvrit et laissa voir tout d'un

coup les nombreux personnages de cette représentation chinoise. Douze marches en pierre conduisaient à la vaste enceinte où étaient les juges. Sur les deux côtés de cet escalier étaient échelonnés les bourreaux en robe rouge ; quand les accusés passèrent tranquillement au milieu de leurs rangs : Tremblez ! tremblez ! crièrent-ils tous ensemble, d'une voix stridente, et en même temps ils agitèrent leurs instruments de supplice, qui firent entendre un horrible cliquetis. On nous fit arrêter au milieu de la salle, et alors huit espèces de greffiers prononcèrent en chantant la formule d'usage : Accusés, à genoux !... Les accusés demeurèrent graves et immobiles... Une seconde sommation fut faite ; mais toujours même attitude de la part des accusés. Les deux officiers à globule de cristal, qui étaient toujours à côté de nous, crurent devoir venir à notre secours et nous tirer par le bras pour nous aider à fléchir le genou. Un regard un peu solennel et quelques paroles bien accentuées suffirent pour leur faire lâcher prise. Ils jugèrent même convenable de s'écarter un peu de nous et de se tenir à une distance respectueuse. Chaque empire, dîmes-nous aux juges, a ses mœurs et ses habitudes. Quand nous avons comparu à Lha-ssa devant l'ambassadeur Ki-chan, nous sommes restés debout, et Ki-chan a trouvé que nous faisions une chose raisonnable en suivant les usages de notre pays. Nous attendions une réponse du président ; mais il demeura impassible. Les autres juges se contentèrent de se regarder et de se parler par grimaces.

Le tribunal avait été organisé et décoré à dessein de nous donner une haute idée de la majesté de l'empire : les murs étaient garnis de belles tentures rouges, sur lesquelles tranchaient des sentences écrites en gros caractères noirs ; des lanternes gigantesques, et aux couleurs éclatantes, étaient suspendues au plafond ; derrière les siéges des juges, on voyait tous les insignes de leur dignité, portés par des officiers vêtus de riches habits de soie. La salle était entourée d'un grand nombre de soldats, en uniforme et sous les armes. Un public d'élite était placé dans les couloirs latéraux ; il est probable que les places avaient été accordées à la faveur et à la protection.

Le Pou-tching-sse, ou premier commissaire provincial, occupait le siége de président. C'était un homme d'une cinquantaine d'années : lèvres épaisses et violettes ; joues pantelantes ; teint blanc sale ; nez carré ; oreilles plates, longues et luisantes ; front profondément sillonné de rides ; yeux probablement petits et un peu rouges, mais cachés derrière de rondes et grandes lunettes, retenues à la sommité des oreilles par un petit cordon noir. Son costume était superbe ; sur sa poitrine brillait un large écusson, où était représenté en broderie d'or et d'argent un dragon impérial ; un globule en corail rouge, décoration des mandarins de première classe, surmontait son bonnet officiel, et un long chapelet parfumé, et orné de médaillons, était suspendu à son cou. Les autres juges étaient à peu près costumés de la même façon. Ils avaient tous également des figures plus ou moins chinoises ; mais aucune n'était comparable à celle du président ; ses lunettes grandioses, surtout, produisaient sur nous un effet étonnant, et bien opposé, sans doute, à celui qu'il se proposait. On voyait que cet homme cherchait à nous frapper par une immense dignité. Il n'avait rien répondu à notre observation quand nous avions refusé de nous mettre à genoux, il n'avait pas même fait un léger mouvement. Depuis que nous étions entrés, toujours même attitude et même silence, on eût dit une statue. Cette position un peu burlesque dura assez longtemps, et nous permit d'étudier, tout à notre aise, la société singulière au milieu de laquelle nous nous trouvions ; cela devenait si plaisant, que nous nous mîmes à causer, entre nous, en français, mais à voix basse. Nous nous communiquions nos petites impressions du moment, qui eussent bientôt fini par nous faire perdre notre gravité pour peu que cela se fût encore prolongé.

Enfin le président se décida à rompre son majestueux silence ; il fit entendre sa voix nasillarde et glapissante et nous demanda de quel pays nous étions. — Nous sommes des hommes de l'empire français. — Pourquoi avez-vous quitté votre noble patrie pour venir dans le royaume du Milieu ? — Pour prêcher aux hommes de votre illustre empire la doctrine du Seigneur du ciel. — J'ai entendu dire que cette doctrine était très-relevée. — C'est vrai ; mais les hommes de votre nation célèbre sont doués d'intelligence, et avec une application soutenue, ils peuvent parvenir à l'acquisition de cette doctrine. — Vous parlez le langage de Péking ; où l'avez-vous appris ? — Dans le nord de l'empire ; c'est là qu'on trouve la meilleure prononciation. — C'est vrai ; mais où, dans le nord ? qui a été votre maître ? — Tout le monde ; nous apprenions tantôt ici et tantôt là, en parlant et en entendant parler.

Après ces quelques interrogations, le président appela un greffier, et se fit apporter une petite caisse soigneusement enveloppée de peau, et scellée, en plusieurs endroits, avec de grands cachets rouges. On l'ouvrit devant nous avec beaucoup de solennité, et on nous montra les objets qu'elle contenait. Nous nous souvînmes alors qu'à Lha-ssa, l'ambassadeur Ki-chan, en faisant la visite de nos malles, avait voulu garder quelques objets comme pièces justificatives. Nous lui avions donné quelques lettres et plusieurs cahiers manuscrits renfermant des traductions de livres tartares et chinois. Le président nous demanda, en étalant ces paperasses sous nos yeux, s'il n'y manquait rien ; et, afin qu'il nous fût plus facile de faire une vérification exacte, il nous donna une liste de tous les objets, faite au tribunal de Lha-ssa, et signée de Ki-chan et de nous. Rien n'ayant été égaré, on nous fit faire et signer une attestation en français et en chinois. Nous ne pûmes qu'admirer l'exactitude et la régularité avec lesquelles tout cela se fit.

Pendant que le président nous interrogeait avec beaucoup de bonhomie, et même avec une certaine affabilité, nous avions remarqué son assesseur de droite, le Ngan-tcha-sse, ou juge d'instruction, vieillard maigre, ridé, et à mine de fouine, qui se trémoussait, marmottait sans cesse entre ses dents, et paraissait dépité de la tournure des débats. Après l'inspection de la petite caisse, le président reprit son attitude immobile et silencieuse, et notre malin scrutateur des délits eut la parole. Il en usa largement ; il se mit à discourir avec volubilité et emportement sur la majesté du Céleste-Empire et l'inviolabilité de son territoire ; il nous reprocha notre audace, notre vagabondage dans les provinces et chez les peuples tributaires, puis il entassa les unes sur les autres une série de questions qui témoignaient de son ardent désir de savoir bien nettement tout ce qui nous concernait. Il nous demanda qui nous avait introduits dans l'empire; chez qui nous avions logé; avec qui nous avions eu des relations; s'il y avait beaucoup de missionnaires européens en Chine, et où était le lieu de leur résidence; quelles étaient nos ressources pour vivre; enfin, il nous adressa une foule de questions qui nous semblèrent toutes très-impertinentes. Le ton et les manières du juge d'instruction ne nous parurent pas, non plus, conformes à la politesse et aux rites. Évidemment, il fallait donner une leçon à cet homme-là et modérer son intempérance. Pendant qu'il pérorait et que son réquisitoire débordait de toute part, nous l'avions écouté avec beaucoup de calme et de patience. Quand il eut fini, nous lui dîmes : Nous autres hommes de l'Occident, nous aimons à traiter les affaires avec méthode et de sang-froid. Votre langage ayant été diffus et violent, il nous a été difficile d'en saisir le sens. Veuillez recommencer et nous exposer vos pensées clairement et paisiblement. Ces paroles, prononcées avec lenteur et gravité, eurent tout le succès désiré; des chuchotements, accompagnés de malicieux sourires, circulèrent dans l'assemblée, et les juges regardèrent d'un œil goguenard le scrutateur des délits. Celui-ci fut complétement désarçonné; il voulut reprendre la parole; mais ses idées étaient tellement embrouillées, qu'il ne savait plus guère ce qu'il disait. — Tenez, dîmes-nous alors au président, nous n'apercevons que désordre et confusion dans les discours du scrutateur des délits, nous ne pouvons lui répondre ; veuillez continuer vous-même l'interrogatoire, cela sera mieux. Nous autres hommes de l'Occident, nous aimons dans le langage la dignité et la précision. Ces paroles chatouillèrent amoureusement la vanité du digne président ; il nous rendit avec usure nos cajoleries, et nous demanda, enfin, qui nous avait introduits dans l'empire, et chez qui nous avions logé. — Nous avons le cœur attristé, répondîmes-nous, de ne pouvoir vous satisfaire sur ce point. Il est des questions sur lesquelles il nous est absolument impossible de répondre ; nous vous parlerons de nous tant que vous voudrez ; mais de ceux qui ont eu des relations avec nous, jamais un mot. Notre résolution est prise à cet égard depuis longtemps, et il n'est pas de puissance humaine capable de nous y faire manquer. — Il faut répondre ! s'écria le scrutateur des délits, en trépignant et en gesticulant, il faut répondre ! comment, sans cela, la vérité se trouverait-elle dans l'enquête? Le président nous a interrogés d'une manière pleine d'autorité et de noblesse, et nous lui avons répondu avec ingénuité et franchise. Quant à vous, scrutateur des délits, il a déjà été dit que nous ne savions pas vous comprendre.

L'assesseur de gauche coupa court à cet incident en nous donnant à examiner une large feuille de papier : c'était un alphabet de nos lettres européennes grossièrement dessinées. Probablement on avait eu cela dans le pillage de quelque établissement chrétien où l'on élève les jeunes Chinois pour l'état ecclésiastique. — Connaissez-vous cela ? nous dit l'assesseur de gauche. — Oui, ce sont les vingt-quatre signes radicaux d'où naissent tous les mots de notre langue. — Pouvez-vous les lire et nous en faire connaître les sons ?... L'un de nous eut l'extrême complaisance de réciter solennellement l'*A b c*. Pendant ce temps, tous les juges s'empressèrent de retirer de leurs bottes, car les bottes, en Chine, servent souvent de poche, un exemplaire de l'alphabet, où chaque lettre européenne avait sa prononciation exprimée, tant bien que mal, avec des caractères chinois. Il paraît que l'incident avait été concerté et préparé à l'avance. Chaque juge avait la figure collée sur son papier, et se promettait bien, sans doute, de faire en ce jour les découvertes les plus curieuses sur les langues de l'Europe. L'assesseur de gauche, tenant les yeux et l'index de la main droite fixés sur la première lettre, s'adressant à l'accusé qui venait de dire l'*A b c*, le pria de reprendre lentement la récitation et de s'arrêter un peu sur chaque lettre. Celui-ci fit quatre pas en avant, et tendit très-gracieusement au juge philologue son exemplaire de l'alphabet en lui disant : — J'avais pensé que nous étions venus ici pour subir un jugement, et voilà maintenant que nous sommes des maîtres d'école, et que vous êtes devenus nos disciples... Des rires inextinguibles éclatèrent dans l'assemblée ; les juges eux-mêmes y prirent part, sans en excepter, ni le grave et solennel président, ni le rétif scrutateur des délits. Ainsi se termina la leçon des langues étrangères.

Comme on voit, ce terrible jugement prenait insensiblement une tournure on ne peut plus bénigne et amusante. Les pauvres accusés pouvaient du moins espérer que, pour le moment, on n'était pas disposé à leur enfoncer sous les ongles des roseaux pointus, pas même à leur arracher les chairs avec des tenailles rougies au feu. Les bourreaux avaient la figure moins féroce ; et tous ces instruments de supplice, dont on avait fait tout à l'heure une exhibition si menaçante, ne ressemblaient plus qu'à une vaine parade.

Le président nous demanda pour quel motif les Français venaient faire des chrétiens en Chine ; quel profit pouvait leur en revenir ?... Profit matériel, aucun. La France n'a besoin, ni de l'or, ni de l'argent, ni des produits des pays étrangers ; elle leur fait, au contraire, des sacrifices énormes par pure générosité ; elle envoie des secours pour fonder des écoles gratuites, pour recueillir vos enfants abandonnés, et souvent pour nourrir vos pauvres dans les temps de famine ; mais, par-dessus tout, elle vous envoie la vérité ! Vous dites que tous les hommes sont frères, et c'est vrai : voilà pourquoi ils doivent tous adorer le même Dieu, celui qui est notre père à tous. Les nations de l'Europe le connaissent, ce Dieu véritable, et elles viennent vous l'annoncer. Le bonheur, qui consiste à faire connaître et aimer la vérité, voilà le profit des missionnaires qui viennent vers vous... Le président et les autres juges, à l'exception toutefois du scrutateur des délits, nous demandèrent, sur la religion chrétienne, des détails que nous leur donnâmes avec empressement. Enfin le président nous dit avec affabilité que nous avions, sans doute, besoin de prendre un peu de repos, et que, pour aujourd'hui, c'était assez. Sur ce, la cour se leva ; nous lui fîmes une inclination profonde, puis elle partit de son côté et nous du nôtre, pendant que les soldats et les satellites poussaient des hurlements à faire chanceler les bases du tribunal. C'est le cérémonial exigé pour l'entrée et la sortie des juges et des accusés.

Ce premier interrogatoire nous fut assez favorable, du moins nous en jugeâmes ainsi d'après les témoignages et les félicitations que nous reçûmes en traversant les cours et les salles du tribunal. Les mandarins de la ville, qui s'étaient rendus au jugement pour rehausser la dignité et la splendeur de la cour, nous saluaient avec affectation, en nous disant que c'était bien, que nos affaires prenaient une excellente tournure. Dans les divers quartiers de la ville que nous parcourûmes pour retourner à la justice de paix, nous rencontrâmes un grand nombre de chrétiens dont la figure était épanouie et rayonnante de joie ; nous les reconnûmes au signe de la croix qu'ils faisaient sur notre passage. Nous étions heureux de voir la confiance et le courage renaître au cœur de ces pauvres gens, qui avaient dû, sans doute, beaucoup souffrir pendant que nous étions aux prises avec la justice de leur déplorable pays.

Nos deux mandarins d'honneur, qui, pendant la longue séance du jugement, avaient été obligés de rester debout derrière nous, prirent bien aussi leur petite part des émotions de la journée et de la joie commune ; mais ils paraissaient abîmés de fatigue. Aussitôt que nous fûmes arrivés dans notre logis du juge de paix, ils se précipitèrent avec passion, l'un sur la pipe à opium, et l'autre sur les graines de melon d'eau.

Dans la soirée, nous reçûmes un grand nombre de visiteurs de distinction, et nous cherchâmes à savoir par eux ce que nous avions encore à craindre ou à espérer. On s'accordait généralement à dire que nous serions bien traités, mais que notre affaire traînerait en longueur, et que probablement nous serions obligés d'aller à Péking. Les uns disaient que l'empereur voulait lui-même nous interroger; d'autres pensaient que le Hin-pou, ou grand tribunal des crimes, siégeant à Péking, devait nous juger en dernier ressort. Ce qu'il y avait de bien certain, c'est que l'empereur avait envoyé, à notre sujet, une dépêche au vice-roi. Nous demandâmes à la voir; mais cela nous fut impossible; on fut même scandalisé au dernier point de notre audace et de notre prétention à porter les yeux sur ce qui avait été écrit par le Fils du Ciel. Le vice-roi seul l'avait lu et en avait fait quelques légères confidences à ses courtisans. Un an plus tard, quand nous étions à Macao, nous pûmes nous procurer le rapport que le vice-roi du Sse-tchouen avait envoyé à la cour sur notre compte, et nous y trouvâmes une partie de cette fameuse dépêche impériale. Voici le commencement de ce rapport :

RAPPORT ADRESSÉ A L'EMPEREUR LE 4e JOUR DE LA 4e LUNE DE LA 26e ANNÉE TAO-KOUANG (1846).

« En vertu des pouvoirs conférés par un décret su-
« prême, Ki-chan a annoncé à Votre Majesté qu'il avait
« pris des étrangers de Fou-lan-si (France), et qu'il
« avait saisi des livres étrangers et des écrits en carac-
« tères étrangers. Il ajoutait qu'il résulte de leur dé-
« claration que, par voie de Canton et autres lieux, ils
« sont arrivés à la capitale (Péking); que, revenant de
« là par Ching-king (Mokden, capitale de la Mantchou-
« rie), ils ont traversé la Mongolie et se sont rendus
« au Si-thsang (Thibet), dans le but d'y prêcher leur

« religion ; qu'après avoir interrogé ces étrangers, il a
« chargé un magistrat de les conduire dans la province
« du Sse-tchouen, etc.

« Comme les susdits étrangers comprennent la langue
« chinoise, et qu'ils peuvent lire et parler le mantchou
« et le mongol, il n'a pas paru bien certain à Votre Ma-
« jesté qu'ils fussent originaires de Fou-lan-si (France),
« elle m'a envoyé une dépêche, munie du sceau impé-
« rial, renfermant les ordres suivants : Quand ils seront
« arrivés au Sse-tchouen, recherchez avec soin toutes
« les circonstances de leur voyage, ainsi que les noms
« des lieux par où ils ont passé, et tâchez de découvrir
« la vérité. Dès le moment de leur arrivée, envoyez-moi
« une copie du rapport primitif et de leur déclaration.
« Faites examiner les lettres et les livres en langue
« étrangère et autres objets que renferme leur caisse
« de bois, et transmettez-moi en même temps tous les
« renseignements nécessaires. Je vous adresse cette
« décision impériale pour que vous en preniez connais-
« sance. »

« Respectez ceci, respectez ceci ! »

Ainsi, d'après cette décision impériale, on n'était pas très-bien fixé à Péking sur notre nationalité. Parce que nous savions lire et parler le chinois, le mantchou et le mongol, le Fils du Ciel inclinait à croire que nous n'étions pas Français, et il chargeait le vice-roi du Sse-tchouen de bien éclaircir cette difficulté. Notre sort dépendait donc des nouveaux renseignements qui allaient être envoyés à l'empereur, et l'opinion de ceux qui pensaient que nous serions forcés de faire le voyage de Péking n'était pas tout à fait dénuée de fondement. Pour nous, l'idée de nous acheminer vers la capitale de l'empire chinois n'avait rien qui pût nous donner la moindre répugnance. Nous étions tellement lancés, depuis deux ans, qu'un changement quelconque à notre itinéraire ne pouvait guère nous dérouter. Une circonstance particulière, une nouvelle que nous venions d'apprendre nous faisait même caresser avec un certain plaisir la pensée de voir la cour de Péking et de nous trouver face à face avec cet étonnant monarque, qui gouverne les dix mille royaumes et les quatre mers qui sont sous le ciel.

A notre retour du palais du premier commissaire provincial, pendant que nous traversions une place encombrée de curieux, on nous avait lancé très-adroitement dans le palanquin un petit paquet que nous cachâmes en toute hâte et avec le plus grand soin. Sur le soir, quand, n'ayant plus à craindre l'indiscrétion des visiteurs, nous pûmes nous trouver seuls dans notre chambre, la mystérieuse missive fut examinée avec empressement. C'était une longue lettre d'un prêtre chinois chargé de l'administration des chrétiens de Tching-tou-fou. Il nous donnait des nouvelles claires et précises sur l'ambassade de M. de Lagrenée. Nous reconnûmes tout de suite ce La-ko-nie dont nous avait parlé d'une manière si vague le jeune chrétien que nous avions rencontré dans un couvent de bonzes, avant d'entrer dans la ville. En nous communiquant la requête et les édits en faveur du christianisme, obtenus par M. de Lagrenée, ce missionnaire nous avertissait que, malgré toutes ces concessions importantes, la position des chrétiens ne se trouvait guère meilleure, et que, dans plusieurs localités, la persécution sévissait toujours avec la même rigueur. Comme on s'est fait, en France, de grandes illusions au sujet de la liberté religieuse obtenue par l'ambassade que M. Guizot envoya en Chine, en 1845, nous allons entrer, sur cette affaire, dans quelques détails.

Après avoir conclu un traité de commerce entre la France et la Chine, traité qui était le but principal de l'ambassade, M. de Lagrenée voulut, avant de s'en retourner, essayer d'améliorer le sort des chrétiens et des missionnaires dans ces malheureuses contrées. Il n'avait, pour cela, reçu de son gouvernement aucune mission officielle, et il faut reconnaître que l'entreprise était délicate et hérissée de difficultés. Le représentant du gouvernement français pouvait bien réclamer contre les exécutions atroces dont plusieurs missionnaires avaient été victimes à différentes époques, et exiger qu'à l'avenir on reconduisît, sans mauvais traitements, dans un des ports libres, les Européens qui seraient arrêtés dans l'intérieur de l'empire. Les Anglais, dans leur traité de Nanking, avaient déjà consacré cette mesure si équitable. Mais réclamer de l'empereur chinois la liberté religieuse pour ses propres sujets était chose plus difficile ; car, enfin, les nations européennes prétendaient-elles s'immiscer dans le gouvernement du Céleste Empire et dicter à l'empereur les mesures qu'il devait adopter pour la bonne administration de ses sujets? Il est évident que, dans tout ceci, les négociations qui eurent lieu entre l'ambassadeur français et le commissaire impérial ne pouvaient être qu'officieuses et nullement officielles. M. de Lagrenée ne pouvait guère exiger, au nom du roi

Louis-Philippe, que l'empereur Tao-kouang laissât ses sujets embrasser et professer librement la religion chrétienne. L'occasion pourtant était très-favorable. Les Chinois étaient encore sous l'impression terrible de la mitraille anglaise, et ils étaient parfaitement disposés à tout promettre aux Européens, sauf à ne rien tenir dans la suite. C'est, en effet, ce qui a eu lieu.

Après de longues et vives instances de la part de M. de Lagrenée, qui sont une preuve de sa bonne volonté en faveur des missions de Chine, le commissaire impérial, Ky-yn, adressa à son empereur la requête suivante :

« Ky-yn, grand commissaire impérial et vice-roi des « deux provinces de Kouang-tong et de Kouang-si, pré« sente respectueusement ce mémoire.

« Après un examen approfondi, j'ai reconnu que la « religion du Maître du ciel (1) est celle que vénèrent et « professent toutes les nations de l'Occident. Son but « principal est d'exhorter au bien et de réprimer le mal. « Anciennement, elle a pénétré, sous la dynastie des « Ming, dans le royaume du Milieu (2), et, à cette épo« que, elle n'a point été prohibée. Dans la suite, comme « il se trouva souvent, parmi les Chinois qui suivaient « cette religion, des hommes qui en abusèrent pour faire « le mal, les magistrats recherchèrent et punirent les

(1) C'est ainsi qu'on désigne, en Chine, la religion chrétienne.

(2) Vers la fin du seizième siècle. Le christianisme avait déjà pénétré en Chine aux cinquième et sixième siècles, mais surtout pendant le treizième, il y fut très-florissant. A cette époque, il y avait à Péking un archevêque qui comptait quatre suffragants. Le commissaire impérial Ky-yn pouvait ignorer cela ; mais il est fâcheux qu'il ne se soit rencontré personne pour le lui apprendre.

« coupables. Leurs jugements sont consignés dans les « actes judiciaires.

« Sous le règne de Kia-king, on commença à établir « un article spécial du code pénal pour punir ces crimes. « Au fond, c'était pour empêcher les Chinois chrétiens « de faire le mal, mais nullement pour prohiber la reli- « gion que vénèrent et professent les nations étrangères « de l'Occident.

« Aujourd'hui, comme l'ambassadeur français, La- « ko-nie, demande qu'on exempte de châtiments les « chrétiens chinois qui pratiquent le bien, cela me pa- « raît juste et convenable.

« J'ose, en conséquence, supplier Votre Majesté de « daigner, à l'avenir, exempter de tout châtiment les « Chinois comme les étrangers qui professent la reli- « gion chrétienne et qui, en même temps, ne se rendent « coupables d'aucun désordre ni délit.

« Quant aux Français et autres étrangers qui profes- « sent la religion chrétienne, on leur a permis seule- « ment d'élever des églises et des chapelles dans le terri- « toire des cinq ports ouverts au commerce ; ils ne « pourront prendre la liberté d'entrer dans l'intérieur « de l'empire pour prêcher la religion. Si quelqu'un, au « mépris de cette défense, dépasse les limites fixées et « fait des excursions téméraires, les autorités locales, « aussitôt après l'avoir saisi, le livreront au consul de « sa nation, afin qu'il puisse le contenir dans le devoir et « le punir. On ne devra pas le châtier précipitamment « ou le mettre à mort.

« Par là, Votre Majesté montrera sa bienveillance et « son affection pour les hommes vertueux ; l'ivraie ne

« sera point confondue avec le bon grain, et vos senti-« ments et la justice des lois éclateront au grand jour.

« Suppliant Votre Majesté d'exempter de tout châti-« ment les chrétiens qui tiennent une conduite honnête « et vertueuse, j'ose lui présenter humblement cette « requête, afin que sa bonté auguste daigne approuver « ma demande et en ordonner l'exécution. »

« (Requête respectueuse.) »

APPROBATION DE L'EMPEREUR.

« Le dix-neuvième jour de la onzième lune de la « vingt-quatrième année Tao-kouang (1844), j'ai reçu « ces mots écrits en vermillon :

« J'acquiesce à la requête. — Respectez ceci. »

Conformément à cette approbation, il y eut plus tard un édit impérial, adressé à tous les vice-rois et gouverneurs de provinces, faisant l'éloge de la religion chrétienne et défendant à tous les tribunaux, grands et petits, de poursuivre à l'avenir les Chinois chrétiens pour cause de religion. Quand cet édit fut connu, les missionnaires et les chrétiens furent transportés de joie, on crut voir s'ouvrir, pour les missions de Chine, l'ère tant désirée de la liberté religieuse, et, par conséquent, des progrès rapides du christianisme, et les bénédictions et les actions de grâces de l'Europe et de l'Asie étaient prodiguées à l'ambassade française. Pourtant ceux qui ont une connaissance pratique des Chinois et des mandarins pouvaient prévoir que, en réalité, les résultats seraient loin de répondre à de si magnifiques espérances. L'édit impérial fut promulgué et affiché dans les cinq ports ouverts au commerce européen. M. de Lagrenée demanda qu'il fût également publié dans l'intérieur de l'empire; on le lui promit, mais on s'est bien gardé d'en rien faire.

Cependant, des copies de la requête du commissaire Ky-yn et de l'édit de l'empereur furent répandues en grand nombre dans toutes les chrétientés des provinces intérieures, et tous les néophytes purent lire les éloges que l'empereur faisait de la religion, et les défenses adressées aux mandarins de poursuivre désormais les chrétiens. Tout cela fut pris au sérieux ; les chrétiens se crurent libres et furent un instant convaincus que, si le gouvernement de Péking ne favorisait pas encore leurs croyances, du moins, il les tolérait franchement. Mais les persécutions locales, qui continuèrent partout, comme s'il n'y eût eu ni ambassade, ni requête, ni édit, les avertirent bientôt qu'ils marchaient toujours sur un terrain mouvant, et que cette liberté, qui leur arrivait, en contrebande, sur des feuilles de papier, n'était qu'une chimère. Ceux qu'on traîna devant les tribunaux, et qui eurent l'ingénuité de revendiquer la protection de l'édit impérial et de l'ambassade française, furent fustigés d'importance par les juges. — Toi, homme du petit peuple, disait le mandarin, te voilà devenu bien audacieux que de vouloir t'ingérer dans les relations de l'empereur avec les nations étrangères !

Les négociations en faveur de la liberté religieuse, qui avaient eu lieu entre l'ambassadeur français et le rusé diplomate chinois, ne pouvaient être, en effet, d'une grande valeur. Tout ce qu'on avait obtenu n'avait aucun caractère officiel. Le gouvernement du roi des

Français n'avait rien demandé à l'empereur de la Chine, et celui-ci n'avait fait aucune promesse à la France ; de part ni d'autre, il n'y avait rien eu d'officiel ; tout s'était passé entre M. de Lagrenée et Ky-yn. L'un avait énergiquement exprimé ses vives sympathies pour les chrétiens chinois ; et l'autre avait eu la courtoisie de les recommander à la protection de son empereur. L'ambassadeur français une fois parti et Ky-yn révoqué de ses fonctions, il ne devait plus rien rester de tous ces beaux arrangements.

Voici, en résumé, ce qui fut obtenu ; on le trouve énoncé dans la requête du commissaire impérial. Au sujet des chrétiens il supplie l'empereur « de daigner, « à l'avenir, exempter de tout châtiment les Chinois « comme les étrangers qui professent la religion chré« tienne et qui en même temps ne se rendront coupa« bles d'aucun désordre ni délit. » Comment pourra-t-on surveiller les mandarins, et savoir s'ils persécutent ou non les chrétiens ? Le gouvernement chinois peut-il permettre à des étrangers d'inspecter ses fonctionnaires ? Quand on fera des réclamations, les Chinois n'opposeront-ils pas toujours le mensonge, ne pourront-ils pas toujours dire que les chrétiens détenus dans les prisons ou envoyés en exil sont punis pour des délits en dehors de leur croyance religieuse ? C'est ainsi, en effet, que les choses se sont passées, et il était facile de le prévoir.

Au sujet des missionnaires, il est dit dans la requête : « Les Français et autres étrangers ne pourront entrer « dans l'intérieur de l'empire pour prêcher leur reli« gion. Si quelqu'un, au mépris de cette défense, dé« passe les limites fixées et fait des excursions téméraires,

« les autorités locales, après l'avoir saisi, le livreront au « consul de sa nation, afin qu'il puisse le contenir dans « le devoir et le punir. » On sait bien que MM. les consuls auront la bonté de ne pas punir les missionnaires qui seront surpris prêchant le christianisme ; mais enfin une rédaction semblable laisse croire aux Chinois que nous sommes des hommes insubordonnés, hors du devoir et punissables par les mandarins de notre pays ; évidemment, une pareille recommandation n'est pas propre à donner aux missionnaires une grande influence. Nous convenons qu'on ne les met plus juridiquement à mort lorsqu'ils sont arrêtés ; mais faut-il être étonné si, dans leur pénible voyage de retour, ils sont en butte aux mauvais traitements, au mépris et aux sarcasmes des mandarins et des satellites ? Si on demandait aux missionnaires qui évangélisent la Chine, au milieu des souffrances et des privations, ce qu'ils pensent de la peine de mort d'autrefois et de la triste situation qui leur a été faite aujourd'hui, nous les connaissons assez pour être assurés de leur réponse.

Nous n'avons pas étudié la diplomatie, mais il nous semble que les excellentes dispositions de l'ambassade française, en Chine, eussent pu seconder la propagation de la foi d'une manière différente et peut-être plus efficace. A diverses époques, des missionnaires français ont été martyrisés sur plusieurs points de la Chine ; en 1840, M. Perboyre, un apôtre, un saint, avait été mis à mort par ordre de l'empereur, et en grand appareil, sur la place publique de la capitale du Hou-Pé. Il ne fut pas dit le plus petit mot de ces atroces et iniques exécutions. La France entrant en relation avec la Chine, le commissaire impérial de Canton devait s'attendre à être interrogé sur tous ces assassinats juridiques, et le silence de notre ambassadeur dut le surprendre beaucoup. Et cependant, la France avait bien quelque droit, ce nous semble, de demander compte au gouvernement chinois de tant de Français injustement torturés et immolés. Il lui était bien permis de s'enquérir un peu pour quel crime l'empereur les avait fait étrangler. Quelques questions au sujet du vénérable martyr de 1840 n'eussent pas empêché les Chinois de croire que la France s'intéressait sincèrement à la vie de ses enfants. Il eût fallu, selon nous, presser vivement le gouvernement chinois sur ce point ; le moment était favorable, on eût dû l'acculer, c'était chose facile, dans sa sauvage barbarie, et là, exiger impitoyablement de lui une réhabilitation éclatante de tous nos martyrs, à la face de tout l'empire ; une amende honorable insérée dans la gazette de Péking, enfin un monument expiatoire sur la place publique de Ou-tchang-fou où M. Perboyre avait été étranglé en 1840. De cette manière, la religion chrétienne eût été glorifiée à jamais dans tout l'empire, les chrétiens relevés dans l'opinion publique, et la vie des missionnaires rendue inviolable. A quoi bon stipuler qu'à l'avenir on ne devra pas les châtier précipitamment et les mettre à mort ? Ils s'en seraient bien gardés, après une semblable manifestation. En arrivant à Canton, c'était une réparation qu'il fallait, tout d'abord, obtenir ; on en avait, certes, bien le droit. Les festins, les parades et les poignées de main ne devaient venir qu'en second lieu.

On se méprendrait beaucoup sur notre intention, si on

pensait que nous voulons jeter le blâme sur l'ambassade. Puisque nous avons entrepris de parler de la Chine, on nous permettra d'exprimer librement et franchement ce que nous croyons être la vérité. Nous sommes persuadé que M. de Lagrenée est tout entier dévoué aux intérêts de nos missions, et que, s'il n'eût dépendu que de lui, tous les Chinois seraient chrétiens et professeraient leur religion dans une entière liberté. Nous savons que son entreprise était difficile et délicate, puisqu'il agissait seul et sans instruction officielle de son gouvernement. Cependant nous ne pouvons nous dispenser d'exposer les choses telles qu'elles sont. En 1844 on a été convaincu, en Europe, et cette conviction persévère peut-être encore, que la Chine était ouverte et que la religion chrétienne y était libre. Malheureusement les Anglais n'ont pas plus ouvert la Chine que l'ambassade française n'a donné aux Chinois la liberté religieuse. Les sujets de Sa Majesté Britannique ne se hasarderaient pas à mettre les pieds dans l'intérieur de la ville de Canton, quoique, par les traités, ils soient en possession de ce privilége ; ils ne peuvent s'aventurer que dans les faubourgs. L'intolérance et la haine des populations indigènes s'obstine à les tenir, en quelque sorte, toujours bloqués dans leurs factoreries. Pour les chrétiens, leur situation ne s'est nullement améliorée ; ils sont comme auparavant, à la merci des tribunaux et des mandarins qui les persécutent, les pillent, les jettent dans les prisons, les torturent et les envoient mourir en exil, tout aussi facilement que s'il n'y avait pas, sur les côtes du Céleste-Empire, des représentants et des navires de guerre de la France. Dans les cinq ports libres seulement, on n'ose pas tourmenter les néophytes, grâce à l'énergique et incessante protection de notre légation de Macao et de notre consul de Chang-hai.

Quoique l'édit impérial en faveur des chrétiens nous parût insuffisant et presque illusoire, à raison surtout de sa non-publication dans l'intérieur de l'empire, nous résolûmes d'en tirer le meilleur parti possible, soit pour nous, soit pour les chrétiens, si quelque bonne occasion se présentait.

Deux jours après notre comparution devant le tribunal du premier commissaire provincial, le préfet mantchou du Jardin de fleurs, qui était devenu un peu notre ami, nous annonça que notre affaire étant suffisamment connue, nous n'aurions pas à subir une nouvelle séance judiciaire, et que, dans la journée, le vice-roi nous ferait appeler pour nous signifier ce qui avait été statué sur notre compte. Nous eûmes une longue et assez vive discussion au sujet du cérémonial que nous aurions à suivre devant le chef de la province, le représentant de l'empereur. On nous donna une foule de motifs pour nous bien persuader que nous étions tenus de nous mettre à genoux devant le vice-roi. D'abord c'était un honneur prodigieux que nous allions recevoir, en étant admis en sa présence, puisqu'il n'était qu'un simple diminutif du Fils du Ciel. Nous tenir debout devant lui, ce serait l'insulter, lui donner très-mauvaise idée de notre éducation, l'irriter peut-être, écarter ses bonnes dispositions à notre égard, et nous attirer les effets de sa colère : d'ailleurs, ajoutait-on, bon gré mal gré, vous vous mettrez à genoux, il vous sera impossible de résister à l'ascendant de sa majesté.

Nous étions bien sûrs du contraire, et nous déclarâmes au préfet qu'il pouvait tenir pour certain que cela ne nous arriverait pas. Cependant nous ne voulions pas faire un esclandre, ni laisser croire au vice-roi que nous n'avions pas les sentiments de respect et de vénération dus à sa personne et à sa haute dignité. Nous priâmes donc le préfet du Jardin de fleurs de le prévenir que nous ne pouvions pas absolument nous tenir devant lui dans une attitude que nos mœurs n'exigeaient pas même en présence de notre souverain, que nous n'entendions nullement lui manquer de respect, et que nous l'honorerions conformément aux rites de l'Occident; mais que nous consentirions au malheur irremédiable d'être privés de sa présence plutôt que de céder sur ce point. On comprend que, au fond, peu nous importait de nous mettre à genoux, puisque ce n'est, en Chine, qu'une pure cérémonie de respect et de civilité. Nous tenions à rester debout parce que, après avoir fléchi le genou une fois, nous aurions été obligés de nous prosterner devant le premier caporal venu, ce qui eût été pour nous une source de calamités. Nous pensions, avec raison, que personne, au contraire, ne pourrait se dispenser de traiter avec égard et convenance des hommes qui auraient été dispensés de se mettre à genoux, même dans le premier tribunal de la province. Notre persistance fut pleinement couronnée de succès, et il fut convenu que nous nous présenterions à l'européenne.

Vers midi, on nous envoya chercher avec deux beaux palanquins de parade, et nous nous rendîmes, accompagnés d'une brillante escorte, au palais de l'illustrissime Pao-hing, vice-roi de la province du Sse-tchouen. Le tribunal de ce haut dignitaire de l'empire chinois ne nous parut se distinguer en rien de ceux que nous avions vus précédemment, si ce n'est par son ampleur et une meilleure tenue. C'est toujours même architecture et même combinaison de salles, de cours et de jardins.

Tous les mandarins civils et militaires de la ville, sans exception, avaient été convoqués ; à mesure qu'ils arrivaient, ils venaient se placer, suivant leur grade et leur dignité, dans une vaste salle d'attente, sur de longs divans, où nous avions déjà pris place avec les deux principaux préfets de la ville, qui devaient nous servir d'introducteurs. Dans une pièce voisine, un orchestre de musiciens exécuta des symphonies chinoises d'une grande douceur, mais en même temps extrêmement bizarres ; elles ne laissaient pas pourtant d'être assez agréables à entendre. Bientôt on annonça que le vice-roi était entré dans son cabinet. Une grande porte s'ouvrit ; tous les mandarins se levèrent, se mirent en ordre, et défilèrent, dans le plus profond silence, jusqu'à une antichambre, où ils se placèrent en faction. Nos deux introducteurs nous firent passer au milieu des rangs des mandarins, et nous conduisirent devant un cabinet dont la porte était ouverte ; ils s'arrêtèrent sur le seuil, firent une prosternation à leur maître, et nous dirent d'entrer. En même temps, le vice-roi, qui se tenait assis, les jambes croisées sur un divan, nous fit de la main un signe plein d'aménité pour nous engager à nous approcher de lui. Nous lui adressâmes une profonde inclination, et nous avançâmes de quelques pas. Nous étions seuls dans le cabinet du vice-roi ; tous les mandarins civils et militaires montaient la garde dans l'antichambre ; mais ils étaient assez rapprochés pour entendre ce qui se disait.

Nous fûmes d'abord grandement frappés de la simplicité et de l'appartement et du haut personnage qui l'habitait. Une étroite chambre tapissée de papier bleu, un petit divan avec deux coussins rouges, un guéridon et quelques vases à fleurs, voilà tout l'ameublement. L'illustrissime Pao-hing était un vieillard de soixante et dix ans environ, grand, maigre, mais d'une physionomie pleine de douceur et de bienveillance. Ses petits yeux encore assez brillants annonçaient beaucoup de finesse et de pénétration; une barbe longue, peu fournie et d'un blanc tirant sur le jaune, donnait à sa figure un assez joli petit air de majesté. La modeste robe en soie bleue dont il était revêtu contrastait avec les splendides habits brodés des mandarins qui faisaient antichambre. Pao-hing était Tartare-Mantchou, cousin et ami intime de l'empereur. Dans leur enfance, ils avaient toujours vécu ensemble, et n'avaient jamais cessé de se porter mutuellement une vive et cordiale affection.

Le vice-roi nous demanda d'abord si nous étions convenablement dans la maison qu'il nous avait fait assigner... On a interrogé, ajouta-t-il, les soldats de votre escorte; il paraît que l'officier militaire qui vous a accompagnés depuis Ta-tsien-lou jusqu'ici ne vous faisait pas loger dans les palais communaux. J'ai destitué cet homme vil qui n'avait aucun souci de la dignité de l'empire. Ce fut en vain que nous essayâmes de plaider pour lui. Pourquoi, nous dit enfin le vice-roi en se croisant les bras, vous a-t-on empêchés de résider dans le Thibet? Pourquoi vous a-t-on fait revenir? — Illustre personnage, nous ne le comprenons pas encore, et nous désirerions bien le savoir. Quand, arrivés en France, notre souverain nous demandera pourquoi on nous a expulsés du Thibet, que faudra-t-il répondre ?... Ici, Pao-hing fit une violente sortie contre Ki-chan ; il parla des difficultés qu'il ne cessait de susciter au gouvernement, et finit par l'appeler *to-ché*, ce qui ne peut guère se traduire que par faiseur d'embarras.

Pao-hing nous invita ensuite à nous approcher tout près de lui ; il se mit alors à nous considérer attentivement l'un après l'autre, tout en s'amusant à tourner dans sa bouche des fragments de noix d'arec que les Mantchous aiment beaucoup à mâcher. Il prit plusieurs prises de tabac dans une petite fiole, et eut la courtoisie de nous en offrir, sans rien dire et toujours occupé de nos personnes, comme s'il eût voulu en écrire un signalement. Il paraît qu'il nous trouva superbes, car il nous demanda si nous avions quelque médecine ou recette pour conserver le teint frais et coloré. Nous lui répondîmes que le tempérament des Européens différait beaucoup de celui des Chinois ; que cependant une conduite sage et réglée était, dans tous les pays, la recette d'une bonne santé. Entendez-vous, s'écria-t-il, en s'adressant aux nombreux mandarins qui faisaient antichambre, entendez-vous : une conduite sage et réglée est, dans tous les pays, la recette d'une bonne santé !... Tous les globules rouges, bleus, blancs et jaunes s'inclinèrent profondément en signe d'assentiment.

Après avoir aspiré une longue prise de tabac, Pao-hing nous demanda quelle était notre intention et où nous voulions aller... Une pareille question nous surprit beaucoup, et nous lui répondîmes résolûment : — Nous voulons aller au Thibet, à Lha-ssa. — Au Thibet! à Lha-ssa! mais vous en venez! Qu'importe? nous y retournerons. — Quelle affaire avez-vous donc à Lha-ssa? — Vous le savez bien, notre unique affaire est de prêcher la religion. — Oui, je le sais; cependant, il ne faut pas penser à Lha-ssa, il vaut mieux la prêcher dans votre pays. Le Thibet ne vaut rien. Moi, je ne vous en aurais pas fait revenir; je vous y aurais laissés, puisque c'était votre désir; mais, maintenant que vous êtes ici, il faut que je vous fasse conduire à Canton. — Puisque nous ne sommes pas libres, faites-nous conduire où vous voudrez... Le vice-roi nous dit que maintenant que nous étions dans sa province, il répondait de nous sur sa tête, et que son devoir était de nous faire remettre au représentant de notre nation. Vous pouvez, ajouta-t-il, rester encore quelque temps à Tching-tou-fou, pour vous reposer et faire tous les préparatifs nécessaires au voyage. Je vous reverrai avant votre départ; en attendant, je donnerai des ordres afin que vous puissiez faire votre route le plus commodément possible. Nous le remerciâmes de ses bonnes intentions à notre égard et nous lui fîmes une profonde inclination... Comme nous partions, il nous rappela pour nous parler du bonnet jaune et de la ceinture rouge. — Votre costume, nous dit-il, n'est pas celui de la nation centrale, il ne faudra pas voyager de cette manière. — Voilà, lui répondîmes-nous, que maintenant vous avez le droit, non-seulement de nous empêcher d'aller où nous voulons, mais encore de nous habiller à notre fantaisie. — Pao-hing se mit à rire et nous dit, en nous saluant de la main, que, puisque nous tenions à ce costume, nous pouvions le garder.

Le vice-roi rentra dans ses appartements au son de la musique, et les mandarins nous accompagnèrent jusqu'à la porte du palais, en nous félicitant de la toute bienveillante et cordiale réception que nous avions reçue de l'illustrissime représentant du Fils du Ciel dans la province du Sse-tchouen.

Nous avons déjà parlé du rapport que Pao-hing adressa à l'empereur à notre sujet. Nous plaçons ici la suite, qui est une réponse à la dépêche impériale que nous avons déjà citée (1).

« Moi, votre sujet (ajoute le vice-roi du Sse-tchouen), « j'ai recherché avec soin dans quel but lesdits étrangers « voyageaient au loin pour prêcher leur religion, d'où « ils tiraient, quand ils résident au dehors pendant plu- « sieurs années, les sommes nécessaires à leur subsis- « tance et à leur entretien de tous les jours ; pourquoi « ils restaient longtemps sans retourner dans leur pays ; « si leur absence avait une durée déterminée ; quel était « le nombre des prosélytes qu'ils avaient formés, quel « but ils s'étaient proposé en allant ensemble au Si- « tsang (Thibet), qui est la résidence des lamas.

« Il résulte des informations que j'ai prises que ces « étrangers vont en différents lieux pour prêcher leur « religion et que leur mission a une durée indéterminée. « Si, lorsqu'ils sont en voyage, ils craignent de man- « quer des ressources nécessaires, ils écrivent au procu- « reur de leur nation qui réside à Macao, et celui-ci « leur envoie immédiatement de l'argent pour subvenir « à leurs besoins. Dans toutes les provinces de la Chine, « il y a des hommes du même pays qui se sont expatriés

(1) Voir ci-dessus, p. 65.

« pour prêcher la religion, et il n'y en a pas un seul « qui n'exhorte les hommes à faire le bien ; ils ne se « proposent pas d'autre but. Ils ne se rappellent pas le « nombre ni les noms de ceux à qui ils ont enseigné la « doctrine. Quant à leur voyage au Thibet, ils voulaient, « après y avoir prêché la religion, s'en retourner dans « leur pays par la voie du Népal. Or, comme ils n'étaient « pas suffisamment versés dans la langue du Thibet, « ils n'avaient pas encore pu y former des prosélytes. A « cette époque, le haut fonctionnaire (Ki-chan) qui ré- « side dans la capitale du Thibet ordonna une enquête, « par suite de laquelle ils furent arrêtés et envoyés sous « escorte au Sse-tchouen.

« Après avoir fait ouvrir leur caisse de bois et exa- « miné les lettres et les écrits en langue étrangère « qu'elle renfermait, je n'ai trouvé personne qui pût « reconnaître ces caractères et les comprendre. Ces « étrangers, interrogés à ce sujet, me répondirent que « c'étaient des lettres de famille et les certificats authen- « tiques de leur mission religieuse. Je voulus recher- « cher avec soin si leur déclaration faite devant Ki-chan « était ou non l'expression de la vérité ; mais je n'en « pus découvrir par moi-même la preuve irréfragable. « J'examinai alors leur barbe et leurs sourcils, leurs « yeux et leur teint ; je les trouvai tout à fait différents « des hommes du royaume du Milieu, et il me fut par- « faitement démontré que c'étaient des étrangers venus « d'un royaume lointain, et qu'il ne fallait pas les « prendre pour des mauvais sujets appartenant au ter- « ritoire intérieur (la Chine) ; là-dessus il ne me reste « pas le plus léger doute.

« Si l'on veut rechercher encore ce que disent « leurs lettres et leurs livres en langues étrangères, « je pense qu'il faut les envoyer avec eux dans la « métropole de la province de Canton, pour que là « on cherche un homme versé dans les langues étran- « gères qui les traduise et en fasse connaître le con- « tenu.

« Si l'on ne découvre pas autre chose, on remettra « ces étrangers entre les mains du consul de France, « pour qu'il les reconnaisse et les renvoie dans leur « royaume. Par là, la vérité de l'enquête sera mise « dans tout son jour.

« Quant à Samdadchiemba, comme il résulte de « son interrogatoire qu'il n'était attaché à ces étran- « gers qu'en qualité de serviteur à gages, il paraît con- « venable qu'on le renvoie dans son pays natal, savoir, « dans le district de Nien-pé, de la province de Kan-sou. « Là, on le remettra au magistrat local, qui pourra « le relâcher sur-le-champ.

« S'il se présente plus tard d'autres circonstances « dont l'exposé réponde au but de votre premier dé- « cret, j'en écrirai, comme c'est mon devoir, le ré- « sumé fidèle et j'en ferai l'objet d'un nouveau rapport « que j'adresserai à Votre Majesté.

« Au moment où vos instructions me parviennent, « la température est excessivement chaude, et les vê- « tements ainsi que les provisions alimentaires des « susdits étrangers ne sont pas encore prêts.

« Moi, votre sujet, après avoir écrit et cacheté ce rap- « port exact et détaillé, j'ai chargé un fonctionnaire « public de prendre la route impériale et de les conduire

« à leur destination, par la province du Hou-pé et « autres lieux. »

Ce rapport, que nous pûmes nous procurer seulement un an après, pendant que nous étions à Macao, reflète avec fidélité le caractère franc et loyal du vice-roi du Sse-tchouen. On n'y trouve pas un seul mot qui se ressente de cette antipathie invétérée que nourrissent les Chinois contre les étrangers et les chrétiens. Il ne pouvait se douter que son écrit tomberait un jour entre nos mains, et, en faisant du missionnaire français l'éloge qu'il a cru devoir faire, il cédait à un entraînement de conviction et de sincérité.

CHAPITRE III.

Tching-tou-fou, capitale de la province du Sse-tchouen. — Nombreuses visites de mandarins. — Principe constitutif du gouvernement chinois. — L'empereur. — Bizarre organisation de la noblesse chinoise. — Administration centrale de Péking. — Les six cours souveraines. — Académie impériale. — Moniteur de Péking. — Gazettes de province. — Administration des provinces. — Rapacité des mandarins. — Vénalité de la justice. — Famille du juge de paix. — Ses deux fils. — Le maître d'école. — Instruction primaire très-répandue en Chine.— Urbanité chinoise. — Système d'enseignement. — Livre élémentaire. — Les quatre livres classiques. — Les cinq livres sacrés. — Organisation du départ. — Dernière visite au vice-roi.

Tching-tou-fou, capitale de la province du Sse-tchouen, est une des plus belles villes de l'empire chinois. Elle est située au milieu d'une plaine d'une admirable fécondité, arrosée par de belles eaux et bornée à l'horizon par des collines aux formes variées et gracieuses. Ses principales rues sont assez larges, pavées en entier avec de grandes dalles, et d'une telle propreté, qu'on serait tenté de se demander, en les parcourant, s'il est bien vrai qu'on est dans une ville chinoise. Les magasins, avec leurs longues et brillantes enseignes, l'ordre exquis qui règne dans l'arrangement des marchandises qu'on y étale, le grand nombre et la beauté des tribunaux, des pagodes et des établissements de la classe des lettrés, tout contribue à faire de Tching-tou-fou une ville en quelque sorte exceptionnelle; c'est du moins l'impression qui nous est restée, même après avoir visité, dans la suite, les cités les plus renommées des autres provinces.

Notre commensal le juge de paix nous dit que la capitale du Sse-tchouen était une ville toute moderne, l'ancienne ayant été complétement réduite en cendres par un effroyable incendie. Il nous raconta, à ce sujet, une anecdote ou plutôt une fable que nous rapporterons volontiers parce qu'elle est tout à fait dans le goût chinois : Quelques mois avant la destruction de l'ancienne ville, on vit apparaître un bonze qui parcourait les rues en agitant une clochette et s'arrêtant de temps en temps pour crier au peuple : « I-ko-jen, leang-ko-yen-tsin, » c'est-à-dire : Un homme et deux yeux. D'abord on ne fit pas grande attention à cette bizarrerie, un homme et deux yeux, cela paraissait assez naturel; une vérité de ce genre ne méritait certainement pas d'être proclamée si solennellement et avec tant de persistance. Comme le bonze ne discontinuait pas de répéter sa formule du matin au soir, on désira savoir dans quel but il ne cessait de parcourir les rues en redisant toujours les mêmes paroles; à toutes les questions qu'on lui adressait, il répondait invariablement : « Un homme et deux yeux. » Les magistrats s'en mêlèrent; mais ils ne furent pas plus avancés. On fit des perquisitions, et il fut impossible de découvrir d'où ce bonze était sorti : personne ne l'avait jamais connu; on ne le voyait ni boire ni manger; il employait toute la journée à parcourir la ville, très-gravement, les yeux baissés, agitant sa clochette et criant sans cesse au public : « Un homme et deux yeux. » Le soir, il disparaissait sans qu'on pût jamais découvrir où il allait passer la nuit. Cela dura à peu près pendant deux mois, et personne ne fit plus attention à ce bonze, qui n'était, aux yeux de tout le monde, qu'un fou ou un grand original. Un jour on s'aperçut qu'il n'avait pas paru, et, vers midi, le feu se déclara tout d'un coup sur plusieurs points de la ville à la fois, et avec une telle violence, que tous les habitants n'eurent le temps que d'emporter ce qu'ils avaient de plus précieux et de se sauver en toute hâte dans les champs. Avant la fin de la journée la ville tout entière n'était qu'un immense amas de cendres et de ruines fumantes. Tout le monde se souvint alors des paroles du bonze, qui étaient, en réalité, une prédiction énigmatique de cette effroyable catastrophe. Il serait impossible de comprendre cette espèce de rébus sans avoir une idée de la configuration des deux caractères chinois qui en donnent la clef. Le caractère suivant, 人, signifie homme. En y ajoutant deux points ou deux yeux, on obtient un autre caractère, 火, qui veut dire feu. Ainsi, en criant : Un homme et deux yeux, le bonze entendait annoncer le feu qui réduisit la capitale en cendres. Le juge de paix, qui nous raconta fort sérieusement cette anecdote, ne sut y trouver aucune explication ; nous nous garderons donc bien de vouloir nous-même y en chercher. La ville fut rebâtie à neuf, et voilà pourquoi, ajouta le juge de paix, vous la trouvez si belle et si régulière.

Les habitants de Tching-tou-fou sont parfaitement à la hauteur de la célébrité de leur ville. La classe supérieure, qui est très-nombreuse, se fait remarquer par une grande élégance dans les manières et dans les vêtements. La classe moyenne rivalise avec la première de politesse et de courtoisie, et paraît vivre dans l'aisance.

Les pauvres sont, sans contredit, très-nombreux à Tching-tou, comme, en Chine, dans tous les grands centres de population; mais on peut dire que les habitants de cette ville paraissent, en général, jouir de plus de bien-être qu'on n'en remarque partout ailleurs.

L'accueil si bienveillant que nous avions reçu du vice-roi nous fit un grand nombre d'amis, et nous mit en relation avec les personnages les plus haut placés et les plus distingués de la ville, avec les grands fonctionnaires civils et militaires, les premiers magistrats des tribunaux et les chefs de la corporation des lettrés. Au temps où nous vivions au milieu de nos chrétientés, nous étions forcés, par notre position, de nous tenir à une distance plus que respectueuse des mandarins et de leur dangereux entourage. Notre sécurité, et celle surtout de nos néophytes, nous en faisait une stricte obligation. Comme les autres missionnaires, nous n'avions guère de rapport qu'avec les habitants des campagnes et les artisans des villes. Il nous était donc difficile de connaître la nation chinoise dans son ensemble. Les mœurs et les habitudes des hommes du peuple, leurs moyens d'existence et les liens qui les unissent entre eux, tout cela nous était assez familier; mais nous n'avions pas une idée exacte des classes supérieures, de cet élément aristocratique qui existe toujours parmi les hommes et qui donne l'impulsion, le mouvement, la vie, à tout le corps social. Nous apercevions des effets sans en connaître les causes. Les relations nombreuses que nous eûmes avec les mandarins et les lettrés durant notre séjour à Tching-tou, nous permirent de prendre une foule de renseignements utiles, et d'étudier de près l'organisation, le mécanisme, ou, pour mieux dire, ce qui constitue la vitalité et la force d'une nation. Pour connaître l'homme tout entier, il ne suffit pas de remarquer les mouvements, de disséquer les membres et les organes, il faut surtout étudier et approfondir son âme, qui est le principe de la vie et le mobile de toutes les actions.

Depuis le treizième siècle, où les premières notions sur la Chine furent apportées en Europe par le célèbre Vénitien Marco-Polo, jusqu'à nos jours, tout le monde s'est accordé à regarder les Chinois comme un peuple très-curieux et fort singulier, un peuple à part dans le monde. Si on excepte cette première notion, généralement admise, on ne trouve guère, dans les écrits concernant les Chinois, que des idées contradictoires. Les uns sont en perpétuelle admiration devant eux, et les autres ne cessent de les couvrir de mépris et de ridicule. Voltaire a tracé avec amour et prédilection un tableau ravissant de la Chine, avec ses mœurs patriarcales, son gouvernement paternel, ses institutions basées sur la piété filiale, et sa sage administration, toujours confiée aux hommes les plus savants et les plus vertueux. Montesquieu, au contraire, nous a peint des couleurs les plus sombres cette race misérable et abjecte, toujours courbée sous un despotisme abrutissant, et se mouvant comme un vil troupeau au gré de son empereur. Ces deux portraits, dessinés par les auteurs de l'*Esprit des lois* et de l'*Essai sur les mœurs*, ne ressemblent nullement aux Chinois; il y a de part et d'autre exagération, et nous pensons que, pour être dans le vrai, il faut se tenir entre ces deux opinions.

En Chine, il y a, comme partout, un mélange de

biens et de maux, de vices et de vertus, qui prêtent également à la satire et au panégyrique, selon qu'on se plaît à considérer les uns ou les autres. Il est facile de trouver chez un peuple tout ce qu'on souhaite y voir, surtout quand on a une opinion déjà conçue à l'avance, avec le parti pris de la conserver intacte. Ainsi Voltaire rêvait un peuple dont les annales fussent en contradiction avec les traditions bibliques, un peuple antireligieux, rationaliste, et pourtant coulant heureusement ses jours au milieu de la paix et de la prospérité. Il crut avoir rencontré en Chine ce peuple modèle, et ne manqua pas de le recommander à l'admiration de l'Europe. Montesquieu, de son côté, exposait son système sur le gouvernement despotique, et avait, coûte que coûte, besoin d'exemples pour le confirmer. Il prit les Chinois et nous les montra toujours tremblants sous la verge de fer d'un tyran, et parqués dans une législation impitoyable. Nous allons entrer dans quelques détails sur les institutions de la Chine et sur le mécanisme de son gouvernement, qui, assurément, ne mérite ni toutes les colères dont on poursuit son despotisme, ni les éloges pompeux qu'on donne à sa sagesse antique et patriarcale. En développant le système gouvernemental des Chinois, nous aurons à remarquer que la pratique vient souvent contredire la théorie, et qu'on ne voit pas toujours l'application des belles lois qui se trouvent dans les livres.

L'idée de famille, voilà le grand principe qui sert de base à la société chinoise. La piété filiale, objet invariable des dissertations des moralistes et des philosophes, sans cesse recommandée par les proclamations des empereurs et les allocutions des mandarins, est devenue la vertu fondamentale d'où découlent toutes les autres. Ce sentiment, qu'on prend soin d'exalter par tous les moyens, jusqu'au point d'en faire, pour ainsi dire, une passion, se mêle à toutes les actions de la vie, revêt toutes les formes, et sert de pivot à la morale publique. Tout attentat, tout délit contre l'autorité, les lois, la propriété et la vie des individus, est considéré comme un crime de lèse-paternité. Les actes de vertu, au contraire, le dévouement, la compassion envers les malheureux, la probité commerciale, le courage même dans les combats, tout est rapporté à la piété filiale; être bon ou mauvais citoyen, c'est être bon ou mauvais fils.

L'empereur est la personnification de ce grand principe qui domine et pénètre plus ou moins profondément les diverses couches de cette immense agglomération de trois cents millions d'individus. Dans la langue chinoise on le nomme *Hoang-ti*, Auguste Souverain, ou *Hoang-chan*, Auguste Élévation ; mais son nom par excellence est *Tien-dze*, Fils du Ciel. Selon les idées de Confucius et de ses disciples, c'est le ciel qui dirige et règle les grands mouvements et les révolutions de l'empire, c'est sa volonté qui renverse les dynasties et en substitue de nouvelles. Le ciel est le véritable et seul maître de l'empire ; il choisit qui il lui plaît pour son représentant, et lui communique son autorité absolue sur les peuples. La souveraineté est un mandat céleste, une mission sainte confiée à un individu dans l'intérêt de la communauté, et qui lui est retirée par le ciel aussitôt qu'il se montre oublieux de son devoir et indigne de son mandat. Il suit de ce fatalisme politique qu'aux époques de révolution les luttes sont terribles jusqu'à ce que de grands succès et une supériorité bien marquée soient devenus, pour les sujets, comme un signe de la volonté céleste; alors les peuples se rallient facilement au nouveau pouvoir et lui sont soumis longtemps sans arrière-pensée. Le ciel avait un représentant, un fils adoptif, il l'a abandonné et lui a retiré ses pouvoirs; il s'en est choisi un autre et il veut qu'on lui obéisse : voilà tout le système (1).

L'empereur, Fils du Ciel, et par conséquent père et mère de l'empire, selon l'expression chinoise, a droit au respect, à la vénération, au culte même de tous ses enfants. Son autorité est absolue ; c'est lui qui fait la loi ou l'abolit, qui accorde les priviléges aux mandarins ou qui les dégrade ; à lui seul appartient le droit de vie et de mort ; nul pouvoir administratif et judiciaire qui n'émane de lui ; toutes les forces et tous les revenus de l'empire sont à sa disposition ; en un mot, l'État c'est l'empereur. Mais son omnipotence va encore plus loin, car ce pouvoir, si énorme et si étendu, il peut le transmettre à qui il lui plaît et choisir son successeur parmi ses propres enfants, sans qu'aucune loi d'hérédité vienne le gêner dans son choix.

Le pouvoir, en Chine, est donc absolu en tout point ; mais il n'est pas pour cela despotique, comme on est assez porté à le croire ; ce n'est autre chose qu'un fort et vaste système de centralisation. L'empereur est comme un chef au milieu d'une immense famille ; l'autorité absolue qui lui appartient, il ne l'absorbe pas, il la délègue à ses ministres, qui transmettent leurs pouvoirs aux officiers de leur gouvernement administratif. Les

(1) C'est bien d'après ce système que le prétendant actuel a pris le nom de *Tien-té* (Vertu céleste).

subdivisions s'étendent ensuite graduellement jusqu'à des groupes de familles et d'individus dont les pères sont les chefs naturels et qui sont tous solidaires les uns des autres.

On comprend que cette puissance absolue ainsi fractionnée n'offre plus les mêmes dangers ; d'ailleurs, les mœurs publiques sont toujours là pour arrêter les écarts de l'empereur, qui n'oserait, sans exciter l'indignation générale, violer ouvertement les droits de ses sujets. Il a, en outre, près de lui un conseil privé et un conseil général dont les membres ont le droit de lui adresser des avis, et même des représentations sur tous les objets d'utilité publique et particulière. On peut lire dans les annales de la Chine que souvent les censeurs s'acquittent de leur charge avec une liberté et une vigueur dignes de grands éloges. Enfin, ces potentats, objets de tant d'hommages pendant leur vie, sont soumis, après leur mort, comme on le raconte des anciens rois de l'Égypte, à un jugement dont le résultat est attaché à leur nom et passe à la postérité ; ils ne sont désignés dans l'histoire que par un nom posthume qui, étant une appréciation de leur règne, exprime un éloge ou une satire.

Le plus grand contre-poids à la puissance impériale existe dans la corporation des lettrés, institution antique qu'on a su fonder sur une base solide, et dont l'origine remonte au moins au onzième siècle avant notre ère. On peut dire que l'administration de l'État reçoit toute influence réelle et directe de cette espèce d'oligarchie littéraire. L'empereur ne peut choisir ses agents civils que parmi les lettrés, et en se conformant aux classifications établies par les concours. Tout Chinois est apte à se présenter pour l'examen du troisième grade littéraire ; ceux qui l'obtiennent peuvent concourir pour le deuxième, qui ouvre l'entrée dans la carrière administrative. Enfin, pour arriver aux emplois supérieurs, il faut obtenir au premier concours le premier degré. Organiser le gouvernement d'un grand empire avec des gens de lettres, c'est, sans contredit, une magnifique chose ; on peut la proposer comme un sujet d'admiration, mais non pas, peut-être, comme un modèle à suivre dans tous les pays.

L'empereur est reconnu, par la loi, propriétaire de tout le sol de l'empire ; mais c'est une pure théorie, qui n'a pas empêché la propriété immobilière de se constituer aussi solidement qu'en Europe. Le gouvernement ne possède, en réalité, qu'un droit semblable à celui d'expropriation en cas de non-payement de l'impôt ou de confiscation pour punir les crimes d'État. Les villages, solidaires envers le fisc de l'acquittement des charges publiques, ont à leur tête une sorte de maire nommé *sian-yo*, choisi par la voie du suffrage universel. L'organisation de la commune n'a été, peut-être, nulle part aussi parfaite qu'en Chine. Ces chefs sont élus librement par leurs concitoyens, sans que les mandarins présentent de candidats ou cherchent à influencer les votes. Tout le monde est électeur et éligible ; mais ordinairement on choisit un homme avancé en âge, et qui, par son caractère et sa fortune, occupe un des premiers rangs dans le village. Nous avons connu plusieurs de ces maires chinois, et nous pouvons affirmer que, en général, ils se montraient dignes des suffrages dont ils avaient été honorés par leurs concitoyens ; le temps pour lequel ils sont élus varie d'après les localités. Ils sont chargés de la police, et servent d'intermédiaire entre les mandarins et le peuple dans les affaires qui sont au-dessus de leur compétence. Nous aurons occasion de revenir sur cette salutaire institution, qui s'accorde assez mal avec les idées qu'on se fait de ce dur despotisme qui écrase les populations chinoises.

La corporation des lettrés, recrutée, chaque année, par la voie des examens, constitue une classe privilégiée. la seule noblesse reconnue en Chine, et qu'on peut considérer comme la force et le nerf de l'empire. Les titres héréditaires n'existent que pour les membres de la famille impériale et pour les descendants de Confucius, qui sont encore très-nombreux dans la province de Chan-tong. Aux titres héréditaires dont jouissent les parents de l'empereur sont attachées certaines prérogatives : une modique pension, le droit de porter une ceinture rouge ou jaune, de mettre une plume de paon à leur bonnet et d'avoir six ou huit ou douze porteurs à leurs palanquins. Ils ne peuvent, non plus que les simples citoyens, prétendre aux charges publiques qu'après avoir obtenu leurs grades en littérature à Péking, et à Moukden, capitale de la Mantchourie. Nous avons vu un grand nombre de ces nobles tartares, coulant leurs jours dans la misère et la paresse, vivotant de leur petite pension, et n'ayant qu'une ceinture jaune ou rouge pour preuve de leur illustre origine. Un tribunal particulier est chargé de les gouverner et de veiller sur leur conduite.

Les premiers mandarins civils et militaires qui se sont distingués dans l'administration ou dans la guerre reçoivent des titres tels que koung, heou, phy, tze et nan, qui peuvent correspondre à ceux de duc, marquis, comte, baron et chevalier. Ces titres ou grades ne sont pas héréditaires et ne donnent aucun droit aux fils des individus récompensés ; mais, ce qui paraît fort peu en harmonie avec nos idées, ils peuvent être reportés sur les ancêtres. Cette coutume a été introduite en vue des cérémonies funèbres et des titres que tous les Chinois doivent adresser à leurs parents défunts. Un officier, élevé en grade par l'empereur, ne pourrait accomplir un rite funèbre d'une manière convenable, si les ancêtres n'étaient pas décorés d'un titre correspondant. Supposer que le fils est plus qualifié que le père, ce serait bouleverser la hiérarchie et porter une grave atteinte au principe fondamental de l'empire. Une noblesse, non-seulement viagère, mais remontant aux ancêtres et ne pouvant pas être transmise aux descendants, étonne par sa bizarrerie, et il faut être Chinois, dit-on, pour avoir pu trouver une pareille chose. Cependant il serait peut-être intéressant d'examiner si, en réalité, il n'y a pas plus d'avantages et moins d'inconvénients à faire rejaillir l'illustration d'un individu sur le père que sur les enfants.

Tous les officiers ou employés civils et militaires de l'empire chinois sont divisés en neuf ordres (khiou-ping) distingués les uns des autres par des globules (1) particuliers de la grosseur d'un œuf de pigeon, et qui se vissent au-dessus du chapeau officiel. Ce globule distinc-

(1) Dans la plupart des livres qui parlent de la Chine, ce signe de distinction est appelé *bouton;* mais il nous semble que ce mot est très-mal trouvé, et peu propre à donner une véritable idée de la chose.

tif est, pour le premier ordre, en corail rouge uni ; pour le second, en corail rouge ciselé ; pour le troisième, en pierre bleu clair ou transparent ; pour le quatrième, en pierre bleu mat ou foncé ; pour le cinquième, en cristal ; pour le sixième, en jade ou pierre de couleur blanc opaque ; pour le septième, le huitième et le neuvième, en cuivre doré et ouvragé. Chaque ordre est subdivisé en deux séries : l'une active et officielle, l'autre surnuméraire, mais sans modification dans les globules. Tous les employés civils et militaires compris dans ces neuf classes sont désignés par la qualification générique de *kouang-fou*. Le nom de *mandarin* est inconnu des Chinois ; il a été inventé par les premiers Européens qui ont abordé en Chine, et dérive probablement du mot portugais *mandar*, ordonner, commander, dont on a fait mandarin.

L'administration du Céleste-Empire est divisée en trois parties (1) : l'administration supérieure de l'empire, l'administration locale de Péking, l'administration des provinces et des colonies. Le gouvernement entier est sous la direction de deux conseils attachés à la personne de l'empereur, le Neï-ko et le Kiun-ke-tchou. Le premier est chargé de la préparation des idées et de l'expédition des affaires courantes ; son devoir est, suivant le livre officiel, « de mettre en ordre et de manifester les « pensées et les desseins de la volonté impériale, de « régler la forme des ordonnances administratives. »

(1) Tous les détails sur l'organisation politique et administrative de la Chine sont énumérés et décrits dans *Taï-tsing-houi-tien*, ou Collection des statuts de la grande dynastie des Tsing, dont M. Éd. Biot a publié un excellent résumé, auquel nous n'aurons à faire que quelques légères modifications.

C'est, en quelque sorte, le secrétariat impérial. Le second conseil, nommé Kiun-ke-tchou, délibère avec l'empereur sur les affaires politiques ; il se compose de membres du Neï-ko, des présidents et vice-présidents des cours supérieures. L'empereur préside les séances, qui ont lieu ordinairement de grand matin.

Au-dessous de ces deux conseils généraux sont les six cours souveraines, Liou-pou, qui correspondent à nos ministères, et embrassent toutes les affaires civiles et militaires relatives aux dix-huit provinces de la Chine. A la tête de chacune d'elles sont placés deux présidents, l'un Chinois, l'autre Tartare, et quatre vice-présidents, dont deux sont Chinois et deux Tartares. Chaque cour a des bureaux spéciaux pour la répartition des affaires de son département, et un grand nombre de divisions et sous-divisions particulières.

1° La première cour souveraine, nommée cour des emplois civils (Li-pou), a pour attribution la présentation des officiers civils à la nomination de l'empereur, et la distribution des emplois civils et littéraires dans tout l'empire ; elle a quatre divisions, qui règlent l'ordre des promotions et mutations, tiennent des notes sur la conduite des officiers, déterminent leurs appointements et leurs congés en temps de deuil, et distribuent les diplômes des rangs posthumes accordés aux ancêtres des officiers admis dans les rangs de la noblesse.

2° La seconde cour, dite des revenus publics (Hou-pou), s'occupe des recouvrements de droits et impôts, de la distribution des appointements et pensions, de la recette et dépense des grains et de l'argent, et de leur transport par terre et par eau. Elle est chargée de la division du territoire en provinces, départements, arrondissements, cantons. Elle opère le recensement du peuple, conserve le cadastre des terres, répartit les taxes et contingents militaires. Cette cour financière comprend quatorze divisions, qui correspondent à peu près à l'ancienne division de la Chine en quatorze provinces intérieures ; en outre, elle a dans sa dépendance le tribunal d'appel civil pour juger les contestations sur la propriété et les successions, l'hôtel des monnaies, soieries et articles de teinture, un bureau chargé de l'approvisionnement de grains pour la capitale. C'est encore cette cour souveraine qui règle les distributions de grains et de riz, et les secours gratuits par lesquels on vient en aide à la misère du peuple dans les temps de famine et de disette. Enfin elle a, parmi ses attributions, celle de présenter à l'empereur la liste annuelle des jeunes filles mantchoues qui peuvent aspirer à faire partie de son harem. C'est un des officiers du Hou-pou qui préside tous les ans à cette fête si célèbre de l'agriculture, où l'on voit l'empereur mettre la main à la charrue, tracer des sillons et ensemencer un champ de blé.

3° La cour souveraine des rites (Ly-pou) est chargée des cérémonies et solennités publiques, dont les détails minutieux sont si importants aux yeux des Chinois. Elle a quatre divisions, qui s'occupent du cérémonial ordinaire et extraordinaire à la cour, des rites des sacrifices adressés aux âmes des anciens souverains et des hommes illustres, du règlement des fêtes publiques, de la forme des habits et des coiffures pour les employés du gouvernement. Cette cour surveille les écoles et les académies publiques, les examens littéraires, le nombre, le choix et les priviléges des lettrés des diverses classes. La diplomatie extérieure est aussi de son ressort. Elle prescrit les formes à observer dans les rapports avec les princes tributaires et les monarques étrangers; elle détermine tout ce qui peut avoir rapport aux ambassades; enfin c'est d'elle que dépend la direction générale de la musique, qui, en théorie, peut être très-belle, mais dont l'exécution n'est pas toujours magnifique.

4° La cour souveraine de la guerre (Ping-pou) a aussi quatre divisions, qui déterminent les promotions et appointements des officiers militaires, enregistrent les notes fournies sur leur conduite, règlent les approvisionnements, punitions et examens militaires pour tous les corps de l'armée. Une de ces divisions est spécialement chargée des soins à donner à la cavalerie, aux chameaux, aux postes, aux relais et aux transports des munitions de toute espèce.

5° La cour des châtiments (Hing-pou) a dans sa dépendance dix-huit divisions correspondant aux dix-huit provinces de l'empire, et chargées des affaires criminelles de chaque province; un corps d'inspecteurs des pensions; des chambres législatives qui reçoivent les éditions du code pénal, une caisse des amendes.

6° La cour des travaux publics (Koung-pou) a la direction de tous les travaux faits pour l'Etat, tels que : constructions des édifices publics, fabrication d'ustensiles, habillements, armes destinées aux troupes et aux officiers publics; creusement des canaux, exécution des digues, érection des tombeaux de la famille impériale et des monuments en l'honneur des personnages illustres. Elle règle aussi les poids et mesures, et dirige la fabrication de la poudre à canon. Cette cour souveraine a quatre divisions.

L'administration supérieure comprend, en outre, à Péking, l'office des colonies (Ly-fan-yuen), qui a la surveillance des étrangers du dehors; c'est ainsi qu'on désigne les princes mongols, les lamas du Thibet, les princes mahométans et les chefs des districts voisins de la Perse. Le Ly-fan-yuen, qui surveille les tribus mongoles, règle, autant qu'il le peut, les affaires un peu embrouillées de ces hordes nomades, et s'immisce d'une manière indirecte dans le gouvernement du Thibet et des petits États mahométans du Turkestan. Le Tou-tcha-yuen, office de censure universelle, placé en dehors de tous les rouages administratifs, les surveille tous. Il exerce son inspection sur les mœurs du peuple et sur la conduite de tous les employés. Les ministres, les princes, l'empereur lui-même, tout le monde doit subir, bon gré mal gré, les remontrances du censeur. Enfin le Toun-tchin-sse, palais des représentations, qui transmet au conseil privé de l'empereur, Neï-ko, les rapports venus des provinces et les appels des jugements rendus par les magistrats. Ce palais des représentations, auquel se réunissent les membres des six cours souveraines et de l'office de censure universelle, forme une espèce de cour de cassation, pour décider sur les appels en matière criminelle et sur les sentences de mort. Les décisions de ces trois cours réunies doivent être rendues à l'unanimité. Dans le cas contraire, c'est l'empereur qui juge en dernier ressort.

La fameuse académie impériale des Han-lin est composée de gradués ès lettres; elle fournit les orateurs pour les fêtes publiques et les examinateurs des concours de province ; elle doit encourager les études et favoriser les progrès de toutes les connaissances. Dans son sein, il y a une commission chargée de rédiger les documents officiels, et une autre de revoir les ouvrages tartares et chinois publiés aux frais du gouvernement. Leurs deux présidents habitent avec l'empereur, et surveillent les études et les travaux des académiciens. Le collége des historiographes et le corps des annalistes dépendent de l'académie de Han-lin. Les premiers sont occupés à rédiger l'histoire de tel règne ou de telle époque remarquable. Les annalistes, au nombre de vingt-deux, écrivent, jour par jour, les annales de la dynastie régnante, qui ne peuvent être publiées que lorsqu'une autre lui a succédé. Ils sont appelés à tour de rôle, quatre par quatre, à se tenir auprès de l'empereur et à l'accompagner dans tous ses voyages, pour tenir note de ses actions et de ses paroles.

On peut encore compter parmi les moyens d'administration générale la *Gazette officielle de Péking*, véritable *Moniteur universel*, où l'on ne peut rien imprimer qui n'ait été présenté à l'empereur ou qui ne vienne de l'empereur même ; ceux qui en prennent soin n'oseraient y rien changer ou ajouter, sous peine des châtiments les plus sévères. La *Gazette de Péking* s'imprime tous les jours, en forme de brochure, et contient soixante à soixante et dix pages. L'abonnement revient à peu près à douze francs par an. Rien de plus intéressant que ce recueil, et de plus propre à faire connaître l'empire chinois : c'est un aperçu de toutes les affaires publiques et des principaux événements. Il renferme les mémoriaux et les placets présentés à l'empereur, ses réponses, ses instructions aux mandarins et aux peuples, les fastes judiciaires, avec les condamnations principales et les grâces motivées accordées par l'empereur. On y voit encore un résumé des délibérations des cours souveraines. Les articles principaux et tous les actes officiel sont reproduits par les gazettes officielles des provinces.

Des gazettes ainsi rédigées suffisent, sans contredit, pour tenir les mandarins et le peuple au courant des affaires publiques; mais elles sont peu faites, il faut en convenir, pour développer et exalter les passions politiques. En temps ordinaire et lorsqu'ils ne sont pas sous l'impression de quelque grand mouvement révolutionnaire, les Chinois sont naturellement peu enclins à se mêler de leur gouvernement; ils sont, à cet égard, d'une quiétude ravissante. En 1851, à l'époque de la mort de l'empereur Tao-kouang, nous étions en voyage sur la route de Péking. Un jour que nous prenions le thé dans une hôtellerie, en compagnie de quelques bourgeois chinois, nous essayâmes de faire un peu de politique. Nous parlâmes de la mort récente de l'empereur, événement considérable et qui devait intéresser tout le monde. Nous exprimâmes nos inquiétudes au sujet de l'héritier au trône impérial, qu'on ne connaissait pas encore. Qui sait, disions-nous, lequel des trois fils de l'empereur aura été désigné pour lui succéder? Si c'est l'aîné, suivra-t-il le même système? conservera-t-il les mêmes ministres? Si c'est le cadet, il est encore bien jeune; à la cour, il y a, dit-on, des influences contraires, deux partis opposés; de quel côté penchera-t-il? Nous faisions, en un mot, toutes les hypothèses possibles pour stimuler ces bons bourgeois, qui nous écoutaient à peine. Nous revînmes plusieurs fois à la charge pour les décider à émettre une opinion quelconque sur ces questions qui nous paraissaient toutes d'une grande importance. A toutes nos instances, ils se contentaient de branler la tête, d'avaler une rasade de thé, ou de tirer paisiblement de leurs longues pipes quelques bouffées de fumée. Cette indifférence commençait à nous agacer, lorsque l'un de ces braves Chinois se leva, nous posa la main sur l'épaule d'une façon toute paternelle, et nous dit, en souriant avec malice : — Écoute-moi, mon ami, pourquoi troubler ton cœur et fatiguer ta tête par de vaines préoccupations ? écoute-moi, les mandarins sont chargés de s'occuper des affaires de l'État ; ils sont payés pour cela, laissons-les donc gagner leur argent. N'allons pas, nous autres, nous tourmenter de ce qui les regarde ; nous serions bien fous de faire de la politique gratis ! — Voilà qui est conforme à la raison, ajoutèrent les autres ; et en même temps ils nous firent remarquer que le thé se refroidissait et que notre pipe était éteinte.

L'administration locale de Péking comprend plusieurs institutions spéciales, dont les fonctions ont rapport à la cour impériale ou au district de sa résidence : telles sont les directions des sacrifices, des haras et du cérémonial des audiences impériales. L'administration du palais est sous la direction d'un conseil spécial, qui comprend sept divisions, chargées des approvisionnements, appointements et punitions, des réparations du palais, de la perception des revenus des fermes et de la surveillance des troupeaux du domaine privé. Trois grands établissements scientifiques sont attachés à la cour : le collége national, où sont élevés les fils des grands dignitaires; le collége impérial d'astronomie, chargé des observations astronomiques et astrologiques et de la rédaction du calendrier annuel; enfin, le grand collége médical. Huit cents gardes du corps sont attachés à la personne de l'empereur, et le service militaire de la capitale est confié aux généraux des Huit-Bannières, corps composé de soldats mantchoux, mongols et chinois, descendants directs des soldats de l'armée qui conquit la Chine de 1643 à 1644. La nombreuse corporation des eunuques employés dans le palais, et qui, sous les dynasties précédentes, a joué un rôle si actif dans les révolutions dont l'empire chinois a été si souvent le théâtre, se trouve aujourd'hui réduite à une inaction complète. Sous la minorité de Khang-hi, second empereur de la dynastie mantchoue, les quatre régents chargés des intérêts de l'État anéantirent l'autorité des eunuques. Leur premier acte fut de porter une loi expresse, qu'on fit graver sur une plaque de fer du poids de mille livres, et qui interdit pour l'avenir aux princes mantchoux la faculté d'élever les eunuques à aucune sorte de charge ou de dignité. Cette loi a été fidèlement observée, et c'est peut-être une des causes principales auxquelles on doit attribuer la paix et la tranquillité dont a joui la Chine pendant si longtemps.

L'administration provinciale est constituée avec autant de vigueur et de régularité que celle de tout l'empire. Chaque province est dirigée par un tsoung-tou, gouverneur général, que les Européens ont coutume de nommer vice-roi, et par un fou-youen, sous-gouverneur. Le tsoung-tou a le contrôle général de toutes les affaires civiles et militaires. Le fou-youen exerce en second une autorité semblable; mais il est plus spécialement chargé de l'administration civile, qui se divise en cinq départements, savoir : les départements administratif, littéraire, des gabelles, du commissariat et du commerce.

1° Le département administratif est dirigé par deux officiers supérieurs, dont l'un est chargé de l'administration civile proprement dite et l'autre de la justice. Sous l'inspection de ces officiers, qui rendent compte au gouverneur et au sous-gouverneur, chaque province est divisée en préfectures administrées par des officiers civils, dont les fonctions correspondent à celles de nos préfets et sous-préfets. On distingue premièrement les grandes préfectures, nommées *fou*, qui ont une administration particulière sous l'inspection du gouvernement supérieur de la province; en second lieu, les préfectures nommées *tcheou*, dont les fonctionnaires dépendent tantôt de l'administration provinciale et tantôt de l'administration d'une grande préfecture. Enfin on distingue, en troisième lieu, les sous-préfectures, *hien*, division inférieure d'un fou ou d'un tcheou. Les fou, les tcheou et les hien possèdent chacun au moins un chef-lieu, entouré de murailles et de fortifications, où réside l'autorité. Ce sont les villes de premier, second et troisième ordre, dont il est si souvent parlé dans les relations des missionnaires. Les chefs des préfectures et des sous-préfectures sont chargés de la perception des impôts et de la police.

2° Le département littéraire de chaque province est conduit par un directeur de l'enseignement, qui délègue son autorité aux professeurs en chef résidant dans les chefs-lieux des préfectures et des sous-préfectures. Ceux-ci ont sous leurs ordres des maîtres secondaires répartis dans tous les cantons. Chaque année, le directeur de l'enseignement fait une tournée pour examiner les étudiants et leur conférer le premier degré littéraire. Tous les trois ans, des examinateurs, pris dans l'académie des Han-lin, sont envoyés de Péking pour présider aux examens extraordinaires et conférer le second degré. Enfin, les lettrés déjà gradués doivent se rendre à Péking pour subir les examens du troisième degré.

3° Le département de la gabelle a sous son inspection l'administration des marais salants, puits à sel et étangs salins ainsi que le transport du sel.

4° Le département du commissariat est préposé à la conservation des grains, qui forment la majeure partie des impôts, et chargé d'en effectuer le transport à la capitale.

5° Enfin, le département du commerce doit veiller à la perception des droits dans les ports de mer et sur les rivières navigables. L'entretien des digues du fleuve Jaune est confié à une direction spéciale, qui forme, dans les provinces du Tchi-ly, du Chan-tong et du Ho-nan, un corps indépendant de l'administration provinciale.

Le gouvernement militaire de chaque province, placé, comme l'administration civile, sous la direction du tsoung-tou ou vice-roi, comprend à la fois les forces de terre et de mer. En général, les Chinois font peu de différence entre ces deux genres de la force armée, et les grades des deux services ont les mêmes noms. Les généraux des troupes chinoises sont appelés *ti-tou ;* ils sont au nombre de seize, dont deux seulement appartiennent à la marine exclusivement. Ces généraux ont chacun un quartier général où ils réunissent la plus grande partie de leur brigade et répartissent le reste dans les différents postes de leur commandement. En outre, plusieurs places fortes de l'empire sont occupées par des troupes tartares, commandées par un tsiang-kiung, qui n'obéit qu'à l'empereur, et dont la charge est de surveiller et tenir en respect les hauts fonctionnaires civils qui s'aviseraient de machiner des révoltes ou des trahisons. Les amiraux, ti-tou, et vice-amiraux, tsoung- ping, résident habituellement à terre et abandonnent le commandement des escadres à des officiers secondaires.

Au-dessous des officiers supérieurs des diverses branches d'administration, il y a une masse énorme de fonctionnaires subalternes dont les titres et les noms sont scrupuleusement inscrits dans le *Livre des places*. Pour avoir une idée exacte de tout le personnel de l'administration chinoise, on ne saurait rien trouver de plus authentiqne et de plus fastidieux que cette sorte d'*Almanach impérial*, qui s'imprime et se renouvelle tous les trois mois.

D'après cette esquisse du système politique qui régit l'empire chinois, on comprend que le gouvernement, tout absolu qu'il soit, n'est pas, pour cela, nécessairement tyrannique. S'il l'était de sa nature, il y a probablement longtemps qu'il n'existerait plus; car on ne conçoit pas qu'on puisse conduire arbitrairement et despotiquement, pendant des siècles, trois cents millions d'hommes, pour si apathiques et si abrutis qu'on les suppose, et les Chinois ne sont ni l'un ni l'autre. Pour maintenir dans l'ordre ces masses effrayantes, il ne fallait rien moins que cette puissante centralisation inventée par le premier fondateur de la monarchie chinoise, et que les nombreuses révolutions dont elle a été agitée n'ont fait que modifier sans en changer les bases. A l'abri de ces institutions fortes, vigoureuses, et, on peut le dire, savamment combinées, les Chinois ont pu vivre en paix et trouver une manière d'être tolérable, une sorte de bonheur relatif qui est, quoi qu'on en dise, le seul état auquel les hommes puissent raisonnablement prétendre sur cette terre. Les annales de la Chine ressemblent aux histoires de tous les peuples ; c'est un mélange de biens et de maux, un long enchaînement d'époques tantôt paisibles et heureuses, tantôt agitées et misérables. Les gouvernements ne deviendront parfaits que le jour où les hommes seront sans défauts.

On ne peut, toutefois, se le dissimuler, les Chinois sont aujourd'hui à une de ces périodes où le mal l'emporte de beaucoup sur le bien. La moralité, les arts, l'industrie, tout va en déclinant chez eux ; et le malaise et la misère ont fait de rapides progrès. Nous avons vu la corruption la plus hideuse s'infiltrer partout ; les magistrats vendre la justice au plus offrant, et les mandarins de tout degré, au lieu de protéger les peuples, les pressurer et les piller par tous les moyens imaginables. Mais ces désordres et ces abus, qui se sont glissés dans l'exercice du pouvoir, doivent-ils être attribués à la forme même du gouvernement chinois ? On ne peut le penser. Tout cela tient à des causes que nous aurons occasion de signaler dans le cours de notre voyage. Quoi qu'il en soit, du reste, on ne saurait contester que le mécanisme du gouvernement chinois mériterait d'être étudié avec soin et sans préjugé par les hommes politiques de l'Europe. Il ne faut pas trop mépriser les Chinois; il y aurait encore, peut-être, beaucoup à admirer et à apprendre dans ces vieilles et curieuses institutions, basées sur des examens littéraires et qui ne craignent pas d'accorder à trois cents millions d'hommes le suffrage universel dans les communes et l'accessibilité de tous à tout.

Durant notre séjour à Tching-tou-fou, nous eûmes occasion, non-seulement de faire connaissance avec les hauts fonctionnaires de la ville, et de nous instruire des choses du gouvernement, mais encore d'étudier les mœurs et les habitudes du mandarin chinois dans sa vie privée, au sein de sa famille. Le juge de paix chez qui nous étions logés se nommait Pao-ngan, c'est-à-dire Trésor caché. C'était un homme d'une cinquantaine d'années, de riche taille, d'une santé florissante et d'un embonpoint qui lui attirait journellement les éloges de ses confrères. Sa figure énergique et brune, ses moustaches épaisses, son langage guttural et ses perpétuelles doléances sur les incommodités de la chaleur et des moustiques, tout dénotait un homme du nord. Il était de la province du Chan-si. Son père avait exercé de grands emplois dans la magistrature ; pour lui, il n'avait pu se pousser qu'à une simple justice de paix, et encore depuis quelques années seulement. Il se gardait bien de mettre ces retards sur le compte de son peu de succès dans les examens littéraires ; il aimait mieux se conformer aux usages reçus dans le monde entier et accuser l'injustice des hommes et surtout sa mauvaise étoile, qui se plaisait à l'éloigner de la fortune et des honneurs. A l'entendre, son nom le résumait tout entier. Dans toute la force du terme il était un véritable Pao-ngan, ou Trésor caché.

Quoique un peu trop enclin aux lamentations, Pao-ngan était, en somme, un assez bon vivant, se donnant peu de soucis et prenant tout à son aise les vicissitudes et les épreuves de ce bas monde. Il était devenu fonctionnaire un peu tard et sur le déclin de l'âge ; mais nous devons lui rendre cette justice qu'il cherchait, par tous les moyens imaginables, à réparer le temps perdu. Il aimait passionnément les procès et il les bâclait avec une merveilleuse habileté. Deux ou trois espèces de greffiers qu'il avait à son service étaient journellement occupés à fureter les coins et recoins de la ville pour ramasser toutes les petites affaires de sa compétence et les lui apporter. Sa bonne humeur augmentait toujours avec le nombre des procès. Un tel empressement à remplir des fonctions souvent pénibles et ennuyeuses ne pouvait que nous édifier beaucoup, et nous nous trouvions tout charitablement disposés à admirer chez Pao-ngan ce grand amour de la paix et de la justice. Mais il eut soin de nous avertir lui-même qu'il avait besoin d'argent, et qu'un procès bien conduit était la meilleure manière de s'en procurer. — S'il est permis, nous disait-il, de faire fortune dans l'industrie ou dans le commerce, comment ne pourrait-on pas devenir riche en enseignant la raison au peuple et en lui développant les principes du droit ? Les procès doivent nous faire vivre.

Ces sentiments peu élevés sont dans le cœur de tous les mandarins, et ils les manifestent ouvertement et sans scrupule. L'administration de la justice est devenue un véritable trafic, et la cause principale de ce grand désordre doit être attribuée, nous le pensons, à l'insuffisance des appointements alloués par le gouvernement aux magistrats. Il leur est très-difficile de vivre d'une manière convenable, avec des palanquins, des domestiques et des habits assortis à leur position, s'ils n'ont, pour faire face à leurs nombreuses dépenses, que les modiques ressources allouées par l'État. De plus, les employés inférieurs attachés à un tribunal ne reçoivent aucun traitement, et doivent se tirer d'affaire comme ils peuvent, en exerçant leur industrie auprès des plaideurs et des accusés de tout genre qui passent par leurs mains, véritables moutons à qui chacun arrache le plus de laine qu'il peut, et qu'on finit souvent par écorcher.

Vers le commencement de la dynastie actuelle, les abus étaient déjà devenus si criants, les plaintes à ce sujet étaient si unanimes dans tout l'empire, que les censeurs rédigèrent un mémoire contre les tribunaux de province et le présentèrent à l'empereur Khang-hi. La réponse ne se fit pas attendre; mais on ne peut s'empêcher de trouver bien étonnante la doctrine qu'elle renferme. L'empereur, considérant l'immense population de l'empire, la grande division de la propriété territoriale et le caractère chicaneur des Chinois, en conclut que le nombre des procès tendrait toujours à augmenter dans des proportions effrayantes, si l'on n'avait pas peur des tribunaux, si l'on était assuré d'y être bien accueilli et de recevoir toujours bonne et exacte justice. Comme l'homme, ajoute-t-il, est porté à se faire illusion sur ses propres intérêts, les contestations seraient interminables et la moitié de l'empire ne suffirait pas pour juger les procès de l'autre moitié. J'entends donc, dit l'empereur, que ceux qui ont recours aux tribunaux soient traités sans pitié, qu'on agisse à leur égard de telle façon que tout le monde soit dégoûté des procès et tremble d'avoir à comparaître devant les magistrats. De cette manière, le mal sera coupé dans sa racine, les bons citoyens qui ont des difficultés entre eux s'arrangeront en frères, en se soumettant à l'arbitrage des vieillards et du maire de la commune. Quant à ceux qui sont querelleurs, têtus et incorrigibles, qu'ils soient écrasés dans les tribunaux; voilà la justice qui leur est due.

Évidemment on ne peut admettre en entier une semblable manière de voir, quelque impériale qu'elle soit. Il est cependant un fait incontestable, c'est que, en Chine, à part quelques honorables exceptions, ceux qui hantent les tribunaux et se font ruiner, quelquefois même assommer par les mandarins, sont des hommes à caractère haineux et vindicatif, qu'aucun conseil ne peut calmer, et qui ont besoin d'être châtiés par leur *Père et Mère* (1).

Le juge de paix Pao-ngan suivait scrupuleusement les prescriptions de l'empereur Khang-hi. Depuis qu'on l'avait installé dans son petit tribunal, il ne rêvait que plaideurs à rançonner; mais il est bien probable que ce n'était nullement dans l'intention de diminuer le nombre des procès. Un jour que nous lui demandions des renseignements sur la capitale du Sse-tchouen, il nous

(1) Titre que les Chinois donnent aux magistrats.

parla d'un quartier comme étant le plus mauvais de la ville. Nous crûmes d'abord que cet abominable endroit n'était qu'un repaire de mauvais sujets, précisément c'était tout le contraire. Depuis que je suis juge de paix, nous dit Pao-ngan, avec une réjouissante naïveté, ce quartier ne m'a pas donné un seul procès ; la concorde règne dans toutes les familles.

Ce magistrat avait deux fils qui aspiraient à suivre la même carrière ; mais il paraissait probable qu'ils n'arriveraient jamais à visser au haut de leur bonnet un globule quelconque. L'aîné, déjà âgé de vingt-trois ans, et père d'un joli petit Chinois qui commençait à faire assez bien trotter les jambes et la langue, était un homme d'une figure plus que maussade et d'une intelligence supérieurement bornée ; à ces agréments naturels se joignait une prétention qui faisait peine. Il avait étudié toute sa vie ; quelquefois il avait l'air d'étudier encore ; mais le grade de bachelier était toujours à venir. Son père, le Trésor caché, avouait ingénument que son fils aîné était inintelligent. Le cadet était un jeune homme de dix-sept ans, pâle, fluet, et que la phthisie conduisait lentement au tombeau. Autant l'autre nous parut fastidieux, autant nous trouvâmes celui-ci aimable et intéressant. Il avait de l'instruction, un esprit fin ; puis, dans sa voix, une douceur mélancolique qui ajoutait beaucoup aux charmes de sa conversation. Qu'on ajoute à la famille du Trésor caché nos deux personnages d'honneur, le jeune fumeur d'opium avec le vieux mangeur de graines de pastèques, et on aura une idée de la compagnie au milieu de laquelle nous nous trouvions. C'était une chose assez singulière que cette position de deux missionnaires français au milieu d'une grande ville chinoise, sur les confins du Thibet, à dix mille lieues de leur pays, vivant familièrement avec des mandarins, pendant que leur sort se débattait entre le vice-roi de la province et la cour de Péking.

La vie du mandarin chinois nous a paru assez peu occupée. Quand le soleil pénétrait dans la ville, Pao-ngan s'installait sur son siége de juge et dépensait sa petite matinée à expédier les procès, ou, pour parler plus exactement, à légaliser les extorsions combinées et arrêtées à l'avance par la scélératesse des scribes de son tribunal. Après ce travail de surérogation, venaient les grandes affaires de la journée, c'est-à-dire le déjeuner, le dîner et le souper. Pao-ngan tenait assez bonne table, car il recevait, à notre intention, une allocation supplémentaire de la préfecture chargée de notre entretien. Cependant, dès le troisième jour, le malheureux ne put résister à la tentation d'ajouter de l'eau à l'excellent vin de riz qu'il nous servait, afin d'effectuer encore un tout petit profit de plus. Il faut absolument que le Chinois use de tricherie et de fraude ; tout gain illicite a pour lui un attrait spécial et irrésistible. Dans les intervalles des repas, les occupations n'étaient pas très-sérieuses ; on fumait, on buvait du thé, on s'amusait à grignoter des fruits secs ou des fragments de canne à sucre, on sommeillait sur le bout d'un divan, on se donnait de l'air avec de larges feuilles de palmier plissées en éventail, on jouait une partie aux cartes et aux échecs, puis, de temps en temps, arrivaient quelques mandarins désœuvrés, et alors on se lamentait avec eux sur les embarras et les incommodités des fonctions publiques.

Telle était la vie que menait le juge de paix. Nous ne l'avons pas surpris une seule fois le pinceau à la main ou lisant dans un livre.

Il est à croire que tous les fonctionnaires chinois ne ressemblent pas à Pao-ngan. Nous en avons connu plusieurs qui étaient, au contraire, studieux, pleins d'activité et doués d'une grande intelligence. Le désir et l'espoir de l'avancement dans leur carrière les tenaient toujours en haleine.

Durant notre séjour à la justice de paix, lorsque nous sentions la fatigue et l'ennui nous gagner au milieu de notre entourage habituel, nous allions nous réfugier auprès d'un personnage qui passait la majeure partie du jour chez Pao-ngan. C'était un vénérable gradué ès lettres, instituteur des enfants du Trésor caché. Nous lui parlions de l'Europe, et, en retour, il nous racontait des chinoiseries qu'il savait merveilleusement assaisonner d'une foule de sentences tirées des auteurs classiques. Le vieux lettré chinois ressemble beaucoup à nos érudits d'autrefois, dont la conversation était toujours hérissée de citations grecques et latines. En France, ils ont presque entièrement disparu, et on n'en trouve plus aujourd'hui que très-difficilement. Ce type est au contraire, en Chine, dans toute sa splendeur. Le savant classique se présente partout avec assurance, avec même un peu de vanité et de morgue, tant il est convaincu de sa valeur. Il est le diapason de toutes les conversations, car il est érudit et surtout parleur. Son organe vocal est ordinairement d'une merveilleuse flexibilité ; il a l'habitude d'accompagner sa voix de grands gestes, et il aime à appuyer sur les accents et à bien faire sentir la différence des intonations. Son langage, parsemé d'expressions appartenant au style sublime, est souvent peu intelligible ; mais c'est encore un avantage, parce qu'il trouve ainsi l'occasion de venir au secours de ses auditeurs en dessinant en l'air, du bout de son doigt, des caractères explicatifs. Si quelqu'un prend la parole en sa présence, il l'écoute en branlant la tête d'une manière compatissante et son malin sourire semble lui dire : Vous n'êtes pas éloquent. Lorsque le lettré remplit les fonctions de magister, il a bien, au fond, la même dose de prétention ; mais il est forcé d'avoir, au moins extérieurement, un peu de modestie ; car, s'il enseigne, c'est pour gagner sa vie, et il comprend qu'il n'est pas bon d'étaler sa fierté devant ceux dont on peut avoir besoin.

Les magisters forment, en Chine, une classe extrêmement nombreuse. Ce sont ordinairement des lettrés sans fortune qui, n'ayant pu se pousser jusqu'au mandarinat, sont obligés, pour vivre, d'embrasser cette carrière. Il n'est pas, toutefois, nécessaire d'avoir subi les épreuves des examens et d'être gradué pour être magister. En Chine, l'enseignement est libre sans restriction ; chacun peut tenir école sans que le gouvernement intervienne en aucune façon. L'intérêt qu'un père doit naturellement porter à l'éducation de ses enfants est, dit-on, une garantie suffisante pour le choix du maître. Les chefs des villages et des divers quartiers des villes se réunissent, quand ils veulent fonder une école, et délibèrent sur le choix du maître et sur le traitement qui lui sera alloué. On prépare ensuite un local et les classes s'ouvrent. Si le magister cesse d'être à la convenance de ceux qui l'ont appelé, on le remercie et on en choisit un autre. Le gouvernement peut avoir seulement une influence indirecte sur les écoles par les examens que doivent subir ceux qui veulent entrer dans la corporation des lettrés. Ils doivent nécessairement étudier les livres classiques et les auteurs sur lesquels ils auront à répondre. L'uniformité qu'on remarque, en Chine, dans les écoles, est plutôt le résultat d'un usage, d'un acquiescement libre des populations que d'une prescription légale. Dans nos écoles catholiques, les professeurs chinois expliquent librement à leurs élèves les livres de la doctrine chrétienne, sans autre contrôle que celui du vicaire apostolique ou du missionnaire. Les personnes riches sont assez dans l'habitude d'avoir, pour leurs enfants, des maîtres particuliers qui viennent leur donner des leçons à domicile et qui souvent même logent dans la famille.

La Chine est assurément le pays du monde où l'instruction primaire est le plus répandue. Il n'est pas de petit village, de réunion de quelques fermes, où l'on ne rencontre un instituteur. Il réside, le plus souvent, dans la pagode. Pour son entretien, il a ordinairement les revenus d'une fondation fixe ou une espèce de dîme que les agriculteurs s'engagent à lui payer après la récolte. Dans les provinces du nord les écoles sont moins nombreuses ; les intelligences, un peu lourdes et engourdies, subissent nécessairement l'influence de la rigueur du climat. Les habitants du midi, au contraire, pleins de vivacité et de pénétration, s'adonnent avec ardeur aux études littéraires. A quelques exceptions près, tous les Chinois savent lire et écrire, du moins suffisamment pour les besoins de la vie ordinaire. Ainsi, les ouvriers, les paysans mêmes, sont capables de tenir note de leurs affaires journalières sur un petit calepin, de faire eux-mêmes leur correspondance, de lire l'almanach, les avis et proclamations des mandarins, et souvent les productions de la littérature courante. L'instruction primaire pénètre même jusque dans ces demeures flottantes qui recouvrent par milliers les fleuves, les lacs et les canaux du Céleste Empire. On est sûr de trouver toujours dans ces petites barques une écritoire, des pinceaux, une tablette à calcul, un annuaire et quelques brochures que ces pauvres mariniers s'amusent à déchiffrer dans leurs moments de loisir.

L'instituteur chinois est chargé, non-seulement de l'instruction, mais encore de l'éducation de ses élèves. Il doit leur enseigner les règles de la politesse, les façonner à la pratique du cérémonial de la vie intérieure et extérieure, leur indiquer les diverses manières de saluer, et la tenue qu'ils doivent avoir dans leurs relations avec les parents, les supérieurs et les égaux. On a beaucoup reproché aux Chinois leur attachement ridicule aux minutieuses observances des rites et aux frivolités de l'étiquette. On s'est plu à les représenter graves, compassés, se mouvant toujours comme des automates, d'après certaines règles invariables, exécutant dans leurs salutations des manœuvres déterminées par la loi, et s'adressant solennellement des formules de courtoisie apprises, par avance, dans le rituel. Bien des gens vont même jusqu'à se figurer que les Chinois de la dernière classe, les porteurs de palanquins et les crocheteurs des grandes villes, sont toujours à se prosterner les uns devant les autres, pour se demander dix mille pardons, après s'être assommés de coups ou accablés d'injures. Ces extravagances n'existent nulle part en Chine ; on les rencontre seulement dans les relations des Européens, qui se croient obligés, en parlant de ce pays peu connu, de raconter beaucoup de bizarreries et d'excentricités.

En écartant toute exagération, il est certain que, chez les Chinois, l'urbanité est un signe distinctif du caractère national. Le goût des convenances et de la politesse remonte parmi eux à la plus haute antiquité, et les philosophes anciens ne manquent jamais de recommander aux peuples la fidèle observance des préceptes établis pour les rapports sociaux. Confucius dit que les cérémonies sont le type des vertus, et sont destinées à les conserver, à les rappeler, quelquefois même à y suppléer. Ces principes étant les premières notions que les maîtres inculquent aux élèves dans les écoles, on ne doit pas être surpris de trouver, dans tous les rangs de la société, des manières qui se ressentent plus ou moins de cette politesse qui est la base de l'éducation chinoise. Les gens même de la campagne, les paysans, se traitent ordinairement entre eux avec des égards et des prévenances qu'on ne rencontre pas toujours en Europe parmi les classes laborieuses.

Dans les rapports officiels et les occasions solennelles, les Chinois sont peut-être roides, guindés et trop esclaves de l'étiquette et du cérémonial. Les pleurs et les gémissements forcés dans les cérémonies funèbres, les protestations emphatiques d'affection, de respect et de dévouement, adressées à des gens qu'on déteste et qu'on méprise ; les invitations les plus pressantes à dîner, à condition qu'on n'acceptera pas : voilà autant d'abus et d'excès qu'on rencontre assez souvent, et qui ont été blâmés par Confucius lui-même. Ce rigide observateur des rites a dit quelque part qu'en fait de cérémonies, il vaut mieux être avare que prodigue, surtout si l'on n'a pas dans le cœur, en les pratiquant, ce sentiment intérieur qui seul en fait le mérite et leur donne de l'importance.

A part ces relations publiques, où l'on remarque généralement de la contrainte et de l'afféterie, les Chinois ont dans leurs manières beaucoup de désinvolture et de laisser aller. Quand ils ont déposé leurs bottes de satin, leur habit de cérémonie et leur chapeau officiel, ils deviennent hommes de société. Dans le commerce habituel de la vie, ils savent mettre de côté toutes les entraves de l'étiquette, et former de ces réunions intimes où, comme chez nous, les conversations sont assaisonnées de gaieté et d'aimables futilités. Les amis se donnent, sans façon, rendez-vous pour boire ensemble du vin chaud ou du thé, et fumer l'excellent tabac du Leao-tong ; quelquefois même ils se passent la fantaisie de faire des calembours et de deviner des rébus.

Apprendre à reconnaître les caractères chinois, à bien les prononcer et à les former avec le pinceau, voilà la base de l'enseignement que reçoivent les jeunes Chinois dans leurs écoles. Pour exercer la main de l'élève, on l'oblige d'abord à calquer les divers traits qui entrent dans la composition des caractères ; puis on le fait aller graduellement jusqu'aux combinaisons les plus compliquées. Quand son coup de pinceau est suffisamment sûr et délié, on lui donne à copier les plus beaux modèles choisis dans les différents genres. Le maître corrige le travail de l'élève avec de l'encre rouge, en régularisant les traits mal dessinés, et en apposant une note sur chaque caractère, pour en faire remarquer les beautés ou les imperfections. Les Chinois attachent un grand prix à une belle écriture. Un calligraphe, ou, selon leur expression, un pinceau élégant, est toujours admiré.

Pour la connaissance et la bonne prononciation des caractères, le maître a soin, au commencement de la classe, d'en lire un certain nombre à chaque élève, suivant sa portée ; puis tous retournent s'asseoir à leur place, et se mettent à répéter, en chantant et en se balançant, la leçon qui leur a été assignée. On conçoit le tapage et la confusion qui doivent régner dans une école chinoise, où chaque élève vocifère ses monosyllabes sur un ton particulier, sans se mettre en peine de la chanson de son voisin. Pendant qu'ils passent ainsi leur temps à s'égosiller et à se balancer, le maître, comme un chef d'orchestre, tient ses oreilles dressées, et lance à droite et à gauche des coups de gosier, pour donner la véritable intonation à ceux qui s'en écartent. Dès qu'un élève a sa leçon bien gravée dans la mémoire, il va se présenter devant le maître, lui fait une profonde inclination, lui remet son livre, tourne le dos et récite ce qu'il a appris : c'est ce qu'on appelle *pey-chou* (tourner le dos au livre), ou réciter. Les caractères chinois sont si gros et si faciles à distinguer, même à une grande distance, que cette méthode ne paraît pas superflue quand on tient à s'assurer que l'élève récite de mémoire. Il paraît que cette manière d'étudier, en criant et en battant la mesure par le balancement du corps, est moins fatigante.

Le premier livre qu'on met entre les mains des élèves

est un ouvrage très-ancien et très-populaire ; on le nomme *San-dze-king*, ou livre sacré trimétrique. L'auteur lui a donné ce titre parce qu'il est divisé en petits distiques dont chaque vers est composé de trois caractères. Les cent soixante et dix-huit vers que contient le *San-dze-king* forment une sorte d'encyclopédie, où les enfants trouvent un résumé concis, un tableau admirablement bien fait de toutes les connaissances qui constituent la science chinoise. On y traite de la nature de l'homme, des divers modes d'éducation, de l'importance des devoirs sociaux, des nombres et de leur génération, des trois grands pouvoirs, des quatre saisons, des cinq points cardinaux, des cinq éléments, des cinq vertus constantes, des six espèces de céréales, des six classes d'animaux domestiques, des sept passions dominantes, des huit notes de musique, des neuf degrés de parenté, des dix devoirs relatifs, des études et des compositions académiques, de l'histoire générale et de la succession des dynasties. Enfin l'ouvrage se termine par des réflexions et des exemples sur la nécessité et l'importance de l'étude. On comprend qu'un pareil traité bien appris par les élèves, et convenablement expliqué par le maître, doit développer largement l'intelligence des enfants chinois et favoriser leur goût naturel pour les choses positives et sérieuses. Le *San-dze-king* est digne, à tous égards, de l'immense popularité dont il jouit. L'auteur, disciple de Confucius, débute par un distique dont le sens profond et traditionnel nous a singulièrement frappé : *Jen-dze-tsou, sin-pen-chan*, « l'homme, à son « origine, était d'une nature radicalement sainte. » Il est probable que les Chinois comprennent très-peu la portée et les conséquences de la pensée exprimée par ces deux premiers vers. Un lettré chrétien a composé, pour les écoles de nos missions, une petite encyclopédie théologique sur le modèle du *San-dze-king*. Les vers sont formés de quatre caractères, et c'est pour cette raison qu'il lui a donné le titre de *Sse-dze-king*, ou livre sacré en quatre caractères.

Après l'encyclopédie trimétrique, on met entre les mains des élèves les *Sse-chou*, ou quatre livres classiques dont nous allons donner une idée sommaire. Le premier de ces quatre livres moraux est le *Ta-hio*, ou grande étude, sorte de traité de politique et de morale, composé d'un texte fort court, appartenant à Confucius, et d'un développement fait par un de ses disciples. Le perfectionnement de soi-même est le grand principe sur lequel repose toute la doctrine de la grande étude. Voici le texte de Confucius (1) :

I

« (2) La loi de la grande étude, ou de la philosophie pratique, consiste à développer et remettre en lumière le principe lumineux de la raison que nous avons reçu du ciel, à renouveler les hommes, à placer leur destination définitive dans la perfection ou le souverain bien. »

II

« Il faut d'abord connaître le but auquel on doit tendre, ou sa destination définitive, et prendre ensuite une détermination ; la détermination étant prise, on peut avoir ensuite l'es-

(1) Khoung-fou-dze, que les Européens ont appelé *Confucius*, en latinisant son nom, naquit dans la province de Chan-tong, l'an 567 avant Jésus-Christ. Il mourut âgé de soixante et treize ans.

(2) Nos citations des livres classiques sont prises dans la traduction de M. Pauthier.

« prit tranquille et calme ; l'esprit étant tranquille et calme, on « peut ensuite jouir de ce repos inaltérable que rien ne peut « troubler; étant parvenu à jouir de ce repos inaltérable que « rien ne peut troubler, on peut ensuite méditer et se former « un jugement sur l'essence des choses; ayant médité et s'étant « formé un jugement sur l'essence des choses, on peut ensuite « atteindre à l'état de perfectionnement désiré. »

III

« Les êtres de la nature ont une cause et des effets ; les ac- « tions humaines ont un principe et des conséquences : con- « naître les causes et les effets, les principes et les conséquences, « c'est approcher très-près de la méthode rationnelle avec la- « quelle on parvient à la perfection. »

IV

« Les anciens princes, qui désiraient développer et remettre « en lumière dans leurs États le principe lumineux de la raison « que nous recevons du ciel, s'attachaient auparavant à bien « gouverner leurs royaumes ; ceux qui désiraient bien gouver- « ner leurs royaumes s'attachaient auparavant à mettre le bon « ordre dans leurs familles ; ceux qui désiraient mettre le bon « ordre dans leurs familles s'attachaient auparavant à se corri- « ger eux-mêmes ; ceux qui désiraient se corriger eux-mêmes « s'attachaient auparavant à donner de la droiture à leur âme ; « ceux qui désiraient donner de la droiture à leur âme s'atta- « chaient auparavant à rendre leurs intentions pures et sincères; « ceux qui désiraient rendre leurs intentions pures et sincères « s'attachaient auparavant à perfectionner le plus possible leurs « connaissances morales ; perfectionner le plus possible ses con- « naissances morales consiste à pénétrer et approfondir les « principes des actions. »

V

« Les principes des actions étant pénétrés et approfondis, les « connaissances morales parviennent ensuite à leur dernier de-

« gré de perfection ; les connaissances morales étant parvenues « à leur dernier degré de perfection, les intentions sont ensuite « rendues pures et sincères, l'âme se pénètre ensuite de probité « et de droiture ; la personne est ensuite corrigée et améliorée ; « la personne étant corrigée et améliorée, la famille étant bien « dirigée, le royaume est ensuite bien gouverné ; le royaume « étant bien gouverné, le monde, ensuite, jouit de la paix et de « la bonne harmonie. »

VI

« Depuis l'homme le plus élevé en dignité jusqu'au plus « humble et au plus obscur, le devoir est égal pour tous. Corri« ger et améliorer sa personne, ou le perfectionnement de soi« même, voilà la base fondamentale de tout progrès et de tout « développement moral. »

VII

« Il n'est pas dans la nature des choses que ce qui a sa base « fondamentale en désordre et dans la confusion puisse avoir ce « qui en dérive nécessairement dans un état convenable.

« Traiter légèrement ce qui est le principal ou le plus impor« tant, et gravement ce qui n'est que secondaire, est une mé« thode d'agir qu'il ne faut jamais suivre. »

Comme nous l'avons déjà dit, le livre de la grande étude est composé du texte précédent avec un commentaire en dix chapitres, par un disciple de Confucius. Le commentateur s'attache surtout à appliquer la doctrine de son maître au gouvernement politique que Confucius définit *ce qui est juste et droit*, et auquel il donne pour base l'assentiment populaire qu'on trouve ainsi formulé dans la grande étude :

« Obtiens l'affection du peuple et tu obtiendras l'empire.
« Perds l'affection du peuple et tu perdras l'empire. »

Le livre de la grande étude se termine par les paroles suivantes : « Si ceux qui gouvernent les États ne pen-« sent qu'à amasser des richesses pour leur usage per-« sonnel, ils attireront indubitablement auprès d'eux « des hommes dépravés ; ces hommes leur feront croire « qu'ils sont des ministres bons et vertueux, et ces « hommes dépravés gouverneront le royaume. Mais « l'administration de ces indignes ministres appellera « sur le gouvernement les châtiments du ciel et les ven-« geances du peuple. Quand les affaires publiques sont « arrivées à ce point, quels ministres, fussent-ils les « plus justes et les plus vertueux, détourneraient de tels « malheurs ? Ce qui veut dire que ceux qui gouvernent « un royaume ne doivent pas faire leur richesse privée « des revenus publics, mais qu'ils doivent faire de la « justice et de l'équité leur seule richesse. »

Le second livre classique, *Tchouang-young*, ou *Invariable milieu*, est un traité de la conduite du sage dans la vie. Il a été rédigé par un disciple de Confucius, d'après les enseignements recueillis de la bouche du maître. Le système de morale renfermé dans ce livre est basé sur ce principe fondamental que la vertu est toujours placée à une égale distance des deux déterminations extrêmes : *In medio consistit virtus*. Le milieu harmonique (*Ching-ho*) est la source du vrai, du beau et du bon.

I

« Le disciple Sse-lou interrogea son maître sur la force de « l'homme. »

II

« Confucius répondit : Est-ce sur la force virile des contrées

« méridionales, ou sur la force virile des contrées septentrio-
« nales? Parlez-vous de votre propre force? »

III

« Avoir des manières bienveillantes et douces pour instruire « les hommes, avoir de la compassion pour les insensés qui se « révoltent contre la raison : voilà la force virile propre aux « contrées méridionales; c'est à elle que s'attachent les sages. »

IV

« Faire sa couche de lames de fer et des cuirasses de peaux « de bêtes sauvages; contempler sans frémir les approches de « la mort, voilà la force virile propre aux contrées septentrio- « nales, et c'est à elle que s'attachent les braves. »

V

« Cependant que la force d'âme du sage, qui vit toujours en « paix avec les hommes et ne se laisse point corrompre par les « passions, est bien plus forte et bien plus grande! Que la force « d'âme de celui qui se tient sans dévier dans la voie droite, « également éloigné des extrêmes, est bien plus forte et bien « plus grande! Que la force d'âme de celui qui, lorsque son pays « jouit d'une bonne administration, qui est son ouvrage, ne se « laisse point corrompre ou aveugler par un sot orgueil, est bien « plus forte et bien plus grande! Que la force d'âme de celui « qui, lorsque son pays sans lois manque d'une bonne adminis- « tration, reste immobile dans la vertu jusqu'à la mort, est « bien plus forte et bien plus grande! »

Confucius, dans l'*Invariable Milieu*, comme dans les autres traités, s'étudie toujours à appliquer ses principes de morale à la politique. Voici à quelles conditions il accorde au souverain le droit de donner des institutions aux peuples et de leur commander.

I

« Il n'y a, dans l'univers, que l'homme souverainement saint « qui, par la faculté de connaître à fond et de comprendre par- « faitement les lois primitives des êtres vivants, soit digne de « posséder l'autorité souveraine et de commander aux hommes; « qui, par la faculté d'avoir une âme grande, élevée, ferme, « imperturbable et constante, soit capable de faire régner la « justice et l'équité; qui, par sa faculté d'être toujours honnête, « simple, grave, droit et juste, soit capable de s'attirer le res- « pect et la vénération; qui, par sa faculté d'être revêtu des or- « nements de l'esprit, et des talents que procure une étude assi- « due, et de ces lumières que donne une exacte investigation « des choses les plus cachées, des principes les plus subtils, soit « capable de discerner avec exactitude le vrai du faux, le bien « du mal. »

II

« Ses facultés sont si amples, si vastes, si profondes, que « c'est comme une source immense d'où tout sort en son « temps. »

III

« Elles sont vastes et étendues comme le ciel; la source ca- « chée d'où elles découlent est profonde comme l'abîme. Que « cet homme, souverainement saint, apparaisse avec ses vertus, « ses facultés puissantes, et les peuples ne manqueront pas d'a- « voir foi en ses paroles; qu'il agisse, et les peuples ne man- « queront pas d'être dans la joie. »

IV

« C'est ainsi que la renommée de ses vertus est un océan qui « inonde l'empire de toutes parts; elle s'étend même jusqu'aux « barbares des régions méridionales et septentrionales; partout « où les vaisseaux et les chars peuvent aborder, où les forces « de l'industrie humaine peuvent faire pénétrer, dans tous les « lieux que le ciel couvre de son dais immense, sur tous les

« points que la terre enserre, que le soleil et la lune éclairent « de leurs rayons, que la rosée et les nuages du matin fertilisent, « tous les êtres humains qui vivent et qui respirent ne peuvent « manquer de l'aimer et de le révérer. »

Le troisième livre classique, *Lun-yu*, ou entretiens philosophiques, est un recueil de maximes confusément rassemblées et de souvenirs des entretiens de Confucius avec ses disciples. Parmi un grand nombre de banalités sur la morale et la politique, on trouve quelques pensées profondes, des détails assez curieux sur le caractère et les habitudes de Confucius, qui paraît avoir été un peu original. Ainsi le *Lun-yu* dit que son pas était accéléré en introduisant les hôtes, et qu'il tenait les bras étendus, comme les ailes d'un oiseau..... La robe qu'il portait chez lui eut pendant longtemps la manche droite plus courte que l'autre ; il ne mangeait pas la viande qui n'était pas coupée en ligne droite ; si la natte sur laquelle il devait s'asseoir n'était pas étendue régulièrement, il ne s'asseyait pas dessus ;... il ne montrait rien du bout du doigt, etc.

Enfin, le quatrième livre classique est celui de Meng-tze ou Mincius, comme le nomment les Européens. Son ouvrage, divisé en deux parties, renferme le résumé des conseils adressés par ce philosophe célèbre aux princes de son temps et à ses disciples. Mincius a été décoré par ses compatriotes du titre de *second sage*, Confucius étant le premier, et on lui rend, dans la grande salle des lettrés, les mêmes honneurs qu'à Confucius. Voici ce que dit un auteur chinois du livre de Mincius : « Les sujets « traités dans cet ouvrage sont de diverses natures : ici, les « vertus de la vie individuelle et de parenté sont exami-

« nées; là, l'ordre des affaires est discuté. Ici les devoirs « des supérieurs, depuis le souverain jusqu'au magistrat « du dernier degré, sont prescrits pour l'exercice d'un « bon gouvernement; là, les travaux des étudiants, « des laboureurs, des artisans, des négociants, sont ex- « posés aux regards ; et, dans le cours de l'ouvrage, les « lois du monde physique, du ciel, de la terre et des « montagnes, des rivières, des oiseaux, des quadrupè- « des, des poissons, des insectes, des plantes, des arbres, « sont occasionnellement décrites. Bon nombre d'affai- « res que Mincius traita dans le cours de sa vie, dans « son commerce avec les hommes, ses discours d'occa- « sion avec des personnes de tous rangs, ses instruc- « tions à ses disciples, ses explications des livres anciens « et modernes, toutes ces choses sont incorporées dans « cette publication. Il rappelle aussi les faits historiques, « les paroles des anciens sages pour l'instruction de « l'humanité. »

M. Abel Rémusat a ainsi caractérisé les deux plus célèbres philosophes de la Chine : « Le style de Meng-tze, « moins élevé et moins concis que celui du prince des « lettrés (Confucius), est aussi noble, plus fleuri et plus « élégant. La forme du dialogue, qu'il a conservée à ses « entretiens philosophiques avec les grands personnages « de son temps, comporte plus de variété qu'on ne peut « s'attendre à en trouver dans les apophthegmes et les « maximes de Confucius. Le caractère de leur philoso- « phie diffère aussi sensiblement. Confucius est toujours « grave, même austère ; il exalte les gens de bien, dont il « fait un portrait idéal, et ne parle des gens vicieux qu'a- « vec une froide indignation. Meng-tze, avec le même

« amour pour la vertu, semble avoir pour le vice plus « de mépris que d'horreur ; il l'attaque par la force de « la raison, et ne dédaigne pas même l'arme du ridicule. « Sa manière d'argumenter se rapproche de cette iro- « nie qu'on attribue à Socrate. Il ne conteste rien à ses « adversaires ; mais, en leur accordant leurs principes, « il s'attache à en tirer des conséquences absurdes qui « les couvrent de confusion. Il ne ménage même pas les « grands et les princes de son temps, qui souvent ne fei- « gnaient de le consulter que pour avoir occasion de « vanter leur conduite, ou pour obtenir de lui les éloges « qu'ils croyaient mériter. Rien de plus piquant que les « réponses qu'il leur fait en ces occasions; rien surtout « de plus opposé à ce caractère servile et bas qu'un pré- « jugé trop répandu prête aux Orientaux, et aux Chi- « nois en particulier. Meng-tze ne ressemble en rien à « Aristippe; c'est plutôt à Diogène, mais avec plus de di- « gnité et de décence. On est quelquefois tenté de blâmer « sa vivacité, qui tient de l'aigreur ; mais on l'excuse en « le voyant toujours inspiré par le zèle du bien public. »

Les enfants chinois apprennent dans les écoles les quatre livres classiques sans se préoccuper du sens et de la pensée de l'auteur; s'ils y entendent quelque chose, ils le doivent uniquement à leur propre sagacité. Lorsqu'ils sont capables de les réciter imperturbablement d'un bout à l'autre, alors seulement le maître, appuyé sur d'innombrables commentaires, développe le texte mot à mot et donne les explications nécessaires. Les opinions philosophiques de Confucius et de Meng-tze sont exposées d'une manière plus ou moins superficielle, suivant la portée et l'âge des élèves.

Après les quatre livres classiques, les Chinois étudient les cinq livres sacrés, *King*, qui sont les monuments les plus anciens de la littérature chinoise, et contiennent les principes fondamentaux des vieilles croyances et des usages antiques. Le premier en date, le plus vanté et le moins intelligible de ces livres sacrés est le livre des changements, *Y-king*. C'est un traité de divination fondé sur la combinaison de soixante-quatre lignes, les unes entières, les autres brisées, appelées *koua*, et dont la découverte est attribuée à Fou-hi, fondateur de la civilisation chinoise. Fou-hi trouva ces lignes mystérieuses, qui peuvent tout expliquer, dit-on, mais que personne ne comprend, sur la carapace d'une tortue. Confucius, cet esprit supérieur, cette intelligence d'élite, s'est beaucoup préoccupé de ces koua énigmatiques, et a fait de nombreux travaux pour la rédaction actuelle du *Y-king*, sans qu'il ait réussi à répandre une grande clarté dans cette science occulte. Après Confucius, le nombre des écrivains qui ont eu la faiblesse de s'occuper sérieusement du *Y-king* est incroyable. Le catalogue impérial énumère plus de quatorze cent cinquante traités, en forme de mémoires ou de commentaires, sur ce bizarre et fameux ouvrage.

Le *Chou-king*, ou livre de l'histoire, est le second livre sacré. Confucius a réuni dans cet ouvrage important les souvenirs historiques des premières dynasties de la Chine, jusqu'au huitième siècle avant notre ère. Il contient les allocutions adressées par plusieurs empereurs de ces dynasties à leurs grands officiers, et fournit un grand nombre de documents précieux sur les premiers âges de la nation chinoise.

Le troisième livre sacré, le *Che-king*, ou livre des vers, est une collection, faite encore par Confucius, des anciens chants nationaux et officiels depuis le dix-huitième jusqu'au septième siècle avant notre ère. On y trouve des renseignements très-intéressants et très-authentiques sur les anciennes mœurs des Chinois. Le livre des vers est souvent cité et commenté dans les œuvres philosophiques de Meng-tze et de Confucius, qui en recommandait la lecture à ses disciples. Il dit dans le *Lun-yu* : « Mes chers disciples, pourquoi n'étudiez-vous pas le « livre des vers? Le livre des vers est propre à élever « les sentiments et les idées; il est propre à former le « jugement par la contemplation des choses; il est « propre à réunir les hommes dans une mutuelle har- « monie; il est propre à exciter des regrets sans ressen- « timent. »

Le quatrième livre sacré est le *Li-ki*, ou livre des rites. L'original fut perdu dans l'incendie des anciens livres ordonné par l'empereur Thsin-che-hoang, à la fin du troisième siècle avant notre ère. Le rituel qu'on possède aujourd'hui est une réunion de fragments, dont les plus anciens paraissent ne pas remonter au delà de Confucius.

Enfin le cinquième livre sacré est le *Tchun-thsiou*, ou le livre du printemps et de l'automne, écrit par Confucius, et qui tire son nom des deux saisons de l'année où il fut commencé et fini. Il comprend les annales du petit royaume de Lou (1), patrie de ce philosophe, depuis l'an 722 avant notre ère, jusqu'à l'an 480. Confucius

(1) Actuellement province de Chan-tong.

l'écrivit pour rappeler les princes de son temps au respect des anciens usages, en leur montrant les malheurs survenus à leurs prédécesseurs, depuis que ces usages étaient tombés en désuétude.

Les cinq livres sacrés et les quatre classiques sont la base de la science des Chinois. Tout ce qu'on trouve dans ces ouvrages serait, il faut en convenir, peu assorti au goût et aux besoins des Européens. On y chercherait vainement des notions scientifiques, et, à côté de quelques vérités d'une grande importance en politique et en morale, on est confondu de trouver les erreurs les plus grossières et des fables ridicules. Cependant l'instruction chinoise, dans son ensemble, contribue merveilleusement à imprimer dans les esprits un grand amour des usages antiques et un profond respect pour l'autorité, deux choses qui ont toujours été comme les deux colonnes de la société chinoise et qui seules peuvent expliquer la durée de cette vieille civilisation.

Nous n'entrerons pas ici dans de plus grands détails sur l'éducation et la littérature des Chinois, parce que nous aurons occasion d'y revenir dans plusieurs autres circonstances.

Il y avait une quinzaine de jours que nous étions à Tching-tou-fou ; l'ennui commençant à nous gagner, nous fîmes exprimer au vice-roi notre désir de nous mettre en route. Il nous répondit gracieusement qu'il nous verrait avec plaisir prolonger notre repos ; mais que nous étions entièrement libres et que nous pouvions fixer nous-mêmes le jour de notre départ. Le juge de paix Pao-ngan fit tout pour nous retenir ; il mit en usage toutes les ressources de son éloquence insinuante et pathétique ; il nous conjura d'attendre encore avant de lui arracher le cœur. Nous dûmes, de notre côté, lui exprimer vivement la douleur où nous serions plongés, quand nous nous trouverions séparés de lui par les lacs, les fleuves, les plaines et les montagnes. Cependant, malgré ce besoin mutuel de vivre toujours ensemble, il fut décidé que nous partirions dans deux jours.

Les petites ambitions se mirent aussitôt en mouvement. Tous les mandarins en disponibilité commencèrent à intriguer pour obtenir la charge de nous accompagner. Les visites, dès lors, se succédèrent sans interruption ; ce fut comme une avalanche de globules blancs et de globules dorés qui se précipita tout à coup dans les salons du Trésor caché. Tous ces candidats étaient, à les entendre, des hommes parfaits ; ils possédaient, au plus haut degré, les cinq vertus cardinales, et la pratique des rapports sociaux leur était familière ; ils comprenaient tous combien des étrangers de notre valeur auraient besoin de soins et d'attentions durant le pénible voyage que nous allions entreprendre. Les contrées que nous aurions à traverser leur étaient connues, et nous pouvions compter sur leur expérience et leur dévouement. Si, du reste, ils montraient un tel empressement à nous accompagner, c'est qu'une mission si glorieuse illustrerait leur nom et fixerait leur destinée dans un bonheur immuable.

En réalité, tout ce beau zèle signifiait qu'il y aurait sur notre route une petite fortune à recueillir pour celui qui aurait la chance de nous escorter. Selon les bienveillantes intentions du vice-roi, nous allions voyager comme de hauts fonctionnaires. Dans ce cas, tous les pays par où nous passerions seraient frappés de contributions extraordinaires, pour fournir à notre dépense et à celle de l'escorte. Ceux qui désiraient si vivement être nos conducteurs comptaient profiter de notre inexpérience en semblable matière pour retenir à leur profit la majeure partie des fonds alloués journellement par les tribunaux que nous rencontrerions sur notre chemin. Il existe des règlements très-détaillés pour ces sortes de voyages ; mais on pensait que nous n'en aurions pas connaissance. Nous nous gardâmes bien de désigner nous-mêmes nos conducteurs ; nous préférâmes en laisser le choix à l'autorité supérieure, nous réservant, de cette manière, le droit de nous plaindre, si les choses n'allaient pas ensuite à notre satisfaction. Il nous fallait deux mandarins, un lettré, qui serait l'âme de l'expédition, et un militaire avec une quinzaine de soldats, pour assurer la tranquillité et le bon ordre sur notre passage.

La veille du départ, notre ami le préfet du Jardin de fleurs vint nous présenter officiellement les deux élus. Le mandarin lettré, nommé *Ting*, était maigre, de moyenne taille, marqué de la petite vérole, usé par l'opium, grand parleur et très-peu instruit. Dès notre première entrevue, il eut la dextérité de nous avertir qu'il était très-dévot à Kao-wang, espèce de divinité du panthéon chinois ; qu'il savait un grand nombre de prières et surtout des litanies très-longues, qu'il était dans l'habitude de réciter tous les jours. Nous sommes persuadé que ce fut dans l'intention de nous être agréable qu'on nous donna un mandarin lettré capable de réciter de longues litanies. C'était, il faut en convenir, une curiosité, une trouvaille assez difficile à faire dans la corporation des lettrés. Le mandarin militaire ne savait aucune prière ; c'était un jeune homme à large figure, d'une constitution robuste, mais qui commençait à être attaqué par l'usage de l'opium. Il était plus maniéré, plus affable que son confrère, et paraissait même plus avancé en littérature.

Le jour de notre départ, nous allâmes, de grand matin, faire une visite au vice-roi. La réception ne fut pas solennelle comme la première fois ; il n'y eut ni musique, ni réunion de tous les fonctionnaires civils et militaires. Nous fûmes seulement accompagnés par le préfet du Jardin de fleurs, qui resta debout à la porte du cabinet où nous fûmes reçus. Nous remarquâmes la même simplicité dans la tenue du vice-roi. Il nous parla avec beaucoup de bonté, et voulut bien entrer dans les détails les plus minutieux au sujet des ordres qu'il avait donnés pour que nous fussions bien traités le long de la route ; et, afin de nous mettre en état de faire des réclamations, s'il y avait lieu, il nous remit une copie du règlement que nos conducteurs seraient tenus de faire exécuter.

Durant cette visite, le vice-roi nous fit une confidence assez singulière, et qui tendrait à prouver que les Chinois ne sont pas tout à fait aussi grands mathématiciens et astrologues qu'on l'a généralement cru en Europe. Il nous dit que bientôt le gouvernement allait se trouver dans un grand embarras pour la rédaction du calendrier, qui déjà n'était plus d'une exactitude parfaite. Nous savions bien que les premiers missionnaires, à l'époque de leur grande faveur à la cour, avaient eu la complaisance de corriger des erreurs graves, qui se trouvaient dans la supputation de l'année des Chinois, et de leur faire une espèce de calendrier perpétuel pour un temps assez considérable ; mais nous ne pensions pas qu'on était arrivé au bout, et que le bureau des mathématiques de Péking s'était humblement déclaré incapable de confectionner un calendrier. Le vice-roi, qui peut-être avait reçu de l'empereur des instructions particulières à ce sujet, nous demanda s'il n'y aurait pas moyen d'engager les missionnaires à travailler à la réforme du calendrier. Nous lui répondîmes que, si l'empereur les y invitait, ils n'auraient probablement aucun motif de ne pas accéder à son désir. Nous prîmes de là occasion de rappeler à ce haut dignitaire tous les services que les missionnaires avaient autrefois rendus à l'empire, en dirigeant les travaux du bureau des mathématiques, en dressant les cartes géographiques des provinces et des pays tributaires, en négociant divers traités avec les Russes et dans une foule d'autres circonstances où ils avaient montré autant de talent que de dévouement. — Que de missionnaires, lui dîmes-nous, ont quitté leur patrie pour se dévouer entièrement aux Chinois ! Et les Chinois, de quelle manière ont-ils récompensé tant de travaux et de si grands sacrifices? Quand on a cru n'avoir plus besoin d'eux, on les a chassés ignominieusement ; on en a immolé un grand nombre, on s'est emparé des établissements qu'ils avaient élevés à grands frais, on a été jusqu'à ravager, encore tout récemment, les tombeaux de ces vertueux et savants personnages, qui excitaient l'admiration du célèbre empereur Khang-hi.

Quand nous parlâmes de la récente profanation des

tombeaux, le vice-roi parut saisi d'étonnement... Les missionnaires français possédaient aux environs de Péking un magnifique enclos, qui leur avait été donné par l'empereur Khang-hi, pour en faire le lieu de leur sépulture. C'est là que reposent un grand nombre de nos compatriotes, morts à neuf mille lieues de leur patrie, après avoir usé leur vie dans les souffrances et les privations, au milieu d'un peuple qui ne sut jamais apprécier ni leur vertu ni leur science. Nous avons plusieurs fois visité cet enclos, connu des Chinois sous le nom de *Sépulture française*. En y entrant, on sent son cœur battre d'émotion comme si on allait mettre le pied sur le sol de la patrie. Cette terre est, en effet, bien française ; c'est comme une touchante et précieuse colonie, conquise au milieu de l'empire chinois par les ossements de nos frères. Le site est un des plus beaux qu'on puisse trouver aux environs de Péking. Les murs de clôture sont assez bien conservés ; mais la maison et la charpente, dont la construction est d'un style moitié européen et moitié chinois, auraient besoin de grandes réparations. Au milieu d'un vaste jardin, aujourd'hui inculte, on remarque un bosquet où les tombeaux des missionnaires sont rangés par ordre sous des arbres de haute futaie. Depuis que les Européens n'ont plus en Chine une existence légale, la Sépulture française avait été confiée à la garde d'une famille chrétienne qui a été envoyée en exil à la suite d'une récente persécution. L'établissement fut saccagé et pillé par les bandits de Péking. Actuellement le gouvernement s'en est emparé, et les païens qu'on y a logés volent journellement tout ce qui est à leur convenance, les arbres, les matériaux de la chapelle, sans en excepter même les pierres tumulaires.

Le vice-roi, avons-nous dit, fut saisi d'étonnement en nous entendant parler du pillage de la Sépulture, et nous demanda si le gouvernement français en était instruit. — C'est probable, lui répondîmes-nous; mais si, par hasard, il ignore ce qui s'est fait, nous l'en instruirons. — Et si j'écris à Péking à ce sujet, si l'empereur donne des ordres pour qu'on restaure la sépulture, les Français seront-ils satisfaits ? — Ils apprendront, sans doute, avec plaisir qu'on a réparé l'injure faite aux tombeaux de leurs frères... Le vice-roi se fit apporter un pinceau, écrivit quelques notes, et nous promit d'adresser au plus tôt une requête à l'empereur relativement à cette affaire. Nous parlâmes ensuite longuement des gouvernements européens, de la religion chrétienne, et des décrets impériaux obtenus par M. de Lagrenée. Cet excellent vieillard était inquiet sur les destinées de la dynastie mantchoue ; il paraissait comprendre que nous étions arrivés à une époque où la Chine, bon gré mal gré, serait forcée de modifier ses vieilles institutions et d'entrer en relation avec les puissances européennes, qui, grâce à la vapeur, ne se trouvaient plus maintenant à une très-grande distance du Céleste Empire, — J'irai à Péking, nous dit-il, et je parlerai à l'empereur (1).

Enfin le vice-roi nous adressa, pour nous congédier,

(1) En 1850, nous nous rendîmes de Macao à Péking, dans l'intention d'y voir le vice-roi du Sse-tchouen, qui, depuis deux ans, avait été appelé auprès de l'empereur. Malheureusement, il était mort depuis quinze jours quand nous arrivâmes. Quelque temps après, l'empereur mourut aussi.

les paroles d'usage : *I-lou-fou-sing*, que l'étoile du bonheur vous accompagne durant votre voyage !... Nous lui souhaitâmes une longue et heureuse vieillesse, et nous partîmes pour aller chez le juge de paix, où nous avions donné rendez-vous aux mandarins de l'escorte. Nous trouvâmes une nombreuse réunion, composée des personnages avec lesquels nous avions eu quelques relations pendant notre séjour à Tching-tou-fou. Nous nous mîmes à table, et Pao-ngan nous servit un véritable gala selon les rites. Bientôt les formules cérémonieuses des adieux commencèrent. On nous dit, sur tous les tons et en mille variantes, qu'on nous avait beaucoup ennuyés et rendu la vie désagréable ; de notre côté, nous leur déclarâmes que nous avions bien besoin de leur indulgence et de leur pardon, parce que nous étions des hommes exigeants et onéreux. Personne ne prenait au sérieux cette étrange phraséologie consacrée par l'usage, et qui cependant avait le mérite d'être, de temps en temps, une naïve expression de la vérité. Nous entrâmes enfin dans nos palanquins, et le cortége, précédé de douze soldats armés de rotins, s'ouvrit un passage à travers une foule innombrable de curieux. Tout le monde voulait voir ces fameux diables occidentaux, qui étaient devenus les amis du vice-roi et de l'empereur ; ce dont personne ne pouvait douter, attendu qu'au lieu de nous étrangler, on nous avait accordé le privilége de porter calotte jaune et ceinture rouge.

CHAPITRE IV.

Départ de Tching-tou-fou. — Lettre jetée dans notre palanquin, à la porte de la ville. — Christianisme en Chine. — Son introduction au cinquième et au sixième siècle. — Monument et inscription de Si-ngan-fou. — Progrès du christianisme en Chine au quatorzième siècle. — Arrivée des Portugais en Chine. — Macao. — Le P. Matthieu Ricci. — Départ des premiers missionnaires français. — Prospérité de la religion sous l'empereur Khang-hi. — Persécution de l'empereur Young-tching. — Délaissement des missions. — Nombreux départs de nouveaux missionnaires. — Coup d'œil sur l'état actuel du christianisme en Chine. — Motifs de l'hostilité du gouvernement à l'égard des chrétiens. — Indifférentisme des Chinois en matière de religion. — Exemple de cet indifférentisme. — Honneurs qui nous sont rendus en route. — Halte à un palais communal. — Escroquerie de maître Ting. — Navigation sur le fleuve Bleu. — Arrivée à Kien-tcheou.

Quand nous fûmes arrivés à la porte méridionale de la ville, nous remarquâmes, parmi la masse de peuple qui s'y était accumulée, un grand nombre de chrétiens. Ils faisaient le signe de la croix, afin que nous pussions les reconnaître, et pour nous donner, autant qu'il était en eux, des marques de leur sympathie. Leur figure exprimait la confiance et le contentement ; car ils avaient vu sans doute, dans les égards dont nous avions été entourés par le vice-roi et les premiers magistrats de la ville, comme des signes précurseurs de cette liberté religieuse qui avait semblé luire un instant à leurs yeux. Peut-être espéraient-ils aussi que les renseignements donnés de vive voix aux représentants de la France, sur la non-exécution des édits impériaux, entraîneraient des réclamations capables de faire entrer enfin le gouvernement chinois dans des voies de justice et de modération. Si telles furent leurs espérances en nous voyant partir pour Macao, nous devons convenir qu'il s'en faut bien qu'elles se soient réalisées ; car leur situation, au lieu de s'améliorer, n'a été, au contraire, que s'aggravant de jour en jour.

Au moment où nous franchissions le seuil de la dernière porte de la ville, l'un de nous reçut, dans son palanquin, une lettre furtivement jetée par un chrétien qui se tenait blotti dans un coin ; elle était de Monseigneur Perocheau, évêque de Maxula, vicaire apostolique de la province du Sse-tchouen. Ce zélé et savant prélat nous parlait de nombreuses persécutions locales qui désolaient encore son vicariat, et nous priait de rappeler aux mandarins que nous rencontrerions sur notre route les promesses faites par l'empereur aux chrétiens de son empire. Notre résolution était prise à cet égard, et les recommandations du vénérable doyen des évêques de Chine ne pouvaient que nous y confirmer encore davantage. Malheureusement, nos efforts ne purent avoir qu'une influence très-restreinte. Les chrétientés chinoises sont toujours, comme par le passé, à la merci des mandarins, et, de plus, elles ont à redouter aujourd'hui le fanatisme et la barbarie des insurgés. Tout fait pressentir que les missionnaires continueront encore longtemps de répandre la divine semence dans les pleurs et les souffrances.

C'est une chose bien lamentable que cette obstination du peuple chinois à repousser dédaigneusement le trésor de la foi que l'Europe ne cesse de lui présenter avec tant de zèle, de dévouement et de persévérance. Nul sacrifice qui n'ait été fait en sa faveur : c'est assurément le peuple du monde qui a excité le plus vivement la sollicitude de l'Église, et c'est aussi celui qui, jusqu'à ce jour, s'est montré le plus rebelle. Le sol a été préparé longuement, tourné et retourné dans tous les sens, avec patience et intelligence ; il a été arrosé de sueurs et de larmes, engraissé du sang des martyrs ; le grain évangélique y a été jeté avec profusion ; le monde chrétien s'est mis en prière pour attirer sur lui les bénédictions du ciel, et pourtant la stérilité est presque toujours la même, et le temps de la moisson n'est pas encore venu ; car peut-on appeler une moisson ces quelques épis à moitié mûrs qu'on rencontre çà et là, et qu'il faut se hâter de recueillir, de peur qu'ils ne tombent au premier souffle de l'orage ? Il ne serait pas impossible, peut-être, d'assigner les causes principales qui s'opposent à la propagation de l'Evangile en Chine ; mais nous pensons qu'il convient de donner auparavant un rapide aperçu des diverses tentatives qui ont été faites, à plusieurs époques, pour christianiser ce vaste empire.

Les premiers efforts pour faire pénétrer les lumières de la foi dans les contrées centrales et orientales de l'Asie remontent aux temps les plus reculés. Déjà, dans le cinquième et le sixième siècle, on peut découvrir les traces des premiers missionnaires qui se rendaient, par terre, de Constantinople jusqu'au royaume de Cathay ; car c'est sous ce nom que la Chine a été d'abord connue en Occident. Ces apôtres s'en allaient un bâton à la main, côtoyant les rivières, franchissant les montagnes, traversant les forêts et les déserts, au milieu des privations et des souffrances de tout genre, pour annoncer la parole du salut à des peuples ignorés du reste du monde. Longtemps on a pensé que la Chine n'avait été évangélisée que fort tard, et seulement à l'époque où le célèbre et courageux Matthieu Ricci pénétra dans l'empire, vers la dernière moitié du seizième siècle; mais la découverte du monument et de l'inscription de Si-nganfou (1), autrefois capitale de la Chine, prouve, d'une manière incontestable, qu'en 635 la religion chrétienne y était répandue et même florissante.

Cette inscription parle des nombreuses églises élevées par la piété des empereurs, et des titres magnifiques accordés au prêtre Olopen (2), qu'on désigne sous le nom de *Souverain gardien du royaume de la grande loi*, c'est-à-dire primat de la religion chrétienne. En 712, les bonzes excitèrent une persécution contre les chrétiens, qui triomphèrent bientôt, après quelques épreuves passagères. « Alors, comme porte l'inscription, la religion, qui « avait été opprimée quelque temps, commença de nou« veau à se relever. La pierre de la doctrine, penchée un « instant, fut redressée et mise en équilibre. L'an 744, « il y eut un prêtre du royaume de Ta-thsin (3) qui « vint à la Chine saluer l'empereur, qui ordonna au « prêtre Lohan et à six autres d'offrir ensemble, avec

(1) On peut voir à Paris, dans la Bibliothèque impériale, un magnifique fac-simile de cette célèbre inscription.

(2) Tout porte à croire que cet Olopen était Syrien.

(3) C'est ainsi que les Chinois désignaient, à cette époque, l'empire romain.

« l'envoyé de Ta-thsin, les sacrifices chrétiens dans le « palais de Him-kim. Alors l'empereur fit suspendre, à « la porte de l'église, une inscription écrite de sa main. « Cette auguste tablette brilla d'un vif éclat; c'est pour- « quoi toute la terre eut un très-grand respect pour la « religion. Toutes les affaires furent parfaitement bien « administrées, et la félicité, provenant de la religion, « fut profitable au genre humain. Tous les ans, l'empe- « reur Taï-tsoung, au jour de la Nativité de Jésus- « Christ, donnait à l'église des parfums célestes ; il dis- « tribuait à la multitude chrétienne des viandes « impériales, pour la rendre plus remarquable et plus « célèbre. Le prêtre Y-sou, grand bienfaiteur de la re- « ligion et tout à la fois grand de la cour, lieutenant du « vice-roi de So-fan et inspecteur du palais, à qui l'em- « pereur a fait présent d'une robe de religieux d'une « couleur bleu clair, est un homme de mœurs douces « et d'un esprit porté à faire toute sorte de bien. Aus- « sitôt qu'il eut reçu dans son cœur la véritable doctrine, « il la mit sans cesse en usage. Il est venu à la Chine « d'un pays lointain ; il surpasse en industrie tous ceux « qui ont fleuri sous les trois premières dynasties ; il a « une très-parfaite intelligence des sciences et des arts. « Au commencement, lorsqu'il travaillait à la cour, il « rendit d'excellents services à l'État, et s'acquit une « très-haute estime auprès de l'empereur.

« Cette pierre, conclut l'inscription, a été établie et « dressée la seconde année du règne de Taï-tsoung « (l'an 781 de J.-C.). En ce temps-là, le prêtre Niu- « chou, seigneur de la loi, c'est-à-dire pontife de la « religion, gouvernait la multitude des chrétiens dans

« la contrée orientale. Liou-siou-yen, conseiller du pa-
« lais et auparavant membre du conseil de guerre, a
« écrit cette inscription. »

Ce monument précieux, dont Voltaire a eu la témérité, ou, pour mieux dire, la mauvaise foi, de contester l'authenticité, parle encore d'un personnage célèbre en Chine nommé *Kouo-tze-y*. Il fut l'homme le plus illustre de la dynastie des Tang, et dans la paix et dans la guerre. Plusieurs fois il remit sur le trône les empereurs chassés par des étrangers et des rebelles. Il vécut quatre-vingt-quatre ans, et mourut en 781, l'année même où ce monument fut érigé. Son nom est resté populaire en Chine jusqu'à présent. Il est souvent le héros des pièces que l'on joue sur le théâtre, et nous-mêmes nous avons souvent entendu son nom prononcé avec respect et admiration dans des réunions de mandarins. Tout porte à croire que ce grand homme était chrétien ; voici, du reste, de quelle manière en parle le monument de Si-ngan-fou.

« Kouo-tze-y, premier président de la cour ministé-
« rielle et roi de la ville de Fen-yen, était, au commen-
« cement, généralissime des armées de So-fan, c'est-à-
« dire dans les contrées septentrionales. L'empereur
« Sou-tsoung se l'associa pour compagnon d'une longue
« marche ; mais, quoique, par une faveur singulière, il
« fût admis familièrement dans la chambre de l'empe-
« reur, il n'était pas plus à ses propres yeux que s'il
« n'eût été qu'un simple soldat. Il était les ongles et les
« dents de l'empire, les oreilles et les yeux de l'armée ;
« il distribuait sa solde et les présents que lui faisait
« l'empereur, et n'accumulait rien dans sa maison. Ou

« il conservait les vieilles églises dans leur ancien état, « ou bien il augmentait leur bâtiment ; il élevait à une « plus grande hauteur leur toit et leurs portiques, et les « embellissait de façon que ces édifices étaient sem- « blables à des faisans qui déploient leurs ailes pour « voler. Outre cela, il servait de toute manière la religion « chrétienne ; il était assidu aux exercices de charité et « prodigue dans la distribution des aumônes. Tous les « ans il rassemblait les prêtres et les chrétiens des « quatre églises ; il leur servait, avec ardeur, des mets « convenables, et continuait ces libéralités pendant cin- « quante jours de suite. Ceux qui avaient faim venaient, « et il les nourrissait ; ceux qui avaient froid venaient, « et il les revêtait. Il soignait les malades et les ranimait ; « il enterrait les morts et les mettait en paix. On n'a pas « ouï dire, jusqu'à présent, qu'une vertu si éclatante ait « brillé dans les Tha-so même, ces hommes qui s'adon- « nent si religieusement à rendre de bons offices. »

La vie entière de Kouo-tze-y est admirable, et offre des détails du plus grand intérêt. Nous regrettons que les limites que nous avons dû nous prescrire ne nous permettent pas de donner ici la biographie de cet illustre chrétien chinois du huitième siècle. Nous ne pouvons résister pourtant au désir de citer le magnifique éloge qu'en a fait un historien chinois : « Ce grand homme, « dit-il, mourut à la quatre-vingt-cinquième année de « son âge. Il fut protégé du ciel à cause de ses vertus ; « il fut aimé des hommes, à cause de ses belles qualités ; « il fut craint au dehors par les ennemis de l'État, à « cause de sa valeur ; il fut respecté au dedans par tous « les sujets de l'empire, à cause de son intégrité incor-

« ruptible, de sa justice et de sa douceur ; il fut le sou-
« tien, le conseil et l'âme de ses souverains ; il fut com-
« blé de richesses et d'honneurs pendant le cours de sa
« longue vie ; il fut universellement regretté à sa mort,
« et laissa après lui une postérité nombreuse, qui fut
« héritière de sa gloire et de ses mérites, comme elle
« hérita de ses richesses et de son nom. Tout l'empire
« porta le deuil de sa mort, et ce deuil fut le même que
« celui que les enfants portent après la mort de ceux dont
« ils ont reçu la vie ; il dura trois années entières. »

Nul doute donc que la religion chrétienne ne fût florissante en Chine au huitième siècle, puisqu'elle contenait dans son sein des hommes tels que Kouo-tze-y. Il est probable, toutefois, que les fidèles durent avoir de fréquentes luttes à soutenir contre les bonzes et aussi contre les nestoriens qui, à cette époque, se répandaient en grand nombre dans les contrées de la haute Asie. On sait que, vers le commencement du neuvième siècle, Timothée, patriarche des nestoriens, envoya des moines prêcher l'Évangile chez les Tartares Hioung-nou, qui s'étaient réfugiés sur les bords de la mer Caspienne ; plus tard ils pénétrèrent dans l'Asie centrale, et jusqu'en Chine. Dans la suite, le flambeau de la foi dut, sans doute, pâlir, sinon s'éteindre dans ces lointains pays ; mais il se ranima et jeta encore de brillantes splendeurs dans le treizième et le quatorzième siècle, époque où les communications entre l'Orient et l'Occident devinrent plus fréquentes à cause des croisades et des invasions des Tartares, événements gigantesques qui eurent pour résultat de réunir et de mêler ensemble tous les peuples de la terre.

L'Église ne manqua pas de profiter de ces grands bouleversements pour travailler à son œuvre pacifique et sainte de la propagation de la foi. Du temps de Tchinggis-khan et de ses successeurs, des missionnaires furent envoyés en Tartarie et en Chine. Ils portaient avec eux des ornements d'église, des autels, des reliques « pour veoir, dit Joinville, se ils pourroient attraire « ces gens à notre créance. » Ils célébrèrent les cérémonies de la religion devant les princes tartares ; ceux-ci leur donnèrent asile dans leurs tentes, et permirent qu'on élevât des chapelles jusque dans l'enceinte de leur palais. Deux d'entre eux, Plan-Carpin et Rubruk, nous ont laissé des relations curieuses de leurs voyages. Plan-Carpin, envoyé, en 1246, vers le grand Khan des Tartares par le pape Innocent IV, traversa le Tanaïs et le Volga, passa au nord de la mer Caspienne, suivit les limites septentrionales des régions qui occupent le centre de l'Asie et se dirigea vers le pays des Mongols, où un petit-fils de Tchinggis-khan venait d'être proclamé souverain. Vers le même temps, le moine Rubruk, chargé par saint Louis d'une mission auprès des Tartares occidentaux, suivit à peu près la même route. A Khara-Khoroum, capitale des Mongols, il vit, non loin du palais du souverain, un édifice sur lequel était une petite croix. « Alors, dit-il, je fus au comble de la joie, et « supposant qu'il y avait là quelque chrétienté, j'entrai « avec confiance, et je trouvai un autel orné magnifi- « quement. On voyait, sur des étoffes brodées d'or, les « images du Sauveur, de la sainte Vierge, de saint Jean- « Baptiste, et de deux anges dont le corps et les vête- « ments étaient enrichis de pierres précieuses. Il y avait

« une grande croix en argent, ayant des perles au centre « et aux angles, plusieurs ornements, une lampe à huit « jets de lumière brûlant devant l'autel. Dans le sanc- « tuaire était assis un moine arménien, au teint basané, « maigre, revêtu d'une grossière tunique qui lui allait à « moitié jambes. Il portait par-dessus un manteau noir « fourré de soie, et attaché sous le cilice par des agrafes « de fer (1). » Rubruk raconte qu'il y avait dans ces contrées un grand nombre de nestoriens et de Grecs catholiques qui célébraient les fêtes chrétiennes en toute liberté. Des princes, des empereurs même, reçurent le baptême, et protégèrent les propagateurs de la foi.

Au commencement du quatorzième siècle, le pape Clément V (2) érigea à Péking un archevêché en faveur de Jean de Montcorvin, missionnaire français, qui évangélisa ces contrées pendant quarante-deux ans, et laissa en mourant une chrétienté très-florissante. Un archevêché à Péking avec quatre suffragants dans les contrées environnantes, voilà une preuve incontestable qu'il y avait, à cette époque, en Chine, un grand nombre de chrétiens.

(1) « Tunc gavisus sum multum supponens quod ibi esset aliquid « christianitatis; ingressus confidenter, inveni altare paratum vere pul- « chre. Erat enim in panno aureo brosdate ymago Salvatoris, et beate « Virginis, et Johannis Baptiste, et duorum angelorum, lineamentis cor- « poris et vestimentorum distinctis margaritis, crux magna argentea « habens gemmas in angulis et in medio sui, et alia philateria multa « et lucerna cum oleo ardens ante altare, habens octo lumina ; et sede- « bat ibi unus monachus Armenus, nigellus, macilentus, indutus tunica « asperrima usque medias tibias, habens desuper pallium nigrum de « seta furratum, vario ligatus ferro sub cilicio. (*Recueil de voyages et « de mémoires* publié par la Société de géographie, t. IV, p. 301.)

(2) On voit dans la cathédrale d'Avignon le tombeau de ce pape célèbre.

On ignore ce qui advint durant le quinzième siècle. Les communications furent interrompues, et peu à peu on perdit complétement de vue ce Cathay et ce Zipangri (1), dont les merveilles avaient tant préoccupé l'imagination des Occidentaux au temps où parurent les curieuses relations du noble vénitien Marco-Polo. On alla même jusqu'à douter de l'existence de ces fameux empires ; et il fut convenu de considérer comme des fables tout ce qu'en avait raconté ce célèbre voyageur qui, cependant, on est forcé de lui rendre aujourd'hui cette justice, a toujours été, dans ses récits. d'une admirable et naïve sincérité.

Il fallait donc faire, de nouveau, la découverte de la Chine. Cette gloire appartient aux Portugais. Ces hardis navigateurs, s'étant élancés vers le sud, atteignirent le cap des Tempêtes, le doublèrent, et parvinrent aux Indes par une route qu'aucun navire n'avait jusque-là pratiquée. En 1517, le vice-roi de Goa expédia à Canton huit vaisseaux sous le commandement de Fernand d'Andrada, qui reçut le titre d'ambassadeur. D'Andrada, d'un caractère doux et liant, sut gagner l'amitié du vice-roi de Canton, fit avec lui un traité de commerce avantageux, et commença ainsi à mettre la Chine en relation avec l'Europe.

Plus tard les Portugais rendirent aux Chinois un service signalé en capturant un fameux pirate qui, depuis longtemps, désolait les côtes. L'empereur, en reconnaissance de ce service, permit aux Portugais de s'établir sur une presqu'île formée par quelques rochers stériles.

(1) La Chine et le Japon.

Sur cet emplacement s'est élevée la ville de Macao, longtemps seul entrepôt du commerce des Européens avec le Céleste Empire. Aujourd'hui Macao n'est guère plus qu'un souvenir; l'établissement anglais de Hong-kong lui a donné le coup mortel ; il ne lui reste de son antique prospérité que de belles maisons sans locataires, et dans quelques années, peut-être, les navires européens, en passant devant la presqu'île où fut cette fière et riche colonie portugaise, ne verront plus qu'un rocher nu, désolé, tristement battu par les vagues, et où le pêcheur chinois viendra faire sécher ses noirs filets. Cependant les missionnaires aimeront encore à visiter ses ruines, car le nom de Macao sera toujours célèbre dans l'histoire de la propagation de la foi ; c'est là que, durant plusieurs siècles, se sont formés, comme dans un cénacle, ces apôtres nombreux qui s'en allaient ensuite évangéliser la Chine, le Japon, la Tartarie, la Corée, la Cochinchine et le Tonquin.

Pendant que les Portugais travaillaient à développer l'importance de leur colonie de Macao, saint François-Xavier prêchait au Japon, où les marchands chinois de Ning-po se rendaient annuellemeut avec leurs grandes jonques de commerce. C'est d'eux apparemment qu'il apprenait ces particularités de la Chine qu'il écrivait en Europe sur la fin de sa vie. Ayant formé le projet de porter la foi dans ce vaste empire, il s'embarqua, et déjà il allait mettre le pied sur cette terre après laquelle il avait tant soupiré, lorsque la mort l'arrêta à Sancian, petite île peu éloignée des côtes de la Chine. Cependant d'autres hommes apostoliques recueillirent sa pensée, et, héritiers de son zèle pour la gloire de Dieu, s'élancèrent sur la route qu'il leur avait indiquée. Le premier et le plus célèbre fut le P. Matthieu Ricci, qui entra en Chine vers la fin du seizième siècle. Ce pays où les idées religieuses, il faut en convenir, ne jettent que difficilement de profondes racines, avait laissé entièrement périr les semences de la foi chrétienne qu'il avait reçues dès les premiers temps, et surtout au moyen âge. A part l'inscription retrouvée à Si-ngan-fou, et dont nous avons parlé plus haut, il n'y avait aucune trace du passage des anciens missionnaires et de leurs prédications. Il ne s'était pas même conservé dans les traditions du pays le plus léger souvenir de la religion de Jésus-Christ. Triste peuple que celui sur l'esprit duquel les vérités chrétiennes ne font que glisser !

Tout était donc à recommencer ; mais le P. Ricci avait tout ce qu'il fallait pour cette grande et difficile entreprise. « Le zèle courageux, infatigable, mais sage, « patient, circonspect, lent pour être plus efficace, et ti- « mide pour oser davantage, devait être le caractère de « celui que Dieu avait destiné à être l'apôtre d'une na- « tion délicate, soupçonneuse et naturellement ennemie « de tout ce qui ne naît pas dans son pays. Il fallait ce « cœur vraiment magnanime, pour recommencer tant « de fois un ouvrage si souvent ruiné, et savoir pro- « fiter des moindres ressources. Il fallait ce génie supé- « rieur, ce rare et profond savoir, pour se rendre res- « pectable à des gens accoutumés à ne respecter qu'eux, « et enseigner une loi nouvelle à ceux qui n'avaient pas « cru jusque-là que personne pût leur rien apprendre ; « mais il fallait aussi une humilité et une modestie pa- « reille à la sienne pour adoucir à ce peuple superbe le

« joug de cette supériorité d'esprit auquel on ne se soumet « volontiers que quand on le reçoit sans s'en apercevoir. « Il fallait enfin une aussi grande vertu et une aussi con- « tinuelle union avec Dieu que celle de l'homme apos- « tolique, pour se rendre supportables à soi-même, par « l'onction de l'esprit intérieur, les travaux d'une vie « aussi pénible, aussi pleine de dangers que celle qu'il « avait menée depuis qu'il était en Chine, où l'on peut « dire que le plus long martyre lui aurait épargné bien « des souffrances (1). »

Après plus de vingt ans de travaux et de patience, le P. Ricci n'avait guère recueilli que des persécutions cruelles ou des applaudissements stériles. Mais, quand il eut été reçu favorablement à la cour, les conversions furent nombreuses, et l'on vit s'élever sur plusieurs points des églises catholiques. Le P. Ricci mourut en 1610, à l'âge de cinquante-huit ans. Il eut la consolation de laisser la mission, devenue enfin florissante, à des missionnaires animés de son zèle, et qui, appelant comme lui au secours de leurs prédications les arts et les sciences, continuèrent à piquer la curiosité des Chinois et à se les rendre favorables. Les plus illustres d'entre eux furent les PP. Adam Schals et Verbiest. C'est à ce dernier que les Français sont redevables de leur entrée en Chine ; c'est lui qui les fit venir à Péking, qui disposa l'empereur à les recevoir et à les traiter avec distinction. Ce fut seulement vers la fin de l'année 1684 qu'on songea, en France, à envoyer des missionnaires à la Chine. On travaillait alors, par ordre du roi, à réformer la géo-

(1) Préface des *Lettres édifiantes*, t. III, p. 5.

graphie ; l'Académie royale des sciences était chargée de ce soin. Elle avait envoyé des membres de son illustre corps dans tous les ports de l'Océan et de la Méditerranée, en Angleterre, en Danemark, en Afrique et en Amérique, pour y faire les observations nécessaires. On était plus embarrassé sur le choix des sujets qu'on enverrait aux Indes et à la Chine. Des académiciens couraient risque de n'être pas bien reçus dans ces pays et de donner de l'ombrage. On songea dès lors aux jésuites. Colbert eut une entrevue avec le P. de Fontaney et M. Cassini. La mort du grand Colbert fit échouer pendant quelque temps ce projet, qui fut repris ensuite par son successeur, M. le marquis de Louvois. Six missionnaires, les PP. de Fontaney, Tachard, Gerbillon, Le Comte, de Visdelou et Bouvet s'embarquèrent à Brest, le 3 mars 1685, après avoir été reçus membres de l'Académie des sciences, et abordèrent à Ning-po, le 24 juillet 1687. De là, ils se rendirent à Péking, où ils eurent bientôt conquis l'estime et l'admiration des grands et du peuple par leurs vertus, leur science et leur zèle apostolique. Ils entrèrent si avant dans les bonnes grâces de l'empereur, qu'il leur fit donner une maison dans l'enceinte même de la ville Jaune et tout près de son propre palais, afin de pouvoir s'entretenir avec eux plus commodément. Peu de temps après, il leur assigna, à côté de leur maison, un vaste emplacement pour construire une grande église. Il contribua aux frais de son érection avec beaucoup de générosité, et, afin de donner aux missionnaires français une preuve éclatante de son dévouement, il voulut lui-même composer l'inscription chinoise en l'honneur du vrai Dieu, qui devait être placée sur le frontispice de la nouvelle église.

L'empereur Khang-hi s'était déclaré hautement le protecteur de la religion chrétienne. A son exemple, les princes et les grands dignitaires se montrèrent favorables, et le nombre des néophytes augmenta considérablement, non-seulement dans la capitale, mais encore dans toute l'étendue de l'empire. Les missionnaires répandus dans les provinces, mettant à profit les bonnes dispositions du chef de l'État, redoublèrent d'ardeur dans la prédication de l'Évangile, et on vit en peu de temps s'élever de toutes parts des églises, des chapelles, des oratoires, et se former de florissantes chrétientés. Les Chinois n'avaient plus peur d'encourir la disgrâce et les persécutions des mandarins en se faisant baptiser. Les chrétiens pouvaient se montrer fiers de leur religion et marcher le front haut ; ils le firent peut-être un peu trop. C'est le propre des caractères faibles et pusillanimes dans les temps d'épreuve, de se montrer arrogants au milieu de la prospérité. Il était à craindre que ces succès, basés en partie sur la faveur impériale, ne fussent pas de longue durée : c'est ce qui arriva.

Les déplorables discussions des missionnaires au sujet des rites pratiqués en l'honneur de Confucius et des ancêtres refroidirent beaucoup le bon vouloir de l'empereur Khang-hi et excitèrent même plusieurs fois sa colère. A sa mort, il y eut une réaction violente ; son successeur, Young-tching, déchaîna les haines et les jalousies qui s'étaient amassées contre les chrétiens sous le règne précédent. Le célèbre P. Gaubil (1) arrivait en

(1) Le P. Gaubil, né à Gaillac (Tarn), est le plus illustre des savants missionnaires qui, à cette époque, évangélisèrent la Chine.

Chine dans ces malheureux temps, et voici ce qu'il écrivait, en 1722, à monseigneur de Nesmond, archevêque de Toulouse : « Il n'y a que peu de mois que je suis ar-« rivé à la Chine, et, en y arrivant, j'ai été infiniment « touché de voir le triste état où se trouve une mission « qui donnait, il n'y a pas longtemps, de si belles espé-« rances. Des églises ruinées, des chrétientés dispersées, « des missionnaires exilés et confinés à Canton, premier « port de la Chine, sans qu'il leur soit permis de péné-« trer plus avant dans l'empire, enfin, la religion sur le « point d'être proscrite ; voilà, Monseigneur, les tristes « objets qui se sont présentés à mes yeux à mon entrée « dans un empire où l'on trouvait de si favorables dis-« positions à se soumettre à l'Évangile. »

Les tristes prévisions du P. Gaubil ne tardèrent pas à se réaliser. Deux ans plus tard, le P. de Mailla, écrivant en France à un de ses confrères, lui disait : « Comment « vous écrire, dans l'accablement où nous sommes, et le « moyen de vous faire le détail des tristes scènes qui se « sont passées sous nos yeux ? Ce que nous appréhendions « depuis plusieurs années, ce que nous avions tant de fois « prédit, vient enfin d'arriver : notre sainte religion est « entièrement proscrite à la Chine ; tous les mission-« naires, à la réserve de ceux qui étaient à Péking (1), « sont chassés de l'empire ; les églises sont ou démolies, « ou destinées à des usages profanes ; des édits se pu-« blient où, sous des peines rigoureuses, on ordonne « aux chrétiens de renoncer à la foi et où l'on défend aux

(1) Les missionnaires auxquels il fut permis de rester à Péking appartenaient au bureau des mathématiques, ou étaient employés à la cour à titre d'artistes et de savants.

« autres de l'embrasser. Tel est le déplorable état où « se trouve réduite une mission qui, depuis près de « deux cents ans, nous a coûté tant de sueurs et de « travaux. »

Ainsi cette prospérité, qui était venue avec la protection d'un empereur, disparut au premier mot de persécution de son successeur. L'Église de Chine eut, sans doute, à enregistrer dans ses fastes de grands et beaux exemples de constance dans la foi ; mais de nombreuses et lamentables défections prouvèrent aussi que le christianisme n'avait pas jeté sur cette terre des racines plus profondes qu'aux siècles passés, et que les Chinois, d'ailleurs si tenaces, si inébranlables dans leurs anciens usages, avaient bien peu d'énergie et de fermeté en matière de religion.

A Young-tching, prince hostile au christianisme, succéda Kien-long, dont le règne long et brillant rappelle celui de Khang-hi. Les missionnaires reprirent du crédit à la cour, et l'œuvre de la propagation de l'Évangile se continua au milieu de perpétuelles vicissitudes, quelquefois tolérée, rarement protégée ouvertement, et souvent persécutée à outrance, surtout dans les provinces. Cependant le nombre des chrétiens augmentait toujours insensiblement, lorsque la suppression des ordres religieux et les commotions politiques en Europe, non-seulement arrêtèrent le développement des missions, mais firent craindre de voir le flambeau de la religion s'éteindre encore une fois dans l'extrême Orient. La mort enleva les anciens missionnaires, qui ne furent pas remplacés; et les chrétiens, presque abandonnés à eux-mêmes, montrèrent une grande faiblesse, quand éclatèrent les persécutions de Kia-king, successeur de Kien-long au trône impérial. Durant cette malheureuse période, des chrétientés entières disparurent complétement. Nous avons visité dans quelques provinces un grand nombre de villes qui possédaient autrefois plusieurs églises, et où il nous a été impossible de découvrir un seul chrétien. Dans les campagnes, les familles pauvres ont persévéré avec plus de fidélité, parce que les mandarins ne trouvèrent pas chez elles de quoi tenter leur cupidité ; déshéritées, d'ailleurs, des biens de ce monde, elles comprenaient mieux la nécessité de travailler avec persévérance à l'acquisition de ceux de la vie future.

La Chine a eu beau tromper souvent les espérances de l'Église, l'Église ne se rebute, ne se décourage jamais. Aussitôt que les circonstances ont paru moins défavorables, les ouvriers évangéliques se sont présentés animés de non moins de zèle et de dévouement que leurs prédécesseurs. Ils ont traversé les mers et se sont répandus sur cette terre ravagée par tant d'orages, recherchant avec sollicitude les germes de foi qui n'avaient pas péri, les cultivant avec prédilection, les arrosant de leurs larmes et répandant partout dans leurs courses apostoliques une semence nouvelle. Leur premier soin a été de réunir les chrétiens dispersés, de les retremper dans la pratique de leurs devoirs, et de ramener à Dieu et à la foi les familles qui avaient eu la faiblesse de succomber dans les persécutions. Depuis trente ans, le nombre des missionnaires augmentant toujours, la plupart des anciennes chrétientés ont pu s'organiser de nouveau, et ranimer dans leur sein le feu près de s'éteindre ; de nouvelles se sont formées peu à peu et en silence, pour remplacer celles qui avaient disparu dans la tempête. La grande et belle association de l'œuvre de la propagation de la foi, inspirée de Dieu à une pauvre femme de Lyon, est venue soutenir et développer ces premiers succès ; le Saint-Siége a érigé les dix-huit provinces de Chine en autant de vicariats apostoliques où les prêtres des missions étrangères, les jésuites, les dominicains, les franciscains et les lazaristes travaillent, sans relâche, à l'agrandissement du royaume de Dieu. Chaque vicariat possède, avec un grand nombre d'écoles pour l'éducation des garçons et des filles, un séminaire où l'on s'applique à organiser un clergé indigène, en formant de jeunes Chinois aux vertus et aux sciences ecclésiastiques ; de toute part des associations pieuses ont pris naissance, dans le but de procurer le baptême aux enfants moribonds ou de recueillir ceux qui sont abandonnés ; on institue des crèches et des asiles, sur les modèles des œuvres que la charité sait si bien faire prospérer en France.

Aujourd'hui la propagation de l'Évangile en Chine ne se pratique plus comme autrefois. Les missionnaires ne sont plus à la cour, entourés de la protection de l'empereur et des grands, allant et venant avec le cérémonial des mandarins et offrant aux yeux du peuple tous les prestiges d'une puissance reconnue par l'État. Ils sont proscrits dans toute l'étendue de l'empire ; ils y entrent en secret, avec toutes les précautions que peut suggérer la prudence, et ils sont forcés d'y résider en cachette, pour se mettre à l'abri de la surveillance et des recherches des magistrats. Ils doivent même éviter avec soin de se produire aux yeux des infidèles, de peur d'exciter des soupçons, de donner l'éveil aux autorités et de compromettre leur ministère, la sécurité des chrétiens et l'avenir des missions. On comprend que, avec ces entraves rigoureusement imposées par la prudence, il est impossible au missionnaire d'agir directement sur les populations et de donner un libre essor à son zèle. Non-seulement il lui est interdit d'annoncer en public la parole de Dieu, mais il y aurait souvent témérité de sa part à vouloir parler de religion, même en particulier, avec un infidèle dont il ne serait pas sûr par avance. Ainsi le missionnaire doit circonscrire et borner son zèle dans l'exercice du saint ministère. Aller d'une chrétienté à l'autre, instruire et exhorter les néophytes, administrer les sacrements, célébrer en secret les fêtes de la sainte Église, visiter les écoles et encourager le maître et les élèves : voilà le cercle où il est forcé de se renfermer. Dans toutes les chrétientés il y a des chefs désignés par le nom de catéchistes et qui sont choisis parmi les plus réguliers, les plus instruits et les plus influents de la localité. Ils sont chargés d'instruire les ignorants, de catéchiser et de présider à la prière en l'absence du missionnaire. Ce sont ceux-là qui, en général, ont une action directe sur les infidèles, les instruisant des vérités de la religion et les exhortant à renoncer aux superstitions du bouddhisme. Il est fâcheux que leur zèle pour la conversion de leurs frères ne soit pas plus ardent, et qu'on soit obligé de le ranimer à chaque instant par des encouragements de tout genre.

Telle est la méthode suivie généralement en Chine

pour y propager l'Évangile. On comprend que les résultats doivent laisser beaucoup à désirer. Il se fait bien par-ci par-là quelques conversions, le nombre des chrétiens augmente, mais si lentement, et avec tant de difficultés, qu'on ne sait vraiment que penser de l'avenir de la religion dans ces contrées. On compte à peu près actuellement huit cent mille chrétiens dans tout l'empire chinois; qu'est-ce qu'un tel chiffre sur plus de trois cents millions d'habitants? Ce succès est bien peu consolant, quand on réfléchit qu'il a fallu, pour l'obtenir, plusieurs siècles de prédication et les efforts incessants de nombreux missionnaires.

Il est naturel qu'on se demande à quoi peut tenir cette désolante stérilité. D'abord il est incontestable que, le gouvernement s'opposant à la propagation du christianisme dans l'empire, les Chinois, avec leur caractère timide et pusillanime, n'oseront pas braver les défenses des mandarins, affronter les persécutions, et s'écrier avec une sainte liberté : « Il vaut mieux obéir à Dieu qu'aux hommes! » Ils se retrancheront dans la prohibition de l'empereur, et tout sera dit. Mais ne pourrait-on pas amener l'empereur à proclamer franchement la liberté religieuse? Nous ne le pensons pas. Ce n'est pas que le gouvernement chinois soit, de sa nature, intolérant et persécuteur; il ne l'est pas le moins du monde. En matière de religion, il est d'une indifférence complète; quoiqu'il admette, pour les fonctionnaires publics, un culte officiel qui se borne à quelques cérémonies extérieures, il est profondément sceptique, et laisse le peuple parfaitement libre d'avoir les idées religieuses qu'il lui plaira; il l'invite même, de temps en temps, à ne croire à aucune religion. L'empereur Tao-kouang, quelque temps avant son avénement au trône, adressa au peuple une proclamation dans laquelle il passait en revue toutes les religions connues dans l'empire, y compris même le christianisme, et finit par conclure que toutes étaient fausses et que l'on ferait bien de les mépriser toutes indistinctement.

Ainsi un Chinois peut être, à sa fantaisie, disciple de Bouddha, de Confucius, de Lao-tze ou de Mahomet, sans que les tribunaux s'en mêlent; on prohibe seulement, et on poursuit avec sévérité certaines sectes qui ne sont autre chose que des sociétés secrètes, organisées pour le renversement de la dynastie actuelle. Malheureusement la religion chrétienne se trouve placée dans cette catégorie, et il nous semble très-difficile de ramener le gouvernement à des idées plus saines et plus justes. Voyant le christianisme apporté en Chine et propagé par les Européens, il s'est persuadé que c'était un moyen de se faire des partisans, afin de pouvoir, à un temps donné, s'emparer de l'empire avec plus de facilité. Plus les Européens montrent de zèle pour la conversion des Chinois et de sympathie pour les chrétiens, plus le gouvernement se confirme dans ses craintes, se pénètre de soupçons et de défiances. La soumission et l'attachement des néophytes pour les missionnaires viennent encore fortifier ses terreurs chimériques; nous disons chimériques parce que nous savons très-bien, nous, que les missionnaires ne quittent pas leur patrie pour s'en aller au bout du monde user leur vie au renversement d'une dynastie mantchoue. Mais le gouvernement de Péking ne voit pas cela aussi clairement; lui, sceptique, et ne comptant pour rien les intérêts religieux, comment comprendrait-il qu'on peut venir de si loin endurer tant de souffrances et de privations dans le but unique d'enseigner gratuitement à des inconnus des formules de prière et le moyen de sauver leur âme ? A ses yeux la chose serait trop ridicule ; un pareil désintéressement, il le regarde comme une niaiserie si grande et une si prodigieuse extravagance, que personne, pas même un Européen, n'en peut être capable. Les Chinois sont donc bien convaincus que, sous prétexte de religion, on machine un envahissement de l'empire et un renversement de la dynastie ; du reste, il faut convenir qu'ils ont sous les yeux des faits peu propres à les tirer de cette persuasion. Quoique très-attentifs à s'entourer de barrières, et à ne pas permettre aux étrangers de porter des regards indiscrets sur ce qui se passe chez eux, ils aiment assez à se tenir au courant des affaires de leurs voisins ; et que voient-ils autour d'eux ? les Européens maîtres partout où ils ont pénétré, et les naturels soumis à une domination souvent très-peu conforme aux lois de l'Évangile, de cette religion qu'on cherche tant à propager chez eux. Ainsi ils peuvent voir les Espagnols aux îles Philippines, les Hollandais à Java et à Sumatra, les Portugais à leur porte et les Anglais partout. Il n'y a peut-être que les Français dont ils n'aperçoivent pas les possessions, et ils seraient assez malins pour se figurer que nous cherchons à nous installer quelque part.

Ces idées, nous ne les prêtons pas gratuitement aux Chinois ; ils les ont réellement, et elles ne datent pas d'aujourd'hui. En 1724, lorsque l'empereur Young-tching, successeur de Khang-hi, proscrivit la religion chrétienne, trois des principaux jésuites qui étaient à la cour lui adressèrent un placet pour le supplier de revenir sur sa décision et de leur continuer la protection dont ils avaient joui jusqu'à ce jour. Voici ce qu'on trouve à ce sujet dans une lettre du P. de Mailla, datée de Péking : « L'empereur ordonna de faire venir les trois « pères, faveur à laquelle aucun de nous ne s'attendait. « Lorsqu'ils furent en sa présence, il leur fit un dis- « cours de plus d'un quart d'heure ; il parut qu'il l'avait « étudié, car il débita fort rapidement tout ce qui pou- « vait justifier sa conduite à notre égard, et il réfuta les « raisons contenues dans le placet. Voici, en détail, ce « que Sa Majesté leur dit :

« Le feu empereur, mon père, après m'avoir instruit « pendant quarante ans, m'a choisi, préférablement à « mes frères, pour lui succéder au trône. Je me fais un « point capital de l'imiter et de ne m'éloigner en rien « de sa manière de gouverner. Des Européens (1), dans « la province de Fo-kien, voulaient anéantir nos lois et « troublaient les peuples ; les grands de cette province « me les ont déférés, j'ai dû pourvoir au désordre ; c'est « une affaire de l'empire, j'en suis chargé, et je ne puis « ni ne dois agir maintenant comme je faisais lorsque je « n'étais que prince particulier.

« Vous dites que votre loi n'est pas une fausse loi, « je le crois ; si je pensais qu'elle fût fausse, qui m'em- « pêcherait de détruire vos églises et de vous chasser ? « Les fausses lois sont celles qui, sous prétexte de porter « à la vertu, soufflent l'esprit de révolte, comme fait la

(1) Dominicains espagnols établis dans la province de Fo-kien.

« loi des Pe-lien-kiao (1). Mais que diriez-vous, si j'en-« voyais une troupe de bonzes et de lamas dans votre « pays pour y prêcher leur loi ? comment les recevriez-« vous ?

« Li-ma-teou (c'est le nom chinois du P. Ricci) vint « à la Chine la première année de Ouan-ly (2). Je ne « toucherai point à ce que firent alors les Chinois, je « n'en suis pas chargé ; mais, en ce temps-là, vous « étiez en très-petit nombre, ce n'était presque rien ; « vous n'aviez pas de vos gens et des églises dans toutes « les provinces. Ce n'est que sous le règne de mon père « qu'on a élevé partout des églises, et que votre loi s'est « répandue avec rapidité ; nous le voyions et nous n'o-« sions rien dire ; mais, si vous avez su tromper mon « père, n'espérez pas me tromper de même.

« Vous voulez que tous les Chinois se fassent chré-« tiens ; votre loi le demande, je le sais bien ; mais, en « ce cas-là, que deviendrions-nous ? les sujets de vos « rois ? Les chrétiens que vous faites ne reconnaissent « que vous ; dans un temps de trouble, ils n'écouteraient « d'autre voix que la vôtre. Je sais bien qu'actuellement « il n'y a rien à craindre ; mais quand les vaisseaux « viendront par mille et dix mille, alors il pourrait y « avoir du désordre (3)..... »

D'après tout ce que nous avons pu remarquer durant notre long séjour en Chine, il est incontestable que les chrétiens sont considérés comme les créatures des gouvernements européens. Cette idée a pénétré si avant

(1) Secte du Nénuphar blanc.

(2) Avant-dernier empereur de la dynastie des Ming.

(3) *Lettres édifiantes*, t. III, p. 364.

dans l'esprit des Chinois, qu'il leur arrive quelquefois de la manifester avec une étrange naïveté. La religion chrétienne est désignée en Chine par le nom de *Tien-tchou-kiao*, c'est-à-dire religion du Seigneur du ciel, l'idée de Dieu étant exprimée par le mot *Tien-tchou*. Un jour nous parlions de religion avec un mandarin supérieur qui paraissait avoir une intelligence d'une assez haute portée. Il nous demanda ce que c'était que le Tien-tchou qu'adoraient les chrétiens, qu'ils invoquaient, et qui avait promis de les rendre riches et heureux d'une manière extraordinaire. — Mais, lui répondîmes-nous, vous êtes un lettré de premier ordre, un homme instruit et qui a lu les livres de notre religion ; nous sommes fort surpris que vous ne sachiez pas ce que c'est que le Tien-tchou des chrétiens. — Vous avez raison, nous dit-il, en portant la main au front, comme pour rappeler des souvenirs évanouis ; vous avez raison, j'avais oublié ce que c'est que le Tien-tchou. — Eh bien, qu'est-ce ? — Oh ! c'est bien connu, le Tien-tchou est l'empereur des Français..... Nous savons bien que tous les mandarins n'en sont pas là ; mais la conviction à peu près générale, c'est que la politique joue le plus grand rôle dans la propagation du christianisme en Chine, et il nous paraît très-difficile qu'on puisse changer, sur ce point, les idées du gouvernement, et l'amener à accorder aux Chinois une liberté religieuse qui leur serait cependant si nécessaire pour écouter favorablement la prédication de l'Évangile.

Les persécutions incessantes et de tout genre que le gouvernement suscite aux chrétiens sont évidemment un obstacle sérieux et grave à la conversion des Chinois ;

mais, selon nous, il n'est pas le plus grand : car, enfin, il y a eu un temps où la religion n'était pas en butte aux malveillances et aux colères de l'autorité. Sous le règne de l'empereur Kang-hi, les missionnaires étaient honorés et caressés de toute la cour ; l'empereur lui-même écrivait en faveur du christianisme ; il faisait élever des églises à ses frais, et les prédicateurs, munis d'une patente impériale, pouvaient parcourir librement l'empire d'un bout à l'autre, et exhorter tout le monde à se faire baptiser. Personne n'avait rien à craindre ; bien au contraire, on était sûr de trouver, au besoin, aide et protection auprès des missionnaires. Nul n'eût osé faire aux chrétiens la plus petite injure, le plus léger tort ; les mandarins eux-mêmes se croyaient obligés d'être, à leur égard, pleins de bienveillance et de circonspection. Malgré ces avantages si grandement appréciés des Chinois, a-t-on réussi à opérer parmi eux de ces conversions rapides, nombreuses et persévérantes, comme il y en eut tant en Europe quand l'Évangile y fut annoncé? Nullement, à part quelques précieuses et rares exceptions, on n'a rencontré, en général, que froideur et indifférence.

Et il n'est pas nécessaire de remonter si haut pour connaître ce que vaut le caractère chinois, lors même qu'il n'a rien à redouter des mandarins. Dans les cinq ports ouverts aux Européens, la liberté religieuse existe sérieusement ; elle y est protégée par la présence des consuls et des navires de guerre, et cependant le nombre des chrétiens n'augmente pas plus rapidement que dans l'intérieur de l'empire. On sait que Macao, Hong-Kong, Manille, Sincapour, Pinang, Batavia, sont des colonies sous la domination des Européens, où la grande masse de la population est toute composée de Chinois, qui, pour la plupart, y sont fixés pour toujours, car ils tiennent concentrés dans leurs mains tous les intérêts de l'agriculture, du commerce et de l'industrie. Ce n'est certes pas la crainte de s'attirer les persécutions des autorités européennes qui peut les empêcher d'embrasser le christianisme ; on ne voit pas cependant que les conversions y soient beaucoup plus nombreuses qu'ailleurs.

A Manille, colonie espagnole, le nombre des chrétiens chinois est assez considérable ; mais cela tient principalement à une loi, portée par le gouvernement espagnol des îles Philippines, et qui ne permet à un Chinois d'épouser une femme tagale (1) qu'autant qu'il aura embrassé auparavant la religion chrétienne. Quand les Chinois veulent donc se marier, ils reçoivent le baptême sans répugnance, et ils se feraient, avec la même facilité, mahométans ou méthodistes, si on l'exigeait. Aussi leur christianisme est-il bien superficiel ; et lorsque, après de longues années, il leur prend fantaisie de rentrer dans leur pays, ils plantent là leur femme et leur religion et s'en retournent comme ils étaient venus, c'est-à-dire sceptiques et ne prenant pas au sérieux les choses de l'âme et de l'éternité.

L'indifférentisme en matière de religion, mais un indifférentisme radical, profond, et dont il est impossible de se former une idée exacte lorsqu'on n'a pas eu occasion de l'étudier sur les lieux, voilà, selon nous, l'obstacle principal qui arrête la Chine depuis tant de temps

(1) Les Tagals sont les naturels aborigènes des îles Philippines, dont la capitale est Manille.

et s'oppose à sa conversion. Le Chinois est tellement enfoncé dans les intérêts temporels, dans les choses qui tombent sous les sens, que sa vie tout entière n'est que le matérialisme en action. Le lucre est le seul but vers lequel il a le regard incessamment tourné. Une soif brûlante de réaliser des profits, grands ou petits, peu importe, absorbe toutes ses facultés, toute son énergie. Il ne poursuit avec ardeur que les richesses et les jouissances matérielles. Les choses spirituelles, ayant rapport à l'âme, à Dieu, à une vie future, il ne les croit pas, ou plutôt il ne s'en occupe pas, il ne veut pas même s'en occuper. S'il lui arrive de lire des livres moraux ou religieux, c'est à titre de délassement, de distraction, pour s'amuser et passer le temps. C'est pour lui une occupation moins sérieuse que de fumer une pipe de tabac ou de déguster une tasse de thé. Si on lui expose les fondements de la foi, les principes du christianisme, l'importance du salut, la certitude d'une vie future, etc., toutes ces vérités qui impressionnent si fortement une âme tant soit peu religieuse, il les écoute ordinairement avec plaisir, parce que cela le divertit et pique sa curiosité. Il admet, il approuve tout ce qu'on lui dit ; il n'a pas la moindre difficulté, la plus petite objection. A son avis, tout cela est vrai, beau, magnifique ; il se pose bientôt lui-même en prédicateur, et le voilà qui parle à ravir contre les idoles et en faveur du christianisme. Il déplore l'aveuglement des hommes qui s'attachent aux biens périssables de ce monde, et il vous ferait, au besoin, une superbe allocution sur le bonheur de connaître le vrai Dieu, de le servir, et de mériter, par ce moyen, la vie éternelle. En l'écoutant, on le croirait bien près de la foi, déjà chrétien ; cependant, il n'a pas avancé d'un pas. Et il ne faudrait pas s'imaginer que ses paroles manquent d'une certaine sincérité ; ce qu'il dit, il le croit ; ou, du moins, ce n'est nullement opposé à ses convictions, qui consistent à ne pas trop prendre au sérieux les questions religieuses. Il en parle volontiers, mais comme d'une chose qui n'est pas faite pour lui, qui ne le regarde pas. Les Chinois poussent si loin l'indifférence, la fibre religieuse est si bien morte en eux, tellement desséchée, qu'ils ne s'inquiètent même pas si une doctrine est vraie ou fausse, bonne ou mauvaise. Une religion, c'est tout simplement une mode qu'on peut suivre quand on en a le goût.

Dans une des principales villes de la Chine nous fûmes en rapport, pendant quelque temps, avec un lettré qui nous paraissait avoir d'excellentes dispositions à embrasser le christianisme. Nous eûmes ensemble plusieurs conférences où nous étudiâmes avec soin les articles les plus difficiles et les plus importants de la doctrine ; la lecture des meilleurs livres chrétiens fut comme le complément des instructions orales. Notre cher catéchumène admettait, d'un bout à l'autre et sans restriction, tout ce qu'il avait étudié. La seule difficulté était, disait-il, d'apprendre de mémoire les prières que tout bon chrétien doit connaître, afin de les réciter matin et soir. Il aimait assez, en outre, à remettre à une époque indéterminée le moment où il se déclarerait définitivement chrétien. Toutes les fois qu'il venait nous voir, nous le pressions, nous lui adressions les exhortations les plus vives pour le décider à suivre enfin la vérité, puisqu'il la connaissait. — Plus tard, disait-il toujours ; allons tout doucement, il ne faut pas se presser, nous arrangerons tout cela plus tard... Un jour enfin il nous manifesta sa pensée tout entière. — Tenez, nous dit-il, je suis d'avis qu'aujourd'hui nous n'ayons que des paroles conformes à la raison. Il me semble qu'il n'est pas bon pour l'homme de s'abandonner à des préoccupations excessives. Sans doute la religion chrétienne est belle et élevée ; sa doctrine explique, avec méthode et clarté, tout ce qu'il importe à l'homme de savoir. Quiconque a le sens droit la comprend clairement et doit l'adopter dans son cœur en toute sincérité ; mais, après cela, faut-il se trop préoccuper et augmenter les sollicitudes de la vie ? Voyez, nous avons un corps ; que de soins ne demande-t-il pas ! Il faut le vêtir, le nourrir, le mettre à l'abri des injures de l'air ; ses infirmités sont grandes et ses maladies nombreuses ; il est reconnu que la santé est notre bien le plus précieux. Ce corps que nous voyons, que nous touchons, il faut donc le soigner tous les jours, à chaque instant du jour. Devons-nous encore, après cela, nous préoccuper d'une âme que nous ne voyons pas ?... La vie de l'homme est peu longue, et elle est pleine de misères ; elle est composée d'une série d'affaires difficiles et importantes, qui s'enchaînent les unes aux autres sans interruption. Notre esprit et notre cœur ne suffisent pas aux sollicitudes de la vie présente, est-il bon de se tourmenter encore d'une vie future ? — Docteur, lui répondîmes-nous, vous avez dit, en commençant, que nos discours seraient raisonnables ; mais prenez garde ; car il arrive souvent qu'on croit entendre la voix de la raison, et ce ne sont que les inspirations des préjugés et de l'habitude. Notre corps est rempli d'infirmités, dites-vous ; oui, parce qu'il est périssable, et c'est pour cela qu'il vaut mieux s'occuper de l'âme, qui est immortelle et qui existe réellement, quoique nous ne puissions la voir... La vie présente est un tissu de misères.... Oui, sans doute ; et voilà précisément pourquoi il est raisonnable de songer à cette vie future qui n'aura pas de fin. Dites-moi, que penseriez-vous d'un voyageur qui, se trouvant dans une hôtellerie délabrée, ouverte à tous les vents et dépourvue des choses nécessaires à la vie, chercherait à s'y arranger de son mieux, sans songer à faire ses préparatifs de départ pour retourner au sein de sa famille ? Ce voyageur serait-il sage et raisonnable ? — Non, non, dit le docteur, ce n'est pas comme cela qu'il faut voyager. L'homme, cependant, doit savoir se borner et ne pas vouloir trop embrasser ; la prudence le défend. Pourquoi s'occuper de deux vies à la fois ? Si le voyageur ne doit pas se fixer dans l'hôtellerie, il ne peut pas non plus marcher sur deux routes en même temps. Quand on veut traverser une rivière, il ne faut pas avoir deux barques, et mettre un pied sur chacune ; on risquerait de tomber dans l'eau et de se noyer... Il nous fut impossible de tirer autre chose de notre docteur, excellent homme d'ailleurs, mais profondément Chinois. Nous aurons encore occasion de parler plus d'une fois de cet indifférentisme, maladie invétérée et chronique de la nation chinoise.

Le lecteur a peut-être oublié que nous étions partis de Tching-tou-fou, et que nous avions reçu, à la porte de la ville, une lettre de monseigneur le vicaire apostolique de la province du Sse-tchouen. C'est cette lettre qui nous a fourni l'occasion de jeter un coup d'œil sur l'introduction, les nombreuses vicissitudes et l'état actuel du christianisme en Chine.

Durant la première heure de marche, nous remarquâmes le long de la route cette activité et cet empressement qu'on rencontre toujours aux environs des grandes villes, et surtout en Chine, où le trafic tient tout le monde dans un mouvement perpétuel. Les piétons, les cavaliers, les portefaix, tous s'en allaient pêle-mêle et soulevant d'épais nuages de poussière, qui s'engouffraient dans nos palanquins et menaçaient de nous y suffoquer. A mesure que nous avancions, tous ces voyageurs effarés étaient obligés de ralentir leur marche, de s'écarter sur les bords du chemin et de s'arrêter enfin pour nous laisser passer. Les cavaliers descendaient de cheval, et ceux qui portaient de larges chapeaux de paille étaient tenus de se décoiffer. Les voyageurs qui ne se hâtaient pas de donner aux illustres diables de l'Occident ces témoignages de respect y étaient gracieusement invités à coups de bambou, par deux espèces de coupe-jarrets chargés de faire exécuter les rites, et qui s'acquittaient de leur fonction avec une ardeur nonpareille. Si l'on remplissait son devoir avec ponctualité, ils en paraissaient contrariés ; ils s'en allaient d'un air maussade, la tête baissée et regardant tristement leur latte de bambou oisive entre leurs mains.

Il est d'usage, en Chine, que le peuple témoigne sa vénération aux magistrats, lorsqu'ils paraissent dans les rues des villes ou sur les chemins avec les insignes de leur dignité. Personne ne doit se tenir assis ; ceux qui vont en palanquin sont tenus de s'arrêter, les cavaliers descendent de cheval, ceux qui portent des chapeaux de paille à larges bords se décoiffent ; tout le monde doit garder le silence et prendre une attitude respectueuse et filiale, en présence de celui qu'ils nomment leur *Père et Mère*, et qui passe fièrement devant eux, en leur jetant à travers les portières de son palanquin un regard oblique et dédaigneux. Ceux qui, par oubli ou négligence, manquent de se conformer aux exigences du cérémonial, sont immédiatement et brutalement rappelés à leur devoir par des satellites de mauvaise mine, mal peignés, à la figure blême et aux yeux courroucés, qui leur appliquent sans pitié des coups de fouet et de rotin, afin de leur inspirer les sentiments de la piété filiale. En général, le peuple se soumet de bonne grâce à toutes ces exigences, auxquelles il se trouve plié et façonné par une longue habitude, et dont il ne conteste nullement la légitimité et les avantages. Cependant il se rencontre de temps en temps des Chinois qui, se croyant injustement maltraités, se révoltent contre les satellites. Alors surgissent des querelles et des batailles auxquelles tout le monde veut prendre part ; on s'ameute, on vocifère, les curieux et les désintéressés prennent toujours parti en faveur du citoyen contre les agents de l'autorité. Les satellites deviennent bientôt humbles et tremblants ; on les pousse, on les harcelle, on les insulte, on les tire par la queue, et le mandarin doit enfin sortir de son palanquin et essayer d'apaiser cette petite sédition de hasard. S'il est aimé et estimé du peuple, la chose est facile ; on écoute ses exhortations et tout rentre dans l'ordre. Si, au contraire, on a des griefs contre lui, on profite instinctivement de cette heureuse circonstance pour lui donner une leçon. Le sarcasme et les injures se croisent sur sa tête; on le presse de toutes parts; le prestige de son omnipotence et de sa force ne tarde pas à s'évanouir, et ce peuple, ordinairement si respectueux et si soumis à l'égard de ses chefs, se laisse emporter aux excès les plus violents. Les palanquins sont mis en lambeaux, les gens de l'escorte prennent la fuite, et le pauvre mandarin, s'il peut sortir vivant de cet orage populaire, doit renoncer désormais aux fonctions publiques.

Le vice-roi Pao-hing, en déterminant les règles qu'on aurait à suivre durant notre voyage, avait ordonné qu'on nous fît rendre, le long de la route, les honneurs qui sont dus aux fonctionnaires de premier rang. A peine fûmes-nous partis, qu'il nous fut facile de nous apercevoir qu'on tenait énergiquement la main à l'exécution de ce qui avait été prescrit. Il nous en coûta beaucoup pour nous accoutumer à une telle manière de voyager. Ces allures de petits tyrans qui nous étaient imposées, ce peuple immobile et silencieux sur notre passage, tout cela froissait nos sentiments les plus intimes et nous faisait rougir de honte; nous souffrions surtout et nous entendions au fond de notre conscience comme les accents du remords, lorsque la brutalité de quelque satellite se déchaînait contre les voyageurs qui ne montraient pas assez d'empressement pour se décoiffer ou descendre de cheval. Cependant, malgré toutes nos répugnances, il nous fallut subir ces honneurs un peu sauvages, et que les habitants du Céleste Empire n'ont jamais eu l'habitude de prodiguer aux étrangers. Tout ce que nous pûmes faire, ce fut de prier le mandarin civil de recommander de notre part à ceux qui ouvraient la marche de ne pas maltraiter les voyageurs oublieux de l'observance des rites. La recommandation fut faite, mais elle eut un effet tout opposé à celui que nous attendions. Les satellites, voyant que leur zèle avait été remarqué, n'en frappaient que plus fort.

Après quatre heures de marche, nous arrivâmes à un koung-kouan (palais communal) où nous devions nous reposer un instant et prendre quelques rafraîchissements. Les gardiens du palais, revêtus de leurs riches habits de cérémonie, nous attendaient à l'entrée de la porte, dont le haut avait été orné de tentures en taffetas rouge. A notre arrivée on mit le feu à un paquet de pétards suspendu au bout d'un long bambou, et nous fûmes introduits dans la salle de réception au bruit de cette mousqueterie chinoise et au milieu des salutations les plus profondes, que nous nous efforcions de rendre avec usure. Sur une table brillamment vernissée en laque, on avait servi un magnifique dessert composé de pâtisseries et de fruits, parmi lesquels s'élevait une énorme pastèque, dont la peau noire et épaisse avait été burinée de dessins de fantaisie par un graveur chinois. A côté de la table était un guéridon, qui supportait une jarre de porcelaine antique remplie de limonade.

Ayant de nous mettre à table, nous vîmes un des gardiens du palais communal apporter une grande cuvette en cuivre jaune, pleine d'eau bouillante. Il y plongea quelques petites serviettes, et, après les avoir tordues pour en exprimer l'eau, il en présenta une à chacun de nous. On se sert de ce linge tout chaud et tout fumant pour s'essuyer les mains et la figure. Cet usage est universel dans toute la Chine ; on n'y manque jamais après les repas et quand on s'arrête quelque part pendant un voyage. Au commencement de notre séjour en Chine, nous avions quelque peine à nous faire à cette pratique. Lorsque nous allions visiter nos chrétiens et qu'on nous présentait, à notre arrivée, un linge bien tordu d'où s'échappait une vapeur brûlante, nous étions assez portés à nous dispenser de la cérémonie. Plus tard, nous nous y étions accoutumés, et nous avions fini par aimer cet usage.

La chaleur et la poussière nous avaient tellement altérés que nous ne manquâmes pas de faire honneur aux fruits chinois, et surtout à la limonade, qui était d'une fraîcheur exquise. Nous étions quelque peu surpris qu'on nous eût préparé de la limonade à la glace ; car cela n'est pas du tout conforme aux habitudes des Chinois ; quand ils sont dévorés par la soif, ils ne savent rien de plus rafraîchissant que d'avaler une tasse de thé bien bouillant. Comme nous exprimions notre étonnement de trouver une boisson si conforme à notre goût et aux usages de notre pays, les gardiens du palais communal nous informèrent que le vice-roi avait envoyé le long de la route, dans tous les endroits où nous devions nous arrêter, un bulletin qui prescrivait, dans les plus menus détails, la manière dont nous devions être traités. Nous demandâmes à voir ce bulletin et nous y lûmes, en effet, qu'il était ordonné à tous les gardiens de koung-kouan de nous préparer des fruits aqueux, des pastèques, de l'eau glaciale assaisonnée au suc de limon et au sucre, parce que, ajoute le bulletin, tels sont les usages des peuples qui vivent au delà des mers occidentales. Il faut convenir qu'on ne saurait être plus gracieux et plus aimable que le fut le vice-roi du Sse-tchouen. Quand il nous questionnait sur nos habitudes, nous ne pensions pas qu'il avait en vue de nous faire retrouver en Chine quelques-uns des agréments de notre patrie. Nous avons, en général, trouvé des sentiments plus nobles et plus élevés chez les Mantchous que chez les Chinois; toujours plus de générosité et moins de fourberie. Au moment où les Tartares-Mantchous sont sur le point d'être chassés de la Chine, et où on les attaque si violemment dans tous les écrits qui parlent de l'insurrection chinoise, nous croyons devoir leur rendre ce témoignage inspiré par la sincérité et la justice.

Après une courte halte au palais communal, nous nous remîmes en route, et nous arrivâmes un peu avant la nuit à Kien-tcheou, ville de second ordre. Nous n'étions encore qu'à notre premier jour de marche, et déjà nous avions trouvé l'occasion de nous fâcher contre notre conducteur, le mandarin Ting; nous eûmes bien garde de la laisser échapper. Chemin faisant, nous nous étions aperçus que les palanquins à notre usage n'étaient pas ceux qu'on nous avait montrés, avant notre départ, au tribunal du juge de paix, et qui étaient parfaitement à notre convenance. Maître Ting avait reçu l'argent nécessaire pour les acheter, mais il avait malheureusement succombé à la tentation d'en garder la moitié pour lui, et, avec le reste, de faire raccommoder et vernisser à neuf deux vieux palanquins étroits, disloqués, et si incommodes, que nous avions eu beaucoup à souffrir durant le peu de temps que nous y avions passé. Ce n'avait pas été assez pour maître Ting de spéculer sur les palanquins, il voulait gagner encore sur les porteurs. Selon qu'il avait été convenu, nos palanquins devaient être à quatre porteurs, et le rusé conducteur avait combiné les choses de manière à n'en mettre que trois seulement, deux devant et un derrière ; de cette façon il économisait à son profit le salaire de deux porteurs. Une pareille tricherie n'avait pas trop de quoi nous surprendre ; nous savions depuis longtemps que les Chinois ne sont pas de force à suivre invariablement la ligne droite, et qu'on est souvent forcé de les y ramener ; mais, dès le premier jour, commencer ainsi à aller tout de travers, ce n'était pas de bon augure.

Sur le soir, comme nous prenions le thé en commun, nous dîmes à notre conducteur que nous avions arrêté un projet pour le lendemain. — Oh ! je comprends, je devine, dit-il avec l'air satisfait d'un homme qui se croit une grande sagacité, vous n'aimez pas la chaleur, et vous désirez partir demain de bonne heure, afin de jouir de la fraîcheur du mâtin ; n'est-ce pas que c'est cela ? — Pas le moins du monde. Demain tu partiras seul et tu retourneras à Tching-tou-fou. — Est-ce que, par hasard, vous auriez oublié quelque chose d'important ? — Nous n'avons rien oublié. Tu retourneras, avons-nous dit, à Tching-tou-fou ; tu iras trouver le vice-roi et tu lui annonceras que nous ne voulons plus de toi. Nous prononçâmes ces paroles d'une manière si sérieuse, que maître Ting ne pouvait assurément avoir la pensée de les prendre pour une plaisanterie. Il se leva brusquement et se mit à nous contempler bouche béante, et d'un air stupéfait. Nous continuâmes : Tu diras donc au vice-roi que nous ne voulons plus de toi et que nous le prions de nous envoyer un autre conducteur ; et, si le vice-roi te demande pourquoi nous ne voulons plus de toi, tu pourras lui répondre, si cela te fait plaisir, que c'est parce que tu nous as trompés en nous faisant partir avec de mauvais palanquins que nous n'avions pas choisis, et en supprimant deux porteurs. — C'est vrai ! c'est vrai ! s'écria maître Ting, chez qui les esprits vitaux s'étaient un peu remis en circulation, je me suis bien aperçu, en chemin, que ces palanquins n'étaient pas faits pour des gens de votre qualité. Ce qu'il vous faut, à vous, ce sont de beaux et bons palanquins à quatre porteurs ; qui pourrait en douter ? Ce matin j'ai bien remarqué que, dans la maison du juge de paix, il y avait de la confusion ; les choses n'ont pas été faites conformément à la droiture. Le Trésor caché est un homme qui aime le lucre, personne ne l'ignore ; mais pourquoi pousser l'avarice jusqu'à vous fournir des palanquins qui ne sont pas convenables ? c'est faire preuve qu'on tient bien peu à son honneur et à sa réputation. Nous autres nous ne sommes pas des gens de cette espèce ; nous allons nous appliquer à réparer le péché du Trésor caché, nous substituerons de bons palanquins aux mauvais. Ce discours était parfaitement chinois, c'est-à-dire un mensonge d'un bout à l'autre ; vouloir le réfuter eût été se donner de la peine sans résultat. — Seigneur Ting, dîmes-nous, nous savons à quoi nous en tenir au sujet de cette fraude ; du reste, peu nous importe de connaître celui qui a volé l'argent des palanquins ; en aurons-nous d'autres ? voilà la question. — Oui, certainement : est-ce que des personnages comme vous pourraient aller de cette façon ? — Quand les aurons-nous ? — Tout de suite... demain. — Fais bien attention à ce que tu dis ; ne dilate pas ton cœur et tes paroles outre mesure. —

Demain, sans plus de retard, vous aurez de meilleurs palanquins ; nous arriverons à un endroit considérable où le voyageur trouve tout à souhait. — Puisqu'il en est ainsi, nous partirons ensemble.

Le lendemain, dès que l'aube parut, on nous annonça que tout était prêt pour le départ ; nous entrâmes dans nos étroites prisons cellulaires, et après mille circuits à travers les rues de la ville, le cortége arriva à un grand port, sur les bords du fameux Yang-tze-kiang (fleuve fils de la mer) que les Européens nomment fleuve Bleu. Maître Ting s'approcha de nous et nous dit le plus gracieusement du monde que la route par terre devant être longue, difficile, montueuse, semée de précipices et de gouffres, il avait eu la bonne pensée de louer une barque, afin de nous rendre le trajet plus commode, plus agréable et plus rapide. Au fond, cela nous allait, nous arpentions la terre ferme depuis si longtemps, qu'une petite navigation devait nécessairement nous sourire. Le ciel pur et serein nous présageait une délicieuse journée, et nous savourions déjà, par avance, le bonheur de nous sentir emportés par le courant majestueux du plus beau fleuve du monde, pendant que nous contemplerions à loisir les splendeurs et les magnificences de ses rives. Nous montâmes donc aussitôt sur le pont de la jonque et nos palanquins furent logés à fond de cale.

Ceux qui n'ont pas une bonne dose de patience, et qui ne se sentent aucune disposition à en acquérir, ne doivent pas songer à aller dans le Céleste Empire pour goûter les charmes de la navigation à bord des jonques chinoises ; ils risqueraient de devenir fous ou enragés avant même qu'on fît mine de lever l'ancre. A peine le cortége fut-il parvenu au port que tout le monde s'empressa de monter à bord, et là chacun chercha à s'installer de la manière la plus conforme à ses goûts. Les Chinois, corps et âme, sont d'une nature qui nous a semblé beaucoup tenir de celle du caoutchouc. La souplesse de leur esprit ne peut être comparée qu'à l'élasticité de leur corps. Aussi faut-il voir comme ils savent trouver un bon coin, puis s'y faire un nid, s'y blottir et s'y arrondir comme dans un moule; la position une fois prise, en voilà pour toute la journée. A peine arrivés à bord, nos nombreux compagnons de voyage se trouvèrent casés. Les porteurs de palanquins, car ils étaient aussi de la navigation, s'était arrangés les uns sur les autres dans la cuisine où l'air et le jour n'arrivaient que par une petite lucarne. Cette sorte de gens est accoutumée à respirer sans air et à voir sans lumière. Aussitôt qu'ils furent accroupis ils se livrèrent avec ardeur au jeu de cartes. Les soldats, nos domestiques et ceux des mandarins avaient formé plusieurs groupes dans l'entre-pont en adoptant des postures impossibles et inimaginables. Ils se régalaient de thé, de fumée de tabac et de causeries bruyantes. Nos deux conducteurs, le civil et le militaire, maître Ting et l'officier Leang, s'étaient réfugiés dans une espèce d'alcôve fermée par des rideaux qui laissaient passer à travers leurs nombreuses déchirures quelques blanches vapeurs et les pâles rayons d'une petite lampe. L'odeur fétide qui s'exhalait de ce sordide réduit indiquait assez que les chefs de l'escorte en étaient à s'enivrer d'opium. Quant à nous, seuls et tranquilles sur le pont de la jonque, nous nous promenions d'un bout à l'autre, humant de tous nos poumons l'air frais du matin et nous récréant à considérer le mouvement du port et les figures réjouies d'une foule de badauds, pour lesquels nous étions le spectacle le plus étonnant qu'ils eussent jamais vu. Du reste, pas un matelot, pas un marin, ni sur ni dans la barque. Il n'y avait qu'un vieux Chinois pelotonné à côté de la barre du gouvernail et qui paraissait se préoccuper fort peu des choses d'ici-bas et probablement encore moins de celles de l'autre monde. Il avait le menton appuyé sur les genoux qu'il tenait embrassés de ses deux mains. Depuis que nous étions arrivés, il n'avait pas quitté un seul instant cette belle et confortable attitude. Nous lui demandâmes si nous ne partirions pas bientôt. Alors il se leva et nous dit en regardant le ciel : Qui est-ce qui sait cela ? moi, je ne suis pas le patron, je suis le cuisinier. — Où est donc le patron ? où sont les matelots ? — Le patron est chez lui et les mariniers sont au marché. Sur ces informations, nous reprîmes, nous, notre promenade, et le vieux cuisinier sa posture favorite. Un Européen encore novice dans le Céleste Empire n'eût pas manqué de s'impatienter beaucoup et de faire un peu de mauvais sang, l'occasion était assurément bien favorable.

Enfin, après deux longues heures d'attente, les mariniers, s'étant sans doute souvenus qu'ils avaient une jonque dans le port, arrivèrent tranquillement les uns après les autres. Le patron fit l'appel, et l'équipage s'étant trouvé au complet, on amena la planche qui allait du pont au rivage. C'était déjà quelque chose ; mais il s'en fallait bien que nous fussions encore prêts à partir. Nos deux mandarins étant sortis de leur tanière à opium vinrent trouver le patron, et alors commencèrent des disputes interminables, car on n'était pas encore d'accord sur le prix. Il n'était pas loin de midi quand toutes les difficultés se trouvèrent aplanies. Les matelots entonnèrent leur chanson nasillarde pour virer au cabestan, on déploya les larges voiles en nattes de jonc; la grosse ancre en bois de fer fut bientôt à flot, et la brise et le courant nous poussèrent avec rapidité loin du port, pendant qu'un matelot frappait à coups redoublés sur un sonore tam-tam pour saluer la terre.

Nous nous étions promis une agréable et magnifique journée. La matinée, comme on l'a vu, avait laissé beaucoup à désirer ; mais ce fut bien pis après midi. Le ciel se couvrit peu à peu de nuages, et à peine avions-nous fait un quart d'heure de navigation, qu'une pluie battante nous força de quitter le pont et d'aller nous réfugier dans l'intérieur de la jonque, au milieu d'un air étouffant et d'une cohue étourdissante. A peine descendus des montagnes glacées du Thibet, nous eûmes beaucoup à souffrir dans cette espèce d'étuve, où nous n'avions à respirer que les vapeurs brûlantes et nauséabondes du tabac et de l'opium. Après avoir été exposés si longtemps à mourir de froid, nous étions menacés d'être asphyxiés par la chaleur. Telles sont les vicissitudes de l'existence du missionnaire ; mais Dieu ne l'abandonne pas, il soutient toujours son courage et sait lui faire trouver un bonheur ineffable sous les ardeurs du tropique comme au milieu des neiges de la Tartarie. Que la chaleur et le froid bénissent donc le Seigneur ! qu'ils le louent et l'exaltent à jamais ! *Benedicite, frigus et œstus, Domino.*

Pendant que nous étions à nous calciner dans un coin

de cette grande tabagie, nos Chinois paraissaient vivre parfaitement à l'aise. Ils soufflaient bien un peu de temps en temps; mais on voyait bien qu'en somme ils étaient heureux, et que cette manière d'être leur allait. Maître Ting, surtout, avait l'air extrêmement satisfait de lui-même. Après avoir abondamment fumé du tabac et de l'opium et avoir avalé un nombre considérable de tasses de thé, il se mit à fredonner ses longues litanies, sans doute pour remercier son patron Kao-wang de l'avoir si bien protégé dans son entreprise. Nous comprenions à merveille que notre conducteur fût heureux, car cette journée allait être pour lui très-lucrative, et, par conséquent, on ne peut plus agréable.

Un jeune Chinois nommé Wei-chan, qu'on nous avait donné pour domestique particulier, et qui paraissait nous être très-dévoué, sans doute parce qu'il pensait y trouver son intérêt, nous tenait un peu au courant des manœuvres diplomatiques de nos conducteurs. Ainsi cette journée de navigation n'avait été que le résultat d'une sordide spéculation. A chaque étape, le mandarin du lieu où l'on s'arrête est obligé de subvenir à l'entretien de tout le personnel de l'escorte, de supporter ensuite tous les frais de la route jusqu'à l'étape suivante, de fournir les porteurs de palanquin et les chevaux pour les soldats. Ces corvées leur coûtent des sommes fort considérables. Maître Ting avait arrangé ses petites combinaisons la veille même de notre départ de Tching-tou-fou, il avait envoyé son scribe sur la route que nous devions suivre, pour recueillir le tribut fixé, et prévenir gracieusement les mandarins qu'on leur éviterait les embarras de la corvée en faisant route par eau. Il était facile, en descendant le fleuve, de faire dans une journée le trajet de quatre étapes. Le louage d'une barque coûtant fort peu de chose, les profits devenaient énormes, et voilà pourquoi maître Ting récitait avec tant d'épanouissement les litanies de Kao-wang.

Si la navigation eût été supportable, nous eussions été heureux de pouvoir fournir à notre conducteur l'occasion de réaliser une petite fortune ; mais elle fut détestable, et plus d'une fois dangereuse. La pluie ne discontinuait pas un seul instant ; et, comme nous étions partis fort tard, la nuit vint nous surprendre, que nous avions à peine parcouru la moitié de notre course. La navigation du fleuve Bleu, si sûre et si facile dans l'intérieur de la Chine, alors qu'il a acquis tout son développement et qu'il roule avec majesté ses eaux profondes à travers de vastes plaines, présente de graves difficultés dans la province montueuse du Sse-tchouen. Son cours a souvent la rapidité d'un torrent, et son lit tortueux et semé d'écueils exige, de la part du navigateur, une grande prudence et beaucoup d'expérience. Aussi, le vice-roi avait-il prescrit que nous ferions route par terre ; mais il avait compté en dehors des calculs de maître Ting, qui n'avait pu résister à la tentation de spéculer sur notre vie et sur la sienne. Nous ne lui adressâmes pas un mot de plainte, pas un geste de reproche. Nous nous contentâmes de former, à notre tour, notre petit plan, pour prendre la revanche le lendemain, et lui faire perdre l'envie de suivre, à l'avenir, les inspirations de son génie spéculateur.

Il était minuit passé quand nous arrivâmes au port de Kien-tcheou, ville de troisième ordre. La nuit était d'une obscurité profonde, et la pluie continuait toujours. Nous allâmes jeter l'ancre le plus près possible du rivage, où nous remarquâmes un grand mouvement de lanternes qui se croisaient dans tous les sens : c'étaient les employés des tribunaux de la ville et le scribe de maître Ting qui nous attendaient. Le débarquement se fit avec d'effroyables vociférations et au milieu d'une confusion inénarrable. Aussitôt que nos palanquins furent passés de la cale sur le rivage, nous entrâmes dedans, et nos porteurs, qui, ayant été au repos pendant plus de trente heures, éprouvaient, sans doute, le besoin de se dégourdir les membres, nous emportèrent brusquement et au pas de course. Au moment où ils partaient, maître Ting leur cria, à gorge déployée, de nous conduire à l'hôtel des *Désirs accomplis*.

A un détour de rue nous fîmes arrêter les porteurs et nous leur ordonnâmes de se diriger vers le palais communal ; car c'était là seulement que nous devions loger et non dans les auberges. Ils en prirent aussitôt la route, pendant que l'escorte se dirigeait probablement vers l'hôtel des Désirs accomplis. Nous fûmes bientôt arrivés ; mais rien ne faisait soupçonner que nous fussions attendus. Toutes les portes du palais étaient fermées. Nous dîmes à nos porteurs de heurter, et il faut proclamer à leur louange qu'ils s'en acquittèrent avec une énergie dont nous fûmes stupéfaits. Un tas de grosses pierres était là tout près ; elles volèrent aussitôt, les unes après les autres, contre la porte qui fut bientôt enfoncée. Un vieux gardien parut, en costume très-incomplet, tout hors de lui et ne comprenant rien à ce vacarme. Quand il fut un peu remis de sa stupeur, nous pûmes entrer dans quelques explications desquelles il résulta que les gardiens du koung-kouan n'avaient pas été prévenus de notre arrivée et qu'il n'y avait rien de prêt pour nous recevoir. Évidemment c'était encore là une manœuvre chinoise de maître Ting. Il fallut donc nous acheminer vers le susdit hôtel des Désirs accomplis dont l'enseigne était, du moins pour nous, une véritable dérision. Nous y trouvâmes tous les gens de l'escorte déjà réunis. Maître Ting et l'officier Leang s'empressèrent de nous dire que, si personne ne s'était noyé en route, on le devait à notre mérite, et que tout le monde avait été abrité sous notre bonne fortune; puis, ils essayèrent de nous expliquer comment il était impossible de nous loger au palais communal. — Nous avons faim les uns et les autres, leur répondîmes-nous; nous sommes tous fatigués; prenons d'abord quelque chose, nous irons nous reposer ensuite, et, puisqu'il est déjà plus de minuit, nous prendrons la journée pour régler nos comptes.

CHAPITRE V.

Contestations avec les mandarins de Kien-tcheou. — Intrigues pour nous empêcher d'aller au palais communal. — Magnificence de ce palais. — Le jardin de Sse-ma-kouang. — Cuisine chinoise. — État des routes et des voies de communication. — Quelques produits de la province du Sse-tchouen. — Usage du tabac à fumer et à priser. — Tchoung-king, ville de premier ordre. — Cérémonies observées par les Chinois dans les visites et les conversations d'étiquette. — Apparition nocturne. — Veilleurs et crieurs de nuit. — Les incendies en Chine. — Addition d'un mandarin militaire à l'escorte, — Tchang-tcheou-hien, ville de troisième ordre. — Mise en liberté de trois prisonniers chrétiens. — Pratique superstitieuse pour demander la pluie. — Le dragon de la pluie exilé par l'empereur.

Il était à peine jour que maître Ting s'avisa de venir interrompre notre premier sommeil pour nous annoncer qu'il fallait partir. — Maître Ting, lui dîmes-nous, retire-toi promptement ; et, si quelqu'un a l'audace de troubler notre repos, nous te ferons dégrader. Depuis que nous sommes ensemble, tu as déjà commis un grand nombre de péchés, et ton procès ne sera pas long. — La porte se ferma et nous nous rendormîmes aussitôt, car nous étions brisés de fatigue. Vers midi, nous nous levâmes, frais, dispos, pleins d'énergie et parfaitement bien disposés à commencer la guerre avec les mandarins.

Nous nous dirigeâmes vers une pièce voisine de notre chambre, où nous entendions des chuchotements, comme le bruit d'une conversation à voix basse. Nous ouvrîmes la porte et nous fûmes en présence d'une nombreuse et brillante réunion composée des principaux magistrats de la ville. Après avoir salué la compagnie avec le plus de solennité possible, nous remarquâmes au milieu de la salle une table où on avait déjà disposé les petits plats de dessert, prélude obligé des repas chinois. Sans autre explication, nous avançâmes un fauteuil et nous priâmes la compagnie de vouloir bien prendre place autour de la table. Notre aplomb parut occasionner un peu d'étonnement. Un gros mandarin, c'était le préfet de la ville, nous indiqua les places d'honneur et nous invita à nous y mettre, ce que nous fîmes immédiatement et sans tergiverser. Ce n'était pas très-modeste de notre part, ni parfaitement conforme aux rites chinois; mais nous avions besoin, pour le moment, de prendre un peu d'empire sur notre entourage.

Les convives étaient nombreux ; on attaqua le dessert en silence, chacun se contentant d'échanger avec son voisin quelques formules de politesse, à voix basse et en secret. On nous considérait à la dérobée, comme pour saisir sur notre physionomie la nature des sentiments dont nous étions animés. L'embarras était général ; enfin, un jeune fonctionnaire civil, probablement le plus hardi de la troupe, s'aventura à sonder le terrain. — Hier, dit-il, la journée n'a pas été bonne ; la navigation sur le fleuve Bleu a dû être pénible; mais aujourd'hui le temps est magnifique ; c'est dommage que vous n'ayez pu partir dans la matinée, vous seriez arrivés à Tchoung-king avant la nuit. Tchoung-king est le meilleur endroit de la province. — Certainement, répétèrent en chœur tous les autres, il n'est rien de comparable à

Tchoung-king. On y trouve tout ce qu'on peut désirer. Quelle différence avec ce pays-ci, dont la pauvreté est extrême et où l'on ne vit que de privations ! — Il n'est pas encore bien tard, reprit le jeune fonctionnaire, vous pourrez arriver ce soir au remarquable palais communal qui se trouve sur la route, y passer la nuit et arriver demain à Tchoung-king avant midi. — Oh ! ajouta un autre, la chose est très-facile, car les chemins sont plats comme la main, et la campagne est d'une beauté ravissante. On voyage presque toujours à l'ombre, sous le feuillage de grands arbres. — A-t-on prévenu les porteurs de palanquins ? s'écria le gros préfet de la ville, en s'adressant aux nombreux domestiques qui encombraient la salle ; vite, qu'on aille les chercher, parce que nos deux illustres hôtes veulent absolument se mettre en route quand ils auront mangé le riz ; ils sont très-pressés, et ne peuvent nous honorer plus longtemps de leur présence. — Un moment, dîmes-nous ; pas de précipitation. Il paraît que personne, ici, n'est bien au courant de nos affaires. D'abord, nous devons changer nos palanquins ; ceux qu'on nous a donnés à Tching-tou-fou ne peuvent pas nous servir. N'est-ce pas, maître Ting, que c'est ici que nous trouverons de bons palanquins à quatre porteurs ? — Mais non, mais non ! s'écrièrent de concert tous les mandarins. Dans un petit endroit comme celui-ci comment trouver des palanquins tout confectionnés ? Il faut les commander à l'avance. — Qu'on les commande ; nous ne sommes nullement pressés. Arriver à Canton une lune plus tôt ou une lune plus tard, c'est peu de chose dans le cours de notre existence. En attendant, nous pourrons nous récréer ici en visitant les beautés de la ville et des environs. — Dans un pays pauvre, dit le préfet, il est impossible de trouver d'habiles fabricants ; c'est une vérité connue de tout le monde, ici on ne sait faire que de petits palanquins en bambou et à deux porteurs. Les habitants de cette contrée ne connaissent pas le luxe ; très-peu vivent dans l'aisance. C'est à Tchoung-king qu'il faut aller pour trouver les grandes fabriques de tout genre. — Oui, oui, à Tchoung-king, s'écria-t-on de toutes parts. Tchoung-king est le pays des beaux palanquins ; chacun sait que les mandarins des dix-huit provinces font venir leurs palanquins de Tchoung-king. — Est-ce vrai, cela ? demandâmes-nous à maître Ting. — C'est la vérité, et qui oserait proférer ici des paroles de mensonge ? — Dans ce cas-là, il faut faire choix d'un homme entendu et envoyer chercher des palanquins à Tchoung-king. Nous attendrons ici. Ayant besoin d'un peu de repos, nous profiterons de cette heureuse circonstance. Nous vous disons cela fort tranquillement ; mais c'est une décision irrévocable ; nous n'en reviendrons pas... Les mandarins se regardèrent stupéfaits.

Pendant cette intéressante délibération, le dîner avait toujours été son train. Quand nous eûmes pris notre dernière tasse de thé, nous nous levâmes pour rentrer dans notre chambre, et laisser les mandarins se débrouiller comme ils pourraient. Ils discutèrent longtemps, et finirent, selon la méthode chinoise, par nous envoyer des députations, afin de nous convertir. D'abord il y eut celle des mandarins civils, puis celle des mandarins militaires, à laquelle succéda une troisième, composée des deux ordres réunis. Toutes nous trouvèrent inflexibles. On inventa les contes les plus étranges, on entassa mensonge sur mensonge, pour nous prouver qu'il fallait partir. A tant d'arguments, nous n'avions que cette seule réponse : Lorsque des hommes comme nous prennent une décision, elle est irrévocable.

Enfin on vint nous annoncer qu'on avait apporté des palanquins, et on nous pria de passer dans la cour pour les examiner. Nous ne fîmes pas les difficiles ; après y avoir jeté un coup d'œil, nous dîmes : C'est bien, qu'on les achète. L'accord fut unanime sur ce point ; mais il s'éleva une nouvelle difficulté ; les mandarins se regardèrent les uns les autres et se demandèrent : Qui payera ? La discussion fut vive, et, quoique entièrement désintéressés dans la question, nous demandâmes la permission de donner notre avis. — Il est évident, dîmes-nous, que la ville de Kien-tcheou n'est pas obligée de nous fournir des palanquins. — Voilà qui est parler d'une manière conforme au droit, dirent les mandarins de Kien-tcheou. — Cela regardait l'administration de Tching-tou-fou, qui était chargée d'organiser le départ ; mais il paraît que l'acquéreur des premiers palanquins n'a pas observé les règles de l'honneur. — C'est cela, dirent les mandarins, il aura gardé pour lui une partie de l'argent qui avait été alloué. — Maintenant il faut réparer ce mal, et la chose, nous le pensons, ne saurait offrir de difficulté. Hier en naviguant sur le fleuve Bleu, nous avons fait deux journées de route. Maître Ting a touché l'argent de deux étapes et n'a eu à payer que le louage d'une barque ; il nous semble donc qu'il peut et qu'il doit fournir le prix des palanquins... Les mandarins de Kien-tcheou rirent beaucoup et trouvèrent notre solution superbe. Maître Ting était tout bondissant de colère ; il poussait des clameurs comme si on lui eût arraché les entrailles. — Calme-toi, lui dîmes-nous, et donne de bonne grâce au marchand le prix de ces palanquins, sans quoi nous allons sur-le-champ écrire au vice-roi que tu nous as fait voyager sur le fleuve Bleu... Cette menace eut un effet magique, et notre conducteur se mit à compter tristement l'argent qu'on attendait. La nuit était sur le point de se faire, il ne fut pas même question de partir. Les mandarins de Kien-tcheou se divertirent beaucoup de la mésaventure de maître Ting ; ils ne se doutaient pas que leur tour allait bientôt arriver.

Le lendemain, aussitôt qu'il fut grand jour, maître Ting vint nous demander fort modestement si on pouvait convoquer les porteurs de palanquin, et, en même temps, il nous remit quelques billets de visite, par lesquels les principaux mandarins de la ville nous souhaitaient un bon voyage. Nous répondîmes à maître Ting qu'il pouvait envoyer chercher les porteurs, parce que nous avions l'intention de quitter l'hôtel des Désirs accomplis, pour aller loger au palais communal et y passer la journée. Notre conducteur, qui n'était pas encore bien remis de la forte secousse de la veille, ne parut pas comprendre. Il nous regardait d'un air si étonné, que nous fûmes obligés de répéter, en appuyant un peu sur chaque mot... Dès qu'il fut bien sûr d'avoir saisi notre pensée, il sortit. A l'instant l'alarme fut donnée à tous les tribunaux, et les mandarins accoururent à la file les uns des autres, pour s'assurer par eux-mêmes du fait inconcevable qu'on venait de leur raconter.

C'était le préfet de la ville que nous voulions voir.

Aussitôt qu'il fut arrivé, nous lui dîmes qu'il avait dû recevoir, de la capitale du Sse-tchouen, une dépêche dans laquelle il était prescrit de nous faire loger dans les koung-kouan, et que nous ne comprenions pas pourquoi on n'avait pas exécuté à Kien-tcheou les ordres du vice-roi; que, pour plusieurs raisons, nous voulions quitter l'hôtel et aller passer une journée au palais communal; d'abord pour ne pas laisser établir un mauvais précédent et ne pas donner la tentation de faire ailleurs ce qui avait eu lieu à Kien-tcheou; ensuite parce que, devant écrire plus tard au vice-roi, pour lui rendre compte de la manière dont nous avions été traités en route, il nous serait pénible d'avoir à lui signaler que, à Kien-tcheou, on n'avait pas exécuté ses ordres. D'ailleurs, ajoutâmes-nous, la route que nous avons à faire est longue et fatigante; nous avons beaucoup souffert sur le fleuve Bleu, et nous serions bien aises de nous reposer un jour..... Toutes ces raisons étaient excellentes; mais le préfet ne voyait que les dépenses qu'allait occasionner pendant un jour tout ce nombreux personnel de l'escorte. Il n'osa pas nous donner le véritable motif et nous dire crûment qu'il nous invitait à nous en aller, parce que nous coûtions trop cher; le procédé eût été inconvenant, et les Chinois ont toujours des façons moins anguleuses; le mensonge leur va beaucoup mieux. Le préfet nous dit qu'il éprouverait un bonheur infini si nous pouvions rester à Kien-tcheou encore un jour. — Des hommes du grand royaume de France! On en voit si rarement!... Notre présence, assurément, ne pouvait manquer de porter bonheur à la contrée; mais le palais communal était inhabitable; il se trouvait dans un état si hideux, qu'on n'oserait pas même y faire loger un homme de la dernière classe du peuple. Il était encombré d'ouvriers et de matériaux, à cause des réparations importantes qu'on y faisait. Il y avait, en outre, dans le grand salon, sept à huit cercueils contenant les cadavres de plusieurs fonctionnaires morts dans le district, et qui attendaient que les membres de leurs familles vinssent les prendre pour les inhumer dans leur pays natal.

Le préfet comptait beaucoup sur l'effet moral de cette dernière raison. Pendant qu'il nous parlait d'une voix lugubre et sombre de ces cadavres et de ces cercueils, il nous examinait attentivement pour voir si nous ne pâlissions pas, si nous ne tremblions pas de peur. En vérité, nous avions plutôt envie de rire, car nous étions convaincus qu'il n'y avait pas un mot de vrai dans tout ce qu'il nous débitait. Nous lui dîmes, sur un ton un peu railleur, que le vice-roi du Sse-tchouen ne se doutait pas le moins du monde que le palais communal de Kien-tcheou avait été converti en cimetière ; qu'il serait bon de lui écrire, parce que, s'il lui prenait fantaisie de voyager de ce côté, il ne serait peut-être pas bien aise de loger au milieu de cercueils et de cadavres. Quant à nous, il ne saurait y avoir en cela le plus léger inconvénient ; nous n'avons que médiocrement peur des vivants et pas du tout des morts. Ainsi nous irons au koung-kouan et nous saurons bien nous y arranger. On usa de tous les moyens imaginables afin de nous faire renoncer à ce projet insensé. Pour en finir, nous dîmes au préfet qu'il en serait selon son bon plaisir, à condition qu'il écrirait et signerait un billet constatant que, ayant désiré nous reposer un jour à Kien-tcheou, on s'y était opposé parce que le palais communal était inhabitable. Le préfet comprit où nous voulions en venir. Aussitôt il s'adressa aux officiers subalternes qui l'entouraient : Je suis, dit-il, du même avis que nos hôtes ; il est absolument nécessaire qu'ils se reposent un jour. Qu'on aille vite au koung-kouan, qu'on fasse immédiatement enlever les cercueils, qu'on mette tout en ordre, et qu'une autre fois on ne s'avise pas de retomber dans la même faute. Dix minutes après nous étions installés au fond de nos nouveaux palanquins, et on nous conduisait en pompe au palais communal. En partant nous avions pris à part maître Ting, et nous lui avions dit à l'oreille : Si nous ne sommes pas traités convenablement, nous resterons deux jours au lieu d'un.... Étrange pays, il faut en convenir, que celui où l'on est forcé d'user de semblables moyens pour n'être pas opprimé.

C'eût été vraiment grand dommage de quitter Kientcheou sans voir son magnifique palais communal. Aussitôt que nous l'eûmes parcouru, il nous vint en pensée que si les mandarins avaient tant fait de difficultés pour nous y laisser entrer, c'était de peur que, séduits par sa beauté et ses agréments, nous ne voulussions plus en sortir. Après avoir traversé une vaste cour plantée de grands arbres, on monte au principal corps de logis, par une trentaine de degrés, en belle pierre de taille. Les appartements spacieux et élevés étaient d'une propreté exquise et d'une fraîcheur délicieuse ; des meubles en laque avec des dessins dorés et d'une variété infinie, des tentures en taffetas jaune ou rouge, des tapis tissés en pellicules de bambou et peints des couleurs les plus vives ; puis des bronzes antiques, de grandes urnes en porcelaine, des vases élégants où croissaient des fleurs et des arbustes affectant les formes les plus bizarres, tels étaient les ornements que nous rencontrâmes dans cette splendide demeure. Derrière la maison était un vaste jardin où l'industrie chinoise avait épuisé toutes ses ressources pour contrefaire l'indépendance de la nature et imiter ses jeux les plus capricieux. Il serait difficile de se former une idée exacte de ces créations curieuses, dont le goût s'est, depuis longtemps, répandu en Europe, et auxquelles on a donné mal à propos le nom de *jardin anglais*. Il existe un petit poëme chinois intitulé : *Jardin de Sse-ma-kouang*, dans lequel cet illustre historien et ce grand homme d'État du Céleste Empire s'est plu à décrire lui-même toutes les merveilles de sa demeure champêtre. Nous reproduirons avec plaisir ce délicieux fragment de la littérature chinoise qui nous fera connaître, en même temps, le caractère de son auteur, de ce fameux Sse-ma-kouang qui joua un rôle si important, sous la dynastie des Song, dans une révolution sociale dont nous aurons occasion de parler plus tard.

« Que d'autres, dit Sse-ma-kouang (1), bâtissent des « palais pour enfermer leurs chagrins et étaler leur va- « nité ! je me suis fait une solitude pour amuser mes « loisirs et causer avec mes amis. Vingt arpents de terre « ont suffi à mon dessein. Au milieu est une grande salle « où j'ai rassemblé cinq mille volumes pour interroger « la sagesse et converser avec l'antiquité. Du côté du « midi on trouve un salon au milieu des eaux qu'amène

(1) Sse-ma-kouang était premier ministre de l'empire vers la fin du onzième siècle, sous la dynastie des Song.

« un petit ruisseau qui descend des collines de l'occident ; « elles forment un bassin profond, d'où elles s'épandent « en cinq branches, comme les griffes d'un léopard, et, « avec elles, des cygnes innombrables qui nagent et se « jouent de tous côtés.

« Sur le bord de la première, qui se précipite de cas« cade en cascade, s'élève un rocher escarpé, dont la « cime, recourbée et suspendue en trompe d'éléphant, « soutient en l'air un cabinet ouvert pour prendre le « frais et voir les rubis dont l'aurore couronne le soleil à « son lever.

« La seconde branche se divise, à quelques pas, en « deux canaux, qui vont serpentant autour d'une galerie « bordée d'une double terrasse en feston, dont les palis« sades de rosiers et de grenadiers forment le balcon. La « branche de l'ouest se replie en arc vers le nord d'un « portique isolé, où elle forme une petite île ; les rives « de cette île sont couvertes de sable, de coquillages et « de cailloux de diverses couleurs ; une partie est plantée « d'arbres toujours verts, l'autre est ornée d'une ca« bane de chaume et de roseaux, comme celles des « pêcheurs.

« Les deux autres branches semblent tour à tour se « chercher et se fuir en suivant la pente d'une prairie « émaillée de fleurs dont elles entretiennent la fraîcheur ; « quelquefois elles sortent de leur lit pour former de pe« tites nappes d'eau encadrées dans un tendre gazon ; « puis elles quittent le niveau de la prairie et descendent « dans des canaux étroits, où elles s'engouffrent et se « brisent dans un labyrinthe de rochers qui leur dispu« tent le passage, les font mugir et s'enfuir en écume et

« en ondes argentines dans les tortueux détours où ils les « forcent d'entrer.

« Au nord de la grande salle sont plusieurs cabinets « placés au hasard, les uns sur des monticules qui s'é- « lèvent au-dessus des autres, comme une mère au- « dessus de ses enfants ; les autres sont collés à la pente « d'un coteau ; plusieurs occupent les petites gorges que « forme la colline et ne sont vus qu'à moitié. Tous les « environs sont ombragés par des bosquets de bambous « touffus, entrecoupés de sentiers sablés où le soleil ne « pénètre jamais.

« Du côté de l'orient, s'ouvre une petite plaine divisée « en plates-bandes, en carrés et en ovales, qu'un bois « de cèdres antiques défend des froids aquilons. Toutes « ces divisions sont remplies de plantes odoriférantes, « d'herbes médicinales, de fleurs et d'arbrisseaux. Le « printemps ne sort jamais de cet endroit délicieux. Une « petite forêt de grenadiers, de citronniers et d'orangers, « toujours chargés de fleurs et de fruits, en termine le « coup d'œil à l'horizon. Dans le milieu est un cabinet « de verdure où l'on monte par une pente insensible « qui en fait plusieurs fois le tour, comme les volutes « d'une coquille, et arrive, en diminuant, au sommet « du tertre sur lequel il est placé. Les bords de cette « pente sont tapissés de gazon, qui s'élève en siége de « distance en distance pour inviter à s'asseoir et à con- « sidérer ce parterre sous tous les points de vue.

« A l'occident, une allée de saules à branches pendan- « tes conduit au bord d'un large ruisseau, qui tombe, à « quelques pas, du haut d'un rocher couvert de lierre « et d'herbes sauvages de diverses couleurs. Les environs

« n'offrent qu'une barrière de rochers pointus, bizarre-
« ment assemblés, qui s'élèvent en amphithéâtre, d'une
« manière sauvage et rustique. Quand on arrive au bas,
« on trouve une grotte profonde qui va en s'élargissant
« peu à peu, et forme une espèce de salon irrégulier dont
« la voûte s'élève en dôme. La lumière y entre par une
« ouverture assez large, d'où pendent des branches
« de chèvrefeuille et de vigne sauvage. Ce salon est un
« asile contre les brûlantes chaleurs de la canicule. Des
« rochers épars çà et là, des espèces d'estrades creusées
« dans l'épaisseur de son enceinte en sont les siéges.
« Une petite fontaine, qui sort d'un des côtés, remplit
« le creux d'une grande pierre, d'où elle tombe en petits
« filets sur le pavé, où, après avoir serpenté entre les
« fentes qui les égarent, elles vont toutes se réunir dans
« un réservoir préparé pour le bain. Ce bassin s'enfonce
« sous une voûte, fait un petit coude, et va se décharger
« dans un étang qui est au pied de la grotte. Cet étang
« ne laisse qu'un sentier étroit entre les rochers infor-
« mes et bizarrement amoncelés qui en forment l'en-
« ceinte. Un peuple entier de lapins les habite, et rend
« aux poissons innombrables de l'étang les peurs qu'on
« lui donne.

« Que cette solitude est charmante ! La vaste nappe
« d'eau qu'elle présente est toute semée de petites îles
« de roseaux. Les plus grandes sont des volières rem-
« plies de toutes sortes d'oiseaux. On va aisément des
« unes aux autres par d'énormes cailloux qui sortent de
« l'eau et par de petits ponts de pierre et de bois, dis-
« tribués au hasard, les uns en arc, les autres en zigzag
« ou en ligne droite, selon l'espace qu'ils remplissent.

« Quand les nénuphars dont les bords de l'étang sont « plantés donnent leurs fleurs, il paraît couronné de « pourpre et d'écarlate, comme l'horizon des mers du « midi quand le soleil y arrive.

« Il faut se résoudre à revenir sur ses pas, pour sortir « de cette solitude, ou à franchir la chaîne de rochers « escarpés qui l'environne de toutes parts. On monte au « haut de ce rempart de rochers par un escalier étroit « et rapide, qu'il a fallu creuser avec le pic, dont les « coups sont encore marqués. Le cabinet qu'on y trouve « pour se reposer n'a rien que de simple ; mais il est « assez orné par la vue d'une plaine immense où le « Kiang serpente au milieu des villages et des rizières. « Les barques innombrables dont ce grand fleuve est « couvert, les laboureurs épars çà et là dans les campa- « gnes, les voyageurs qui remplissent les chemins « animent ce paysage enchanté, et les montagnes cou- « leur d'azur, qui le terminent à l'horizon, reposent la « vue et la récréent.

« Quand je suis lassé de composer et d'écrire, au « milieu des livres de ma grande salle, je me jette « dans une barque que je conduis moi-même, et vais « demander des plaisirs à mon jardin. Quelquefois j'a- « borde à l'île de la pêche, et, muni d'un large chapeau « de paille contre les ardeurs du soleil, je m'amuse à « amorcer les poissons qui se jouent dans l'eau et j'étu- « die nos passions dans leurs méprises ; d'autres fois, « le carquois sur l'épaule et un arc à la main, je grimpe « au haut des rochers, et, de là, épiant en traître les « lapins qui sortent, je les perce de mes flèches à l'en- « trée de leurs trous. Hélas ! plus sages que nous, ils

« craignent le péril et le fuient ; s'ils me voyaient arriver, « aucun ne paraîtrait. Quand je me promène dans mon « parterre, je cueille les plantes médicinales que je veux « garder. Si une fleur me plaît, je la prends et la flaire ; si « une autre souffre de la soif, je l'arrose, et les voisines en « profitent. Combien de fois des fruits bien mûrs m'ont-« ils rendu l'appétit que la vue des mets m'avait ôté. « Mes grenades et mes pêches ne sont pas meilleures, « pour être cueillies de ma main ; mais je leur trouve « plus de goût, et mes amis, à qui j'en envoie, en sont « toujours flattés. Vois-je un jeune bambou que je veux « laisser croître, je le taille, ou je courbe ses branches « et les entrelace pour dégager le chemin. Le bord de « l'eau, le fond d'un bois, la pointe d'un rocher, tout « m'est égal pour m'asseoir. J'entre dans un cabinet « pour voir une cigogne faire la guerre aux poissons, et « à peine y suis-je entré que, oubliant le dessein qui « m'amène, je prends mon kin[1] et je provoque les oi-« seaux d'alentour.

« Les derniers rayons du soleil me surprennent quel-« quefois considérant, en silence, les tendres inquiétu-« des d'une hirondelle pour ses petits, ou les ruses d'un « milan pour enlever sa proie. La lune est déjà levée « que je suis encore assis ; c'est un plaisir de plus. Le « murmure des eaux, le bruit des feuilles qu'agite le « vent, la beauté des cieux, me plongent dans une douce « rêverie ; toute la nature parle à mon âme, je m'égare « en l'écoutant, et la nuit est déjà au milieu de sa course « que j'arrive à peine sur le seuil de ma porte.

(1) Sorte de violon chinois.

« Mes amis viennent souvent interrompre ma soli-
« tude, me lire leurs ouvrages et entendre les miens ;
« je les associe à mes amusements. Le vin égaye nos
« frugals repas, la philosophie les assaisonne, et, tandis
« que la cour appelle la volupté, caresse la calomnie,
« forge des fers et tend des piéges, nous invoquons la
« sagesse et lui offrons nos cœurs. Mes yeux sont tou-
« jours tournés vers elle ; mais, hélas ! ses rayons ne
« m'éclairent qu'à travers mille nuages ; qu'ils se dissi-
« pent, fût-ce par un orage, cette solitude sera pour
« moi le temple du plaisir, que dis-je ?... père, époux,
« citoyen, homme de lettres, je me dois à mille devoirs,
« ma vie n'est pas à moi. Adieu, mon cher jardin,
« adieu ; l'amour du sang et de la patrie m'appelle à la
« ville, garde tous tes plaisirs pour dissiper bientôt mes
« nouveaux chagrins et sauver ma vertu de leurs at-
« teintes [1]. »

Le jardin du palais communal de Kien-tcheou n'offrait pas toutes les magnificences décrites par le pinceau de Sse-ma-kouang ; il était cependant un des plus beaux que nous ayons rencontrés dans le Céleste Empire. Nous y passâmes le reste de la matinée, ne pouvant nous lasser d'admirer la patience des Chinois à exécuter, avec des arbustes et des fragments de rochers, toutes les excentricités de leur bizarre et féconde imagination.

Nous étions assis sous le portique d'une pagode en miniature lorsque maître Ting vint nous annoncer que l'heure du dîner était arrivée. Les principaux fonctionnaires, en riche et brillant costume, étaient déjà réunis

(1) *Mémoires concernant les Chinois*, t. II, p. 645.

dans la salle ; leur abord fut des plus gracieux et des plus aimables. Nous nous accablâmes les uns les autres de politesse et de courtoisie, nous invitant mutuellement à prendre les places les plus honorables. Pour mettre fin à cette lutte d'urbanité, nous dîmes que, le koung-kouan étant la maison des voyageurs, nous devions nous considérer comme chez nous et traiter nos hôtes conformément aux rites. Nous assignâmes donc à chacun la place qui convenait à son rang, réservant la dernière pour nous. Notre procédé fut gracieusement accueilli, et on eut l'air de penser que nous n'étions pas tout à fait aussi barbares et incivilisés qu'on avait pu le soupçonner la veille. Le festin fut splendide et servi suivant toutes les formalités de l'étiquette chinoise. De la part des convives il n'y eut non plus rien à désirer ; ils furent d'une telle amabilité, que nous ne pûmes douter un seul instant de leur vif et sincère désir de nous voir partir le lendemain.

Nous n'essayerons pas de décrire un dîner chinois ; ce n'est pas que le sujet ne soit de nature à présenter quelques particularités capables d'intéresser les Européens ; mais ces détails sont tellement connus, que nous craindrions trop d'abuser de la patience du lecteur. Nous avons remarqué, d'ailleurs, dans les *Mélanges posthumes* d'Abel Rémusat, le passage suivant, capable de nous ôter, si nous l'avions, la fantaisie de donner une nomenclature des mets qui nous furent servis au palais communal de Kien-tcheou. « Il y a quelques « années, dit le spirituel et savant orientaliste, que les « officiers d'une ambassade européenne, de retour de « la Chine, où ils n'avaient pas eu trop sujet de se louer

« du succès de leurs opérations, s'avisèrent d'offrir aux « lecteurs de gazette la description d'un repas qui leur « avait été donné, disaient-ils, par les mandarins de je « ne sais quelle ville frontière. Jamais gens, à les en- « tendre, n'avaient été mieux régalés ; la qualité des « mets, le nombre des services, la comédie dans l'inter- « valle, tout était soigneusement décrit et formait un « assez bel exemple. Ceux qui lisent les vieux livres « se souvenaient bien d'avoir vu ce festin-là quelque « part. Plus de cent ans avant les officiers dont nous « parlons, certains missionnaires jésuites avaient eu « précisément le même repas, composé des mêmes « sortes de mets, et servi de la même manière. Mais il « y a beaucoup de gens pour qui tout est nouveau, et, « quoiqu'il soit certain

Qu'un dîner réchauffé ne valut jamais rien,

« celui-là, du moins, fut trouvé bon, et le public, tou- « jours avide de particularités de mœurs, et même de « détails de cuisine, ne s'embarrassa pas de savoir quels « avaient été les véritables dîneurs. Il prit plaisir aux « singularités du service chinois ainsi qu'à la gravité « avec laquelle les convives exécutent, en mangeant le « riz, des manœuvres et des évolutions qui feraient hon- « neur au régiment d'infanterie le mieux instruit. »

Depuis que M. Abel Rémusat plaisantait si agréablement de ce fameux dîner chinois, il a été servi encore bien des fois, surtout après la dernière guerre de l'Angleterre avec le Céleste Empire. Les nouvelles éditions qui en ont été faites en anglais et en français ont été malheureusement corrigées et augmentées un peu au détriment de l'exactitude. Sous prétexte que, depuis cent ans, les Chinois auraient bien pu faire quelques nouvelles découvertes dans l'art culinaire, on a trouvé très-piquant de faire croire au public que leurs aliments étaient préparés à l'huile de ricin, et que leurs mets les plus recherchés étaient des nageoires de requin, des têtes de moineau, des pattes d'oie, des gésiers de poisson, des crêtes de paon, et plusieurs autres friandises du même genre. Il faut vraiment avoir goûté la cuisine chinoise à Canton, à quelques pas des factoreries anglaises, pour avoir rencontré des mets semblables ; du reste, les Européens nouvellement débarqués sur les côtes de la Chine, n'ayant rien de plus pressé que de se faire inviter à quelque dîner chinois, dans l'espérance d'y découvrir des choses surprenantes et extraordinaires, nous sommes assez porté à croire que les marchands de Canton, pour ne pas tromper leur attente, et peut-être assez malins pour s'amuser un peu à leurs dépens, leur servent quelquefois des ragoûts inventés tout exprès pour la circonstance, et qui, probablement, n'ont jamais paru sur une table chinoise. Les paons sont si rares en Chine que nous n'y en avons jamais vu. Les plumes de ces oiseaux sont envoyées à la cour par les royaumes tributaires, et l'empereur les donne, comme une grande faveur, aux plus hauts fonctionnaires, avec le droit de les porter à leur bonnet de cérémonie en guise de décoration. Comment admettre, après cela, ces plats de crêtes de paon dans les festins chinois ? Le ricin n'est pas inconnu en Chine, on le cultive en grand dans les provinces septentrionales, mais on n'utilise l'huile qu'on en retire que pour l'éclairage ; on est si éloigné de s'en servir pour assaisonner les mets, qu'un jour, nous trouvant dans une chrétienté aux environs de Péking, et voulant en faire prendre une légère dose à un de nos confrères qui était malade, tous les chrétiens cherchèrent à s'y opposer, parce que, disaient-ils, cette huile était un poison. Nous ne nions pas, malgré cela, qu'il ne soit arrivé à des Européens de trouver à Canton des dîners à l'huile de ricin ; mais il est évident pour nous qu'ils ont été victimes d'une atroce mystification, et qu'au moment même où ils se croyaient en droit de railler le goût extravagant des Chinois, ceux-ci devaient bien rire de la prodigieuse ingénuité des Européens.

On ne saurait disconvenir, pourtant, qu'un festin vraiment chinois ne peut être qu'un tissu de bizarreries aux yeux d'un étranger peu réfléchi et s'imaginant qu'il ne peut exister, pour tous les peuples du monde, qu'une seule manière de manger. Ainsi, commencer par le dessert et finir par le potage ; boire le vin chaud et tout fumant dans des godets en porcelaine ; se servir de deux petites baguettes en guise de fourchette pour saisir les mets qu'on apporte coupés, à l'avance, par menus morceaux ; employer, au lieu de serviettes, de petits carrés de papier soyeux et colorié dont on place une provision à côté de chaque convive et qu'un domestique emporte à mesure qu'on s'en est servi ; quitter sa place, dans l'intervalle des services, pour fumer ou se distraire un peu ; élever les baguettes à la hauteur du front et les placer horizontalement sur sa tasse pour annoncer à la compagnie qu'on a fini de dîner ; voilà autant de particularités capables d'exciter la curiosité des Européens. Les Chinois, de leur côté, ne reviennent pas de leur étonnement quand ils nous voient à table, et ils se demandent comment il peut se faire que nous ayons l'usage de boire froid, et d'où nous est venue l'idée, si singulière et si extravagante, de nous servir d'un trident pour porter notre nourriture à notre bouche, au risque de nous percer les lèvres et de nous crever les yeux. Ils trouvent fort drôle qu'on nous serve des noix et des amandes avec leur coque, et que les domestiques ne se donnent pas la peine de peler les fruits et de désosser la viande. Eux, qui ne sont pas, en général, très-difficiles sur la nature de leurs aliments, et qui savourent avec délices des fritures de vers à soie et des compotes de têtards, ne peuvent rien comprendre à la prédilection de nos gourmets pour un faisan avancé ou pour un fromage qui a souvent, sur table, toutes les allures d'un être vivant et animé.

Un jour, à Macao, nous avions l'honneur d'être assis à la table d'un représentant d'une puissance européenne. On avait servi un magnifique plat de bécassines ; mais, quelle déception ! quels regrets ! le Vatel chinois avait osé arracher les entrailles à ces incomparables volatiles. Il ne savait pas, le malheureux, que la bécassine recèle dans ses flancs un précieux trésor de saveur et de parfum. On le força de comparaître devant les arbitres du goût, qui le reçurent avec des regards courroucés. Il fut tout ébahi en apprenant qu'il venait de commettre un crime culinaire qui ne lui serait pas pardonné une seconde fois... Il est inutile d'ajouter que, quelques jours après, le cuisinier ne manqua pas de servir à son maître, dans leur parfaite intégrité, des oiseaux qui n'étaient pas des bécassines. De là, nouveau courroux et démission du pauvre Chinois, désespérant d'exercer son art d'une manière conforme aux étonnantes bizarreries des Occidentaux.

Tous les habitants du Céleste Empire, sans exception, ont une aptitude remarquable pour les préparations culinaires. Si l'on a besoin d'un cuisinier, c'est la chose la plus facile du monde à se procurer ; on n'a qu'à prendre le premier Chinois venu, et, après quelques jours d'exercice, il s'acquitte merveilleusement bien de ses fonctions. Ce qui étonne le plus, c'est l'excessive simplicité de leurs moyens ; une seule marmite en fer leur suffit pour exécuter promptement les combinaisons les plus difficiles. Les mandarins sont, en général, gourmands, et poussent assez loin le luxe et les raffinements de la table. Ils ont à leur service des cuisiniers de profession qui possèdent une foule de recettes et de secrets pour déguiser les mets et changer leur saveur naturelle. Quand ils veulent se piquer d'amour-propre, il leur arrive de faire de véritables tours de force. Le cuisinier de Kien-tcheou nous donna des preuves incontestables de son talent, et son dîner mérita les éloges de tous les convives.

Durant la journée tout entière, les mandarins de Kien-tcheou se montrèrent irréprochables ; aussi, le lendemain, leur donnâmes-nous la satisfaction de nous voir partir. Nous nous quittâmes, à ce qu'il parut, fort bons amis, mais sans nous dire au revoir.

Les chemins que nous parcourûmes étaient loin de valoir ceux qu'on rencontre aux environs de Tching-tou-fou. En Chine, le système routier est très-peu perfectionné. Les voies de communication par terre sont, en général, incommodes et souvent dangereuses. Dans le voisinage des grandes villes, les routes sont d'une largeur à peu près supportable ; mais, à mesure qu'on s'en éloigne, elles se rétrécissent au point de disparaître quelquefois complétement. Alors les voyageurs passent où ils peuvent ; ils tracent des sentiers le long des champs ou cherchent à s'ouvrir un passage à travers les fondrières et les plages stériles et rocailleuses. Si l'on rencontre un ruisseau sur lequel l'administration n'a pas jugé à propos de jeter un pont, on est obligé de se déchausser pour passer l'eau. Ordinairement, on trouve quelques malheureux qui stationnent sur les bords et dont l'industrie est de prendre les voyageurs sur leurs épaules et de les transporter de l'autre côté, moyennant quelques sapèques. Tout cela, néanmoins, porte souvent le nom pompeux de grande route.

Il paraît que ce déplorable état de choses n'a pas toujours existé en Chine, et qu'autrefois il y avait des voies de communication qui ne laissaient rien à désirer. On peut encore apercevoir, dans presque toutes les provinces, des restes de grandes et belles routes, pavées avec de larges dalles et bordées d'arbres magnifiques. On cite surtout dans les Annales les superbes voies que la dynastie des Song fit percer d'un bout de l'empire à l'autre. Une canalisation merveilleuse, due à la dynastie des Yuen, vint encore ajouter à la facilité des voyages et des transports de marchandises. Ces travaux grandioses ont été abandonnés surtout par la dynastie tartare mantchoue. Au lieu de les entretenir, elle en a favorisé elle-même la dégradation et la ruine ; les arbres ont été abattus, les dalles enlevées et le terrain annexé aux champs voisins. Avec le système de pillage qui règne aujourd'hui universellement dans tout l'empire, ce qui nous a le plus étonnés, c'est d'avoir trouvé encore un arbre debout et une dalle en place. Les canaux ont eu moins à souffrir, et on voit que le gouvernement s'est un peu occupé de leur conservation. Cependant ils se dégradent de jour en jour ; le fameux canal impérial, qui traverse l'empire du nord au sud, est à sec la plupart du temps, et ne sert guère qu'à transporter à Péking le tribut en nature et les céréales destinées à alimenter les greniers publics. Nous aurons occasion d'en parler ailleurs avec quelques détails.

A une journée de Kien-tcheou, le sol devient montueux, très-accidenté, et la campagne moins belle et moins riche. L'aspect de la population n'est pas non plus le même ; l'extérieur est plus rude, plus grossier, et les manières sont moins polies. Le délabrement des fermes et la malpropreté des villages témoignent que les habitants de ces contrées ne vivent pas dans une grande aisance. Ces montagnes pourtant n'ont rien de sauvage ni de repoussant ; leurs sommets sont couronnés de forêts, et les coteaux et les vallons présentent à la vue d'abondantes moissons de kao-leang, de maïs, de cannes à sucre et de tabac. Le kao-leang, variété de l'*holcus sorghum*, dont on ne fait en France que des balais, est cultivé en grand et avec soin dans plusieurs provinces de la Chine. Il obtient un développement prodigieux ; ses hautes tiges sont assez solides et d'assez forte dimension pour être utilisées avec avantage dans la construction des fermes et des clôtures ; les épis fournissent une quantité considérable de gros grains que les pauvres mangent en guise de riz, et dont on obtient aussi, par la distillation, une eau-de-vie très-alcoolisée. Les Chinois attachent, en général, peu d'importance à la culture du maïs, aussi est-il presque partout de médiocre qualité. On cueille les épis avant leur complète maturité et quand ils sont encore laiteux ; on les dévore ainsi, après leur avoir fait subir une légère torréfaction. Le sucre est très-commun en Chine et son prix peu élevé; on le retire de la canne, dont on fait d'abondantes récoltes dans les provinces méridionales. Les Chinois ne savent pas ou ne veulent pas l'épurer et lui donner cette blancheur et ce brillant qu'il acquiert dans les raffineries européennes ; les fabriques le livrent au commerce à l'état de cassonade, ou simplement cristallisé. La culture du tabac est immense ; cette plante, aujourd'hui si répandue sur toute la surface du globe, et d'un usage si universel chez tous les peuples, même parmi ceux qui ont le moins de contact avec les nations civilisées, n'a été, dit-on, connue en Chine que dans ces derniers temps. On prétend qu'elle a été importée dans l'empire du Milieu par les Mantchous, et que les Chinois furent fort surpris quand ils virent, pour la première fois, ces conquérants, aspirant le feu par de longs tubes et mangeant la fumée. Il en a coûté fort peu aux Chinois de se faire fumivores. Ils ont adopté avec enthousiasme, avec fureur même, l'usage de cette plante que les Mantchous, par une étrange coïncidence, nomment, dans leur langue, *tambakou*, et que les Chinois désignent tout simplement par le mot *fumée*. Ainsi ils cultivent dans leurs champs la feuille de fumée ; ils mangent la fumée, et leur pipe s'appelle *tuyau à fumée.*

L'usage du tabac est devenu universel dans tout l'empire ; hommes, femmes, enfants, tout le monde fume, et cela presque sans discontinuer. On vaque à ses occupations, on travaille, on va, on vient, on chevauche, on écrit, on cultive les champs avec la pipe à la bouche. Pendant les repas, si l'on s'interrompt un instant, c'est pour fumer; pendant la nuit, si l'on s'éveille, on allume sa pipe. On comprend combien doit être importante la culture du tabac dans un pays qui doit en fournir à trois cents millions d'individus, sans compter les nombreuses tribus de la Tartarie et du Thibet, qui viennent s'approvisionner sur les marchés chinois. La culture du tabac est entièrement libre, chacun a le droit d'en faire venir en plein champ et dans les jardins, en aussi grande quantité qu'il lui plaît, puis de le vendre en gros ou en détail, comme il l'entend, sans que le gouvernement s'en occupe ou que le fisc intervienne le moins du monde. Le tabac le plus renommé est celui qu'on récolte dans le Léao-tong en Mantchourie et dans la province du Sse-tchouen. Les feuilles, avant d'être livrées au commerce, subissent diverses préparations, suivant les localités. Dans le midi on a l'habitude de les couper par filaments extrêmement déliés; les habitants du nord se contentent de les dessécher, puis de les broyer grossièrement et d'en bourrer ainsi les pipes.

Les priseurs sont généralement moins nombreux en Chine que les fumeurs ; le tabac en poudre, ou, selon le langage chinois, la fumée pour le nez, n'est guère en usage que chez les Tartares mantchous et mongols, et parmi la classe des lettrés et des mandarins. Les Tartares sont de véritables amateurs ; le tabac à priser est pour eux l'objet d'une préoccupation sérieuse, ils en raffolent. Pour l'aristocratie chinoise, ce n'est au contraire qu'un luxe, une fantaisie, un genre qu'on aime à se donner. L'usage de priser a été introduit en Chine par les anciens missionnaires qui résidaient à la cour. Ils recevaient du tabac d'Europe pour leurs besoins particuliers. Quelques mandarins essayèrent d'en prendre et le trouvèrent bon. Peu à peu l'usage s'en répandit, tous les gens comme il faut voulurent se mettre à la mode et flairer de la fumée pour le nez. Aussi Péking est encore le pays par excellence des priseurs. Les premiers débitants furent des chrétiens qui firent des fortunes fabuleuses. Le tabac français était celui qu'on estimait le plus, et, comme il arrivait, à cette époque, ayant pour timbre l'ancien écusson aux trois fleurs de lis, cette marque n'a pas été oubliée, et, chose singulière, aujourd'hui encore les trois fleurs de lis sont, à Péking, la seule enseigne d'un débit de tabac.

Depuis longtemps les Chinois manufacturent eux-mêmes le tabac à priser ; mais leurs produits, auxquels ils ne font subir aucune fermentation, ne valent pas grand'chose. Ils se contentent de pulvériser les feuilles, de tamiser la poudre jusqu'à ce qu'elle obtienne la finesse de la farine, et de la parfumer ensuite avec des fleurs ou des essences. Les tabatières chinoises sont de toutes petites fioles, en cristal, en porcelaine, ou en pierres précieuses, elles sont quelquefois ciselées avec goût et de forme très-élégante ; il en est dont le prix est extrêmement élevé ; à leur bouchon est adaptée une petite spatule en ivoire ou en argent, qui entre dans la fiole et dont on se sert pour retirer et prendre la prise.

Le soleil n'était pas encore couché quand nous arrivâmes à Tchoung-king, ville de premier ordre, et, après Tching-tou-fou, la plus importante de la province du Sse-tchouen ; elle est favorablement située sur la rive gauche du fleuve Bleu. Sur le bord opposé, et en face de Tchoung-king, est une autre grande ville, qui pourrait n'en faire qu'une avec la première, si le fleuve qui les sépare n'était pas d'une largeur si considérable. Ce point est un grand centre de commerce où affluent les marchandises des diverses provinces de l'empire.

Il y a à Tchoung-king une nombreuse et florissante chrétienté. L'ambassadeur Ki-chan, le vice-roi Pao-hing et plusieurs mandarins nous en avaient déjà prévenus. Aussi nous attendions-nous à recevoir la visite des principaux chrétiens de l'endroit, qui ne pouvaient manquer d'être instruits de notre passage ; cependant personne ne parut. Le soir, nous en exprimâmes notre étonnement à maître Ting. Il nous répondit que, à la vérité, un grand nombre de personnes s'étaient présentées pour nous voir, mais qu'on ne leur avait pas permis d'entrer, parce que c'étaient des hommes du peuple, ne portant pas le costume de cérémonie et ayant l'air fort ennuyeux. — Ils ont bien assuré, ajouta-t-il, qu'ils étaient de votre illustre et sublime religion, qu'ils adoraient le Seigneur du ciel ; mais on ne l'a pas cru. Il y avait eu certainement de la malveillance de la part des gardiens du palais communal ; nous ne voulûmes pas nous plaindre cependant, parce que, en apparence du moins, ils étaient dans leur droit. Afin de nous mettre à l'abri des importunités incessantes de la foule et des visiteurs, il avait été convenu que, pour être admis à nous rendre visite dans le palais communal, il faudrait observer les rites prescrits pour les réceptions officielles et d'étiquette. On trouve dans les *Mélanges* de littérature orientale de M. Abel Rémusat quelques détails assez exacts sur la manière cérémonieuse dont se font les visites en Chine. Ils ont été empruntés d'un manuscrit chinois de la Bibliothèque impériale (1).

« On parle souvent de la civilité chinoise, des forma-« lités qu'elle impose à chaque instant et des formules « qu'elle prescrit dans les moindres occasions. On a dit, « et la chose est vraie jusqu'à un certain point, qu'il y « avait une langue qui lui était consacrée, et qu'une con-« versation entre hommes qui ne sont pas liés d'amitié « n'était qu'un dialogue convenu, dont chacun répétait « par cœur sa partie ; mais les échantillons de ce style de « politesse, qu'on a insérés dans quelques relations, sont « peu exacts ou mal expliqués. Ce que Fourmont en a « donné d'après le P. Varo est rempli d'erreurs. Quoi-« qu'on sache bien, en général, ce que sont ces formes « de parler exagérées qui, chez les vieux peuples, sem-« blent le produit d'un long usage de la vie sociale, il « est encore curieux de voir, dans les détails, jusqu'où « peuvent conduire ces raffinements d'urbanité, par les-« quels chacun cherche à faire briller son savoir-vivre. « Pour juger les Chinois sous ce rapport, il faut que les « expressions dont ils font usage soient traduites littéra-« lement, et c'est ce qui n'a pas encore été tenté. Il « pourra donc être agréable à ceux qui aiment à compa-

(1) *Mélanges posthumes*, p. 362 et suiv.

« rer le génie des peuples d'avoir l'interprétation exacte « d'une conversation chinoise. Je crois utile de parler « auparavant de quelques principes généraux sur les vi- « sites. Une matière de cette importance mérite bien « d'être traitée méthodiquement.

« On se fait celer à la Chine comme en Europe, c'est- « à-dire qu'on se dérobe à la foule des visiteurs, en leur « envoyant dire qu'on n'est pas chez soi, sans se soucier « de le leur faire croire. On ne craint pas même de se « dire indisposé, accablé de travail, hors d'état de « recevoir ; les domestiques sont chargés dans ce « cas, de prendre les billets de visite qu'on apporte et de « demander les adresses, pour que leur maître puisse, « dans l'espace de quelques jours, rendre les visites « qu'il n'a pas reçues. Dans un roman chinois, trois « lettrés sont ensemble à se divertir en buvant du vin « chaud et en composant des vers ; on annonce un vieux « mandarin intrigant et d'un commerce ennuyeux et « désagréable. — Imbécile, dit le maître à son domes- « tique, pourquoi ne lui as-tu pas dit que je n'y étais « pas ? — Je le lui ai assuré, répond le domestique, « mais il a vu les palanquins de ces deux nobles visiteurs « devant la porte, et il a connu par là que vous étiez « ici... Le maître se lève, prend son bonnet de céré- « monie, court avec un empressement forcé au-devant « de cet hôte importun, et le comble de politesses af- « fectueuses, sur lesquelles les deux autres lettrés, qui « le détestent, renchérissent encore. On croirait à peine « que cette scène, qui est peinte assez naïvement, se « passe à 104 degrés du méridien de Paris.

« Celui qui veut rendre une visite doit, quelques

« heures auparavant, envoyer, par son domestique, un « billet à la personne qu'il a dessein de voir, tant pour « s'informer si elle est chez elle que pour l'inviter à ne « pas sortir si elle a loisir d'accepter la visite : c'est une « marque de déférence et de respect pour ceux que l'on « veut aller voir chez eux. Le billet est une feuille de « papier rouge, plus ou moins grande, suivant le rang « et la dignité des personnes, et le degré de respect « qu'on désire leur témoigner. Ce papier est aussi plié « en plus ou moins de doubles et l'on n'écrit que quel- « ques mots sur la seconde page, par exemple : Votre « disciple ou votre frère cadet, un tel, est venu pour « baisser la tête jusqu'à terre devant vous, et vous offrir « ses respects... Cette phrase est écrite en gros caractè- « res, quand on veut mêler à l'expression de sa politesse « un certain air de grandeur ; mais les caractères dimi- « nuent et deviennent petits à proportion de l'intérêt « qu'on peut avoir à se montrer véritablement humble « et respectueux.

« Ce billet étant remis au portier, si le maître accepte « la visite, il répondra verbalement : Il me fait plaisir, « je le prie de venir... S'il est occupé, ou s'il a quelque « raison pour ne pas recevoir la visite, la réponse est : « Je lui suis fort obligé, je le remercie de la peine qu'il « veut prendre... Mais si par hasard, le visiteur est un « supérieur, alors on ne manque pas de dire : Monsei- « gneur me fait un honneur que je n'eusse pas osé « espérer... A la Chine, on n'a pas coutume de refuser « ces sortes de visites.

« Si l'on n'a pas reçu de billet qui annonce la visite, « ce qui ne peut avoir lieu qu'à l'égard des inférieurs,

« ou des gens du commun, ou dans le cas d'affaires pres-
« sées, on peut prier le visiteur d'attendre, en lui rendant
« compte de l'occupation qui vous retient un moment.
« Par exemple, le domestique qui reçoit l'étranger lui
« dira : Mon maître vous prie de vous asseoir un instant,
« il achève de se peigner et de faire sa toilette... Mais, si
« l'on a été prévenu par billet, on doit prendre de beaux
« habits, et se tenir prêt à recevoir son hôte à la porte
« de la maison, ou à la descente de son palanquin, et lui
« dire d'abord : Je vous prie d'entrer... On a soin d'ou-
« vrir les deux battants de la porte du milieu ; car il y
« aurait de l'impolitesse à laisser entrer ou sortir par
« les portes latérales. Les grands se font porter dans
« leurs palanquins ou entrent à cheval jusqu'au pied
« de l'escalier qui conduit à la salle des hôtes. Le maî-
« tre de la maison les reçoit en se mettant à leur droite,
« puis il passe à leur gauche en leur disant : Je vous
« prie d'aller devant... et il les accompagne en se tenant
« un peu en arrière.

« Dans la salle des hôtes, des siéges doivent être pré-
« parés et rangés, sur deux lignes parallèles, l'un devant
« l'autre. En y entrant, on commence, dès le bas de la
« salle, à faire la révérence, c'est-à-dire qu'on s'incline
« à côté de son hôte, et un pas en arrière, jusqu'à ce
« que les mains, qu'on tient l'une dans l'autre, touchent
« à terre. Dans les provinces du midi de la Chine, le
« côté du sud est le plus honorable ; c'est le contraire
« dans celles du nord. On pense bien qu'il faut, suivant
« la province, céder le côté le plus honorable à son hôte.
« Celui-ci, par une ingénieuse courtoisie, peut, en deux
« mots, changer l'état des choses, et dire, si on l'a placé

« du côté du midi : *Pe-li*, c'est ici la cérémonie du pays « du nord... Ce qui signifie : J'espère qu'en me mettant « au midi, vous m'assignez la place la moins distin- « guée... Mais le maître de la maison s'empresse de ré- « tablir la situation convenable en disant : *Nan-li*, point « du tout, seigneur, c'est la cérémonie du midi, et vous « êtes à la place où vous devez être.

« Souvent le visiteur affecte de prendre le côté le « moins honorable, alors le maître de la maison s'excuse « en disant : Je n'oserais... ; et, passant devant son hôte « en le regardant toujours, et ayant soin de ne pas lui « tourner le dos, il va se mettre à la place convenable, « et un peu en arrière ; c'est alors que tous deux font, en « même temps, la révérence. Si plusieurs personnes « font une visite ensemble, ou si le maître a quelque « parent qui demeure avec lui, on répète la révérence « autant de fois qu'il y a de personnes à saluer. Ce ma- « nége dure alors assez longtemps, et, tant qu'il « dure, on ne se dit autre chose que *pou-kan, pou-kan*, « je n'oserais.

« Une politesse que l'on doit aux grands, et qui ne « déplaît pas aux personnes d'une condition moyenne « quand on en use avec elles, c'est de couvrir les chaises « de petits tapis faits exprès ; alors on se fait réciproque- « ment de nouvelles façons. On refuse de prendre le « premier fauteuil, pendant que le maître insiste pour « qu'on l'accepte ; celui-ci feint de l'essuyer avec le pan « de sa robe, et l'étranger fait le même honneur au fau- « teuil qui doit être occupé par le maître. Enfin on fait « la révérence à la chaise avant de s'asseoir, et l'on « ne prend sa place qu'après avoir épuisé toutes les

« ressources de la civilité et de la bonne éducation.

« A peine est-on assis, que les domestiques apportent le thé; les tasses de porcelaine sont rangées sur un « plateau de bois vernis. Chez les gens riches, on ne se sert « pas de théière ; mais la quantité de thé nécessaire est « mise au fond de la tasse, et l'eau bouillante versée par- « dessus. L'infusion est très-parfumée, mais on la « prend sans sucre. Le maître de la maison s'approche « des plus considérables de ses hôtes, et leur dit, en tou- « chant le plateau : *Tsing-tcha*, je vous invite à prendre « le thé... ; alors tout le monde s'avance pour prendre « chacun sa tasse. Le maître en prend une avec les deux « mains, et la présente au premier de la compagnie, qui « la reçoit de même avec les deux mains. Les autres af- « fectent de ne prendre les tasses et de ne boire qu'en- « semble, quoiqu'on s'invite, par signes, les uns les au- « tres, à commencer. Quand tout le monde est servi de « cette manière, celui ou ceux qui sont venus en visite, « tenant leur tasse avec les deux mains, et demeurant « assis, se courbent en la portant jusqu'à terre. Il faut « bien prendre garde alors de répandre la moindre « goutte de thé; cela serait fort incivil; et, pour empê- « cher que cela n'arrive, on a soin de ne remplir les tas- « ses qu'à moitié. La manière la plus honnête de servir « le thé est de joindre à la tasse un petit morceau de « confiture sèche et une petite cuiller, qui n'est qu'à cet « usage. Les invités boivent le thé à plusieurs reprises « et fort lentement, quoique tous ensemble, pour être « prêts à reposer la tasse sur le plateau tous à la fois. « Quelque chaude qu'elle soit, on doit plutôt souffrir de « se brûler les doigts que de faire ou de dire rien qui

« puisse troubler la bienséance et l'ordre des civilités.
« Dans les grandes chaleurs, le maître prend son éven-
« tail après que le thé est bu, et, le tenant avec les deux
« mains, il fait une inclination à la compagnie, en di-
« sant : *Tsing-chen*, je vous invite à vous servir de vos
« éventails... Chacun alors prend son éventail ; il serait
« impoli de ne pas en avoir avec soi, parce qu'on serait
« cause qu'aucun ne voudrait en faire usage.

« La conversation doit toujours commencer par des
« choses indifférentes, ou même insignifiantes ; et ce
« n'est pas là, sans doute, la condition du cérémonial la
« plus difficile à remplir. Communément les Chinois
« sont deux heures à dire des riens, et, vers la fin de la
« visite, ils exposent, en trois mots, l'affaire qui les
« amène. Le visiteur se lève le premier, et dit quelque-
« fois : Il y a longtemps que je vous ennuie... De tous
« les compliments que se font les Chinois, celui-là, sans
« doute, est celui qui approche le plus souvent de la
« vérité.

« Avant de sortir de la salle on fait une révérence de
« la même manière qu'en arrivant. Le maître reconduit
« son hôte en se tenant à sa gauche, et un peu en arrière,
« et le suit jusqu'à son palanquin ou à son cheval ; avant
« de monter, l'étranger supplie le maître de le laisser,
« et de ne pas assister à une action qui n'est pas assez
« respectueuse ; mais l'autre se contente de se re-
« tourner à demi, comme pour ne pas le voir. Quand
« l'étranger est remonté à cheval ou que les porteurs
« ont soulevé les bâtons de son palanquin, il dit adieu,
« *tsing-leao*, et on lui rend cette courtoisie, qui est la
« dernière de toutes.

« Tel est l'ordre invariable usité dans les visites en-« tre gens d'une condition presque égale ; on sait bien « qu'il doit se modifier suivant une foule de circonstances « particulières, telles que le rang, les emplois, l'âge, « l'illustration personnelle, etc. On pourrait faire un « volume de tout cela, et l'on pense bien que les Chinois « n'y ont pas manqué. Au reste, il est plus aisé d'être « plus poli à la Chine qu'ailleurs, précisément parce que « la politesse y est mieux déterminée, que les règles en « sont plus constantes, et que chacun sait toujours, « dans une position donnée, ce qu'il doit faire et dire. « C'est une grande gêne, sans doute, mais cette gêne a « bien sa commodité. »

Le degré d'étiquette que nous avions adopté, d'après le conseil du vice-roi, prescrivait aux visiteurs d'envoyer, par avance, un billet de grande dimension, et de se présenter en grande tenue quand ils étaient admis. Par ce moyen nous pouvions nous soustraire, en toute liberté, aux visites des importuns, sans qu'on pût nous taxer d'impolitesse. Nous fûmes peinés, cependant, de voir que cette mesure éloignait de nous les chrétiens, qu'on se gardait bien d'avertir des conditions exigées pour être reçus. Nous exprimâmes à maître Ting combien nous serions heureux de voir les adorateurs du Seigneur du ciel, et nous le priâmes de mettre, à l'avenir, un peu de bonne volonté pour les faire arriver jusqu'à nous ; mais, comme nous pouvions peu compter sur son empressement à nous obliger en cela, nous essayâmes de prendre, de notre côté, quelques mesures efficaces.

La nuit que nous passâmes à Tchoung-king fut marquée par un incident bizarre, fantastique, et dont le récit pourra ressembler un peu à un conte de revenant. Nous déclarons donc, par avance, que ce n'est pas un conte et que nous n'avons été le jouet d'aucune hallucination. Nous étions dans notre chambre, dormant d'un sommeil profond, lorsqu'il nous sembla entendre, comme dans un rêve, un bruit sonore et cadencé qui se promenait, par intervalles, dans les cours, dans les jardins et dans les divers appartements du palais communal. Ce bruit paraissait tantôt venir de fort loin et tantôt être dans notre chambre. Il nous semblait aussi entendre sur les nattes de bambou de légers craquements, comme les pas de quelqu'un qui marche avec précaution pour ne pas être entendu; quelquefois nous étions comme au milieu d'une grande illumination, puis les ténèbres revenaient tout à coup, et une voix, qui se penchait à notre oreille, articulait quelques mots dont nous ne pouvions comprendre le sens, et le bruit sonore et cadencé s'éloignait de nouveau pour se rapprocher encore. Nous étions toujours profondément endormis, et pourtant nous avions le sentiment qu'un cauchemar nous tenait oppressés; car, malgré tous nos efforts, il nous était impossible de nous remuer, d'ouvrir les yeux, ni de proférer une parole. Enfin nous sentîmes comme un coup sur l'épaule, et, après une violente secousse qui nous réveilla en sursaut, nous nous trouvâmes environnés d'une lumière éblouissante et en face d'une figure hideuse, qui se mit à rire et nous montra ses dents longues et jaunies. Le spectre allongea son bras nu et décharné, et nous présenta d'un air grave un papier écrit en caractères européens. Nous fîmes instinctivement un mouvement en arrière pour nous rapprocher du mur, car nous ne comprenions pas trop encore où nous étions. Le spectre se mit à rire de nouveau, retira son bras, prit de la main gauche le flambeau qu'il tenait dans la droite, et fit un grand signe de croix. Nos yeux en étant venus au point de distinguer un peu plus clairement les objets, nous vîmes que nous avions affaire à un véritable Chinois, fort laid, bizarrement coiffé, et nu jusqu'à la ceinture. Quand il s'aperçut que nous étions parfaitement réveillés, il se baissa vers nous, et nous dit, à voix basse, qu'il était chrétien, et qu'il nous apportait une lettre de monseigneur de Sinite, coadjuteur du vicaire apostolique de la province du Sse-tchouen. Le Chinois alluma une lampe sur une petite table à côté du lit ; nous décachetâmes cette lettre qui nous parvenait d'une manière si fantasmagorique, et, pendant que nous lisions, notre chrétien s'éloigna, et se mit à parcourir le palais communal, en frappant de temps en temps sur un morceau de bambou. Cet homme remplissait les fonctions de veilleur de nuit.

Monseigneur Desflèches, évêque de Sinite, que nous avions connu à Macao, en 1839, avait sa résidence dans la ville même de Tchoung-king. Après nous avoir exprimé ses regrets de ne pouvoir sortir de la retraite où il vivait caché, pour venir embrasser des compatriotes, il nous donnait des détails sur les persécutions qui ne cessaient de désoler les chrétiens, malgré les édits de liberté religieuse obtenus par l'ambassade française. Sa Grandeur nous signalait que, dans Tchang-tcheou-hien, ville de troisième ordre, où nous devions passer dans quelques jours, le premier magistrat de la ville venait de faire emprisonner trois chrétiens. Il nous donnait, sur cette affaire, tous les renseignements nécessaires pour pouvoir faire des réclamations lorsque nous serions arrivés sur les lieux. Le chrétien qui nous avait remis cette lettre avait eu soin de déposer sur la table, à côté du lit, une écritoire, une plume et du papier. Nous répondîmes immédiatement à monseigneur Desflèches, pour lui donner l'assurance que nous ferions tout ce qui dépendrait de nous pour obtenir la liberté de ses chers prisonniers. Nous profitâmes en même temps de cette occasion pour le prier d'avertir les chrétiens qui voudraient nous voir de se présenter au palais communal, en se conformant aux prescriptions des rites.

Nous écrivions cette lettre le cœur oppressé d'une tristesse indicible. Un missionnaire, un Français, un ami que nous avions connu autrefois et que nous n'avions pas revu depuis si longtemps, se trouvait à quelques pas de nous, et nous ne pouvions pas nous réunir et tomber dans les bras l'un de l'autre, et nous entretenir un instant de ces choses qui font vibrer l'âme du missionnaire, des souffrances des chrétiens, des épreuves des prédicateurs de l'Évangile, de la patrie, de la France dont nous n'avions aucune nouvelle depuis trois ans. Une consolation si douce nous était interdite ; et nous en étions réduits à nous écrire quelques lignes, au milieu de la nuit, à la hâte et furtivement. Dans la vie des missions, la faim, la soif, les intempéries des saisons, toutes les tortures du corps, ne sont rien en comparaison de ces souffrances morales, de ces privations du cœur, auxquelles il est si difficile de s'accoutumer.

Pendant que nous faisions, en contrebande, cette singulière correspondance, notre rusé chrétien continuait toujours sa ronde dans les divers quartiers du palais communal, sans oublier de frapper, de temps en temps, sur son instrument de bambou, les veilles de la nuit. Quand la lettre fut terminée, il la prit, la cacha avec soin dans les plis de sa ceinture, et se remit tranquillement à sa manœuvre.

Les Chinois ont toujours à leur disposition, pour toutes les circonstances, un trésor inépuisable de ruses et de supercheries. Les chrétiens de Tchoung-king, voulant nous faire parvenir en secret la lettre de monseigneur Desflèches, avaient imaginé de s'introduire de nuit dans le palais communal. L'un d'eux, pauvre artisan, ne pouvant, par sa position sociale, exciter aucun soupçon, se présenta aux gardiens en qualité de veilleur de nuit, ayant soin de demander un salaire bien inférieur à celui qu'on donne ordinairement aux gens qui exercent ce genre d'industrie. Son offre fut acceptée à la grande satisfaction des chrétiens de Tchoung-king, qui durent se trouver heureux de nous faire parvenir leur lettre, et peut-être un peu aussi d'avoir pu jouer un tour à la police ; car les Chinois ne sont pas tout à fait insensibles à cette singulière jouissance des vieux peuples civilisés.

Les gardiens de nuit sont très à la mode dans toutes les provinces de la Chine ; ils sont surtout régulièrement employés dans les pagodes, les tribunaux et les hôtelleries ; les riches particuliers en ont aussi à leur service. Ces hommes sont obligés de se promener pendant toute la nuit, dans les endroits confiés à leur vigilance, et de faire du bruit en frappant, par intervalles, sur un tam-

tam ou sur un instrument de bambou. Ce bruit a pour but d'avertir poliment les voleurs qu'on se tient sur ses gardes, et que, par conséquent, le moment n'est pas favorable pour percer les murs ou enfoncer les portes. Dans certaines villes l'administration entretient aussi des veilleurs de nuit, organisés en patrouille, pour parcourir les rues, maintenir la tranquillité publique, et avertir les citoyens de prévenir les incendies. Ils s'arrêtent un instant dans les divers quartiers, et, après avoir fait résonner trois fois leur tam-tam de bronze, on les entend crier à l'unisson : *lou-chan, lou-hia, siao-sin-ho*, c'est-à-dire : au rez-de-chaussée et à l'étage supérieur, qu'on prenne garde au feu.

Les incendies sont très-fréquents en Chine, surtout dans les provinces méridionales où les maisons sont, en grande partie, construites en bois. L'usage de fumer continuellement, et d'avoir presque toujours du feu pour la préparation du thé, doit être une cause de nombreux accidents ; on est même étonné qu'ils ne soient pas plus multipliés lorsqu'on a vécu quelque temps parmi les Chinois, et qu'on a été témoin du désordre qui règne dans leurs maisons et de leur peu de précaution. Quand un incendie s'est déclaré quelque part, ce qu'on appréhende le plus, ce sont les voleurs ; ils accourent aussitôt de toutes parts, sous prétexte d'éteindre le feu, augmentent à dessein la confusion, s'introduisent partout, et enlèvent à leur profit tout ce qu'ils ont l'air de vouloir arracher aux flammes. C'est un véritable pillage ; aussi, le premier soin de ceux qui sont victimes d'un incendie, c'est d'empêcher le public de venir au secours. On s'empresse de déménager comme on peut, et de faire dans la maison le vide le plus complet. Les voisins de l'incendie sont obligés d'en faire autant, car les pillards, sous prétexte d'arrêter les progrès du feu, se hâtent de démanteler les maisons et d'emporter les matériaux, quand ils ne trouvent pas autre chose à voler ; c'est toujours autant de pris. On comprend ce que peut devenir un incendie avec de pareils auxiliaires. Il suffit de quelques heures pour faire disparaître deux ou trois cents maisons.

Dans plusieurs villes, pourtant, l'administration montre une certaine sollicitude au sujet de ces horribles attentats. Ainsi, comme nous l'avons déjà dit, elle fait crier au public de prendre garde au feu ; de plus, elle entretient, dans les rues principales, de grandes cuves en bois, toujours remplies d'eau ; il existe même quelquefois un corps de pompiers plus ou moins bien organisé. Aussitôt qu'un incendie se déclare, les mandarins se font un devoir de se rendre sur les lieux avec la troupe et les agents de police, afin d'écarter la populace qui, d'instinct, est toujours disposée à se transformer en bande de voleurs. Les pompes chinoises fonctionnent à peu près comme les nôtres ; on les nomme *chui-loûng* ou *yang-loung*, c'est-à-dire dragon aquatique ou dragon marin. Yang-loung peut encore se traduire par dragon européen, ce qui tendrait à prouver que les pompes à incendie sont d'importation européenne, et que les Chinois sont capables de se résigner à admettre chez eux les usages des pays étrangers.

Une chose que nous avons toujours admirée en Chine, c'est l'activité surprenante avec laquelle on se remet, immédiatement après l'incendie, à reconstruire les maisons dévorées par les flammes. Les pompiers se sont à peine retirés que les maçons et les charpentiers envahissent ce sol encore tout brûlant. Ordinairement ce ne sont pas les mêmes propriétaires qui bâtissent ; ceux-là sont, le plus souvent, ruinés ; ils disparaissent et vont se caser où ils peuvent. La soif du commerce et des spéculations est tellement ardente dans ce pays, qu'au moment même où le feu dévore les maisons, les acquéreurs du terrain se présentent en foule, et le contrat de vente se signe, en quelque sorte, à la lueur de l'incendie. Le sol est aussitôt déblayé comme par enchantement, et il est d'usage qu'on aille entasser tous les décombres sur l'emplacement de la maison où le feu s'est d'abord déclaré. La loi, par cette mesure, prétend infliger une punition à celui qu'elle suppose coupable de négligence, en lui faisant supporter tous les frais du déblayement. On rencontre fréquemment, dans l'enceinte des villes, de nombreux entassements de décombres qui n'ont pas d'autre origine que cet usage.

Nous quittâmes Tchoung-king le lendemain, un peu tard, pour aller passer la journée dans la ville voisine. Nous n'eûmes qu'à traverser le fleuve Bleu, dont le cours rapide pouvait présenter quelques difficultés ; mais nous arrivâmes à l'autre bord sans la moindre contradiction, et maître Ting ne manqua pas de s'en attribuer le succès. Il avait su choisir, disait-il, une barque d'une construction parfaite et des mariniers d'une intelligence éprouvée ; puis Kao-wang, dont il avait récité les litanies de grand matin, tout en fumant son opium, avait commandé au fleuve de nous porter sur ses ondes en douceur et pacifiquement.

Nos petites aventures de Kien-tcheou avaient eu du retentissement. Les mandarins, convaincus que nous n'étions nullement disposés à favoriser à nos dépens toutes leurs combinaisons d'intérêt, parurent en prendre leur parti. Déjà à Tchoung-king nous pûmes constater les bons effets de notre fermeté. Nous trouvâmes le palais communal entièrement pavoisé et d'une tenue irréprochable ; tout le monde fit des efforts pour être prévenant et aimable; aussi fûmes-nous tout disposés à récompenser ce zèle par un prompt départ.

L'administration augmenta notre escorte d'un nouveau mandarin militaire et de huit soldats. On ne manqua pas de nous dire que les autorités de la ville avaient voté ce renfort en vue de nous faire honneur, et de donner à notre marche une allure plus solennelle, ou, comme on s'exprime en Chine, pour déployer le caractère d'une majesté hautaine. Nous remerciâmes le préfet de sa courtoisie, et nous lui laissâmes tout le mérite de sa prétendue générosité. Nous savions que la mesure avait été ordonnée par le vice-roi, à cause des bandes de voleurs dont étaient infestés les chemins que nous allions parcourir jusqu'aux limites de la province.

Le nouveau mandarin militaire était un héros de la fameuse expédition envoyée à Canton contre les Anglais en 1842. Quoiqu'il eût fait la guerre contre les diables occidentaux, son air était très-peu martial ; sa longue figure de papier mâché, sa bouche toujours niaisement entr'ouverte, et sa démarche maussade et disloquée, ne lui donnaient pas une tournure extrêmement guerrière. Ses manières prétentieuses et peu convenables nous firent augurer que nous ne ferions pas ensemble très-bon ménage. Dès notre première entrevue, sous prétexte que, pendant son séjour à Canton, il avait été se promener quelquefois devant les factoreries européennes, il prit avec nous de tels airs de camaraderie, que nous fûmes obligés de le rappeler à l'observance des rites.

Après avoir quitté les bords du fleuve Bleu, nous arrivâmes à Tchang-tcheou-hien, ville de troisième ordre. C'était là précisément que se trouvaient ces trois chrétiens emprisonnés dont nous avait parlé monseigneur Desflèches. Aussitôt que nous fûmes installés au palais communal, le préfet de la ville vint, selon la règle établie, nous rendre visite avec tout son état-major. Nous le reçûmes, en présence de nos mandarins conducteurs, avec le plus de solennité possible. Quand nous eûmes épuisé toutes les banalités d'une conversation d'étiquette, nous demandâmes s'il y avait beaucoup de chrétiens dans son district. — Ils sont très-nombreux, nous répondit-il. — Sont-ils braves gens, s'appliquent-ils à la perfection du cœur et aux vertus chrétiennes ? — Comment ! des hommes qui suivent votre sainte doctrine peuvent-ils être mauvais ? Tous les chrétiens sont excellents, c'est une chose connue. — Tu as raison, ceux qui suivent fidèlement la doctrine du Seigneur du ciel sont des hommes vertueux. Votre grand empereur, dans un édit qu'il a adressé à tous les tribunaux, proclame que la religion chrétienne n'a pas d'autre but que d'enseigner aux hommes la fuite du mal et la pratique du bien ; en conséquence, il permet à ses sujets, dans toute l'étendue de l'empire, de suivre cette religion, et il défend aux mandarins, grands et petits, de rechercher et de persécuter les chrétiens. Cet édit impérial est, sans doute, parvenu dans cette ville et tu en as eu connaissance. — La volonté de l'empereur est comme la chaleur et la clarté du soleil ; elle pénètre partout. L'édit impérial est descendu jusque dans cette pauvre ville. — C'est ce que nous avons entendu dire ; mais le peuple, qui, dans ses moments d'oisiveté, aime à répandre des paroles légères et des propos dénués de raison, prétend que, dans le tribunal de Tchang-tcheou-hien, on ne respecte pas la volonté impériale. Les langues indiscrètes vont même jusqu'à dire que trois chrétiens de Tchang-tcheou-hien ont été arrêtés depuis peu de jours et qu'ils sont encore enfermés dans la prison de ton tribunal. Que faut-il penser de ces rumeurs ? — Elles sont vaines et fausses. Le peuple de nos contrées étant enclin au mensonge, on ne doit pas ajouter foi à ses discours. Il est reconnu que les chrétiens sont des hommes vertueux ; qui donc serait assez téméraire pour les mettre en prison, surtout après que l'édit de l'empereur a été notifié ? — Il est, en effet, difficile de concevoir qu'un homme tel que toi soit capable de se laisser aller à une semblable témérité. « Le sage écoute les propos de la multitude ; mais il sait discerner la vérité du mensonge. »

Après cet aphorisme nous rentrâmes dans les banalités de la conversation, au grand contentement du préfet, qui, sans doute, devait beaucoup s'applaudir intérieurement de nous avoir mystifiés. Il se retira plein de lui-même et tout glorieux de son succès, distribuant de majestueux saluts à la compagnie, et se pavanant et faisant la roue comme un coq d'Inde.

Aussitôt qu'il eut quitté le palais communal, nous dîmes à maître Ting : Prends un pinceau et écris...

Nous lui dictâmes le nom, l'âge et la profession des trois chrétiens emprisonnés ; puis nous le priâmes de se rendre immédiatement au tribunal et de remettre ce billet au préfet, en lui disant que ces trois hommes que nous lui signalions étaient enfermés dans ses prisons, qu'il nous avait menti effrontément ; mais que nous avions voulu respecter sa dignité et ne pas le faire rougir devant le public, parce que l'autorité d'un magistrat a toujours besoin d'être entourée de prestige et d'honneur.

Le tribunal du préfet était attenant au palais communal. Aussitôt que maître Ting y fut arrivé, nous entendîmes le retentissement du tam-tam et les clameurs que poussent les satellites quand le juge monte à son siége pour rendre la justice. Un instant après on introduisit en notre présence nos trois chrétiens rendus à la liberté, qui venaient nous saluer et nous témoigner leur reconnaissance. Le scribe du préfet était chargé de nous dire que son maître avait ignoré l'emprisonnement de ces trois chrétiens, que l'affaire avait été traitée par un agent subalterne, ignorant du droit et audacieux, déjà coupable de plusieurs fautes de ce genre, et dont on ne manquerait pas de faire justice. D'après les lois de la politesse chinoise, nous dûmes avoir l'air de prendre ce nouveau mensonge pour une vérité incontestable.

Le motif pour lequel on avait emprisonné les chrétiens, c'est parce qu'ils avaient refusé de contribuer aux superstitions pratiquées par les Chinois dans les temps de grande sécheresse, et dont le but est de demander de l'eau au dragon de la pluie. Lorsque les sécheresses se prolongent et donnent des craintes pour les moissons, il est d'usage que le mandarin du district fasse une proclamation, pour prescrire une abstinence rigoureuse à ses administrés. On prohibe les liqueurs fermentées, les viandes, de quelque espèce qu'elles soient, les poissons, les œufs, en un mot tout ce qui appartient au règne animal ; les légumes seuls sont permis. Les marchands de comestibles ou les consommateurs qui violeraient les lois de l'abstinence seraient sévèrement punis. Chaque particulier affiche au-dessus des portes de sa maison des bandes de papier jaune sur lesquelles sont imprimées quelques formules invocatoires et l'image du dragon de la pluie. Si le ciel est sourd à ce genre de supplication, on fait des collectes et on dresse les tréteaux pour jouer des comédies superstitieuses. Enfin, pour dernier et suprême moyen, on organise des processions burlesques et extravagantes, où l'on promène, au bruit d'une musique infernale, un immense dragon en papier ou en bois. Il arrive quelquefois que le dragon s'entête et ne veut pas accorder la pluie ; alors les prières se changent en malédictions, et celui qui naguère était environné d'hommages est insulté, bafoué et mis en pièces par ses adorateurs révoltés.

On raconte que, sous Kia-king, cinquième empereur de la dynastie tartare mantchoue, une longue sécheresse désola plusieurs provinces du nord. Comme, malgré de nombreuses processions, le dragon s'obstinait à ne pas envoyer de la pluie, l'empereur, indigné, lança contre lui un édit foudroyant, et le condamna à un exil perpétuel sur les bords du fleuve Ili, dans la province de Torgot. On se mit en devoir d'exécuter la sentence, et déjà le criminel s'en allait, avec une touchante résignation, à travers les déserts de la Tartarie, subir sa peine sur les frontières du Turkestan, lorsque les cours suprêmes de Péking, émues de compassion, allèrent en corps se jeter à genoux aux pieds de l'empereur et lui demander grâce pour ce pauvre diable. L'empereur daigna révoquer sa sentence, et un courrier partit, ventre à terre, pour en porter la nouvelle aux exécuteurs de la justice impériale. Le dragon fut réintégré dans ses fonctions, à condition qu'à l'avenir il s'en acquitterait un peu mieux.

Les Chinois de nos jours croient-ils à ces pratiques ridicules, à ces extravagances? Pas le moins du monde. On ne doit voir en tout cela qu'une manifestation extérieure, purement mensongère. Les habitants du Céleste Empire observent les superstitions antiques, sans y ajouter foi. Ce qui a été fait dans les temps passés, on le pratique encore aujourd'hui, par la seule raison qu'il ne faut pas changer ce que les ancêtres ont établi.

CHAPITRE VI.

Mauvaise et dangereuse route. — Leang-chan, ville de troisième ordre. — Contestations entre nos conducteurs et les mandarins de Leang-chan. — Un jour de repos. — Nombreuses visites de chrétiens. — Un mandarin militaire de l'escorte se compromet. — Il est exclu de notre table. — Grand jugement présidé par les missionnaires. — Détails de ce singulier jugement. — Acquittement d'un chrétien et condamnation d'un mandarin. — Sortie triomphale de Leang-chan. — Servitude et abjection des femmes en Chine. — Leur réhabilitation par le christianisme. — Maître Ting prétend que les femmes n'ont pas d'âme. — Influence des femmes dans la conversion des peuples. — Arrivée à Yao-tchang. — Hôtel des Béatitudes. — Logement sur un théâtre. — Navigation sur le fleuve Bleu. — La comédie et les comédiens en Chine.

En quittant Tchang-tcheou-hien, nous remarquâmes que les porteurs de palanquins étaient plus grands, plus vigoureux et plus agiles que d'ordinaire ; ils nous emportaient avec une rapidité et une aisance qui tenaient du prodige. Maître Ting nous dit, en passant à côté de nous, qu'on avait fait un choix parmi les porteurs de la ville parce que la route devait être pénible et dangereuse.

Nous ne tardâmes pas, en effet, à entrer dans un pays montagneux, coupé de profonds ravins, où les chemins n'étaient souvent que d'étroits sentiers en talus, formés de terre glaise, et détrempés par une pluie abondante qui n'avait pas cessé de tomber durant la nuit précédente. Nous eussions bien désiré aller à pied, mais il nous eût été impossible de garder longtemps l'équilibre sur ce terrain glissant. On nous assura qu'il y avait encore moins de danger à rester dans les palanquins. Les porteurs, ayant l'habitude de ces misérables chemins, nous prièrent de nous confier en la solidité de leurs jambes. Nous comptâmes donc un peu sur eux et beaucoup sur la Providence.

Ces pauvres porteurs avançaient, en s'appuyant comme ils pouvaient sur un bâton ferré qu'ils piquaient de temps en temps dans la vase. Quoique cette manœuvre fût de nature à ralentir leur marche, ils allaient cependant avec tant de vitesse que nous en avions le vertige. Il leur arrivait parfois de faire involontairement quelques entrechats ; alors le palanquin se balançait à droite et à gauche avec indécision et semblait vouloir s'échapper de dessus leurs épaules. La position était, en ces moments-là, peu rassurante, car il ne s'agissait de rien moins que d'aller rouler au fond d'un ravin et de se fracasser les membres contre d'énormes cailloux.

Nous ne quittâmes ces horribles sentiers que pour gravir de rapides collines, dont le sol, également glissant, offrait de grandes difficultés, soit pour monter soit pour descendre. Dans ces circonstances, pourtant, le danger n'était pas très-sérieux ; les chutes ne pouvaient avoir que le désagrément de retarder la marche. Pour obvier à cet inconvénient, on attachait devant le palanquin deux longues cordes auxquelles on attelait une douzaine d'individus qui faisaient ainsi avancer la machine. Quand il fallait descendre, on plaçait les cordes en sens inverse pour modérer l'impétuosité des porteurs.

Cet étrange attelage était recruté le long de la route d'une façon un peu tyrannique, mais conforme aux habitudes du pays. Quand on apercevait des cultivateurs aux champs ou des bûcherons dans les forêts, les satellites de l'escorte couraient après, et, s'ils pouvaient les atteindre, ils les requéraient au nom de la loi, de venir traîner le convoi l'espace de cinq lis (1). C'était un bizarre spectacle que de voir les stratagèmes mis en usage dans cette chasse d'un genre tout à fait nouveau pour nous. Quand les fuyards se trouvaient cernés par les évolutions savantes et agiles des gens des mandarins, ils se rendaient à discrétion, et venaient, en riant, se soumettre à cette malencontreuse corvée. Nous fûmes d'abord peinés de voir ces pauvres villageois, arrachés à l'improviste à leurs travaux, pour nous apporter gratuitement le secours de leurs bras et de leurs jambes ; mais nous dûmes laisser aller les choses conformément aux usages du pays, car nous n'étions nullement chargés de réformer, chemin faisant, les abus que nous pourrions rencontrer dans le Céleste Empire.

Avec l'assistance de Dieu, nous nous tirâmes heureusement de tous les mauvais pas de la route. Nous arrivâmes à Leang-chan-hien accablés de fatigue ; nous avions eu, il est vrai, bien moins de peines physiques à endurer que nos porteurs ; mais, au moral, nous avions beaucoup plus souffert qu'eux. Nous sentions même tous nos membres comme brisés de lassitude, quoique nous n'eussions fait à pied, tout au plus, qu'une centaine de pas. La gêne et la contrainte que nous avions été obligés

(1) Une demi-lieue.

de nous imposer pour garder une parfaite immobilité dans nos palanquins et leur éviter la moindre secousse, nous avaient, en quelque sorte, produit l'effet d'une marche forcée. Aussi, dès que nous fûmes arrivés au palais communal, nous nous hâtâmes de prendre un peu de repos, en laissant, toutefois, maître Ting chargé de dire aux visiteurs que nous n'y étions pas.

Nos mandarins et les gens de l'escorte qui, sans doute, ne se trouvaient pas aussi fatigués que nous, ne discontinuèrent pas de faire un vacarme affreux avec les gardiens du palais communal. Durant la nuit tout entière, nous eûmes le déplaisir de les entendre se quereller sur des affaires dont nous ne pouvions parvenir à saisir le fil. Nous comprenions seulement qu'il était question de gain et de perte, de ruse et de fraude. Quand le jour parut, notre domestique vint nous raconter tous les détails de cette chinoiserie. Nos conducteurs, poussés par l'instigation du nouveau mandarin militaire que nous avions pris à Tchoung-king, voulaient exiger des tribunaux de Leang-chan un viatique plus considérable que celui dont il avait été convenu. Afin d'appuyer leurs prétentions d'une manière plus efficace, ils n'avaient pas craint de falsifier la feuille de route signée par le vice-roi ; mais, malheureusement, les mandarins de Leang-chan en ayant une copie, il leur avait été facile de vérifier la fraude. De là des querelles interminables ; la nuit n'avait pas suffi pour en venir à bout, et le jour trouva encore nos gens se disputant avec le même acharnement. Maître Ting essaya de nous faire intervenir ; il nous avait dépeints aux mandarins du pays comme des hommes terribles, et il comptait beaucoup qu'ils en passeraient par tout ce que nous voudrions. Cette affaire ne nous concernant pas, nous n'eûmes garde de nous en mêler. Nous les avertîmes seulement de s'accorder, comme ils le pourraient, le plus promptement possible, parce que nous n'entendions pas nous mettre en route au plus fort de la chaleur.

Quand on eut épuisé de part et d'autre toutes les ruses et tous les stratagèmes de la polémique chinoise, la paix fut conclue, sans que nous ayons pu savoir à quelles conditions; du reste, peu nous importait. Vers onze heures on vint nous avertir, d'un air de triomphe, qu'enfin nous allions partir. — Il est trop tard, répondîmes-nous, on ne partira que demain. Nous n'avons assurément aucun droit de vous empêcher de vous quereller, mais nous ne vous reconnaissons pas non plus celui de nous faire partir au moment le plus chaud de la journée ; nous ne pouvons pas être les victimes de vos contestations. — Les gens de notre escorte comprirent tout de suite qu'il n'y avait rien à faire, et que nous ne reviendrions pas de notre résolution. Il n'en fut pas ainsi des fonctionnaires de Leang-chan ; ils ne purent en prendre leur parti qu'après avoir épuisé toutes leurs ressources diplomatiques. Le commandant militaire de la ville essaya de nous séduire avec une belle jarre de vin vieux, qu'il accompagna des exhortations les plus touchantes et les plus fraternelles. Nous goûtâmes le vin, que nous trouvâmes délicieux, et, après mille actions de grâces, il fut décidé que nulle part nous ne pourrions le boire en aussi bonne compagnie qu'à Leang-chan.

Aussitôt qu'il fut bien constaté que nous ne partirions pas, le palais communal fut envahi par une foule de petits marchands, qui venaient nous offrir des curiosités de leur pays. Ce que nous trouvâmes de plus remarquable parmi ces nombreux étalages de marchandises chinoises, c'étaient des stores dont on se sert, dans les pays chauds, pour garnir le devant des portes et des fenêtres. Ils sont fabriqués avec de petites baguettes de bambou, habilement jointes ensemble par des cordons de soie, et ornés de peintures représentant des fleurs, des oiseaux et une foule de dessins de fantaisie. Le beau vernis qui les recouvre rehausse la vivacité des couleurs et donne à ces légers treillis une fraîcheur et un éclat ravissants. On trouve encore dans cette ville des colliers odorants d'une grande variété.

Les chrétiens sont assez nombreux à Leang-chan, et nous étions étonnés qu'il ne s'en fût encore présenté aucun. Sans crainte de porter un jugement téméraire, nous pensâmes que les mandarins du lieu avaient défendu de les laisser entrer, afin de nous punir de notre indocilité. En nous promenant dans la première cour, nous aperçûmes, parmi la foule qui stationnait devant la porte, un homme qui fit à dessein le signe de la croix pour être reconnu. Nous allâmes droit à lui et nous l'invitâmes à nous suivre dans la salle de réception. Le long mandarin militaire qui nous accompagnait depuis Tchoung-king essaya de le faire rétrograder ; mais il fut immédiatement prié, de l'œil, du geste et de la voix, de vouloir bien modérer un zèle si intempestif et si peu de notre goût. Après avoir écouté avec le plus vif intérêt les détails que le chrétien nous donna sur l'état de la mission, nous lui dîmes d'avertir ses frères de se présenter avec un billet de visite et en habit de cérémonie, et que l'entrée ne serait refusée à personne. Nous allâmes nous-mêmes donner la consigne au concierge, et la nouvelle s'étant répandue avec rapidité dans toute la chrétienté, les visites nous arrivèrent bientôt par nombreux détachements. Comment exprimer les ineffables jouissances que nous goûtâmes dans ces réunions? Ces hommes nous étaient tous inconnus, mais ils étaient pour nous des amis et des frères. Nous sentions qu'un courant de fraternité, une sorte de magnétisme chrétien, passait d'eux à nous et de nous à eux. Nous nous aimions sans nous être jamais vus, parce que nous avions une même foi et une même espérance. Depuis si longtemps nous étions errants parmi des peuples indifférents ou ennemis, que la sympathie dont nous étions entourés, bien qu'elle fût un peu chinoise, dilatait nos cœurs et les remplissait de douces émotions. Il nous semblait, en nous entretenant avec des chrétiens, que nous étions seulement à un pas de la France. Les mandarins étaient tout surpris de ces intimités spontanées et de ces relations qui semblaient dater de fort loin. Ils en paraissaient inquiets, préoccupés, et on voyait qu'ils étaient obligés de faire des efforts pour ne pas manifester ouvertement leur mauvaise humeur. Un incident de nulle importance, une bagatelle, vint faire éclater leur colère et faillit donner naissance à une grosse affaire.

Avant la tombée de la nuit, nous récitions notre bréviaire en nous promenant dans une allée de la cour intérieure, pendant que nos trois mandarins de l'escorte, assis sous un grand laurier-rose, fumaient leur longue pipe et savouraient la délicieuse fraîcheur du soir. Notre domestique traversa la cour avec un petit paquet et une lettre, et se dirigea vers notre chambre : le mandarin militaire que nous avions pris à Tchoung-king l'y suivit. Quoiqu'il eût bien choisi son temps pour ne pas être aperçu, nous remarquâmes sa démarche, et aussitôt que nous fûmes libres, nous courûmes à notre chambre, pour y inspecter notre audacieux surveillant. Nous le trouvâmes en flagrant délit, lisant la lettre et fouillant le paquet qui étaient à notre adresse. Dès qu'il nous aperçut, il voulut s'esquiver avec les objets dont il venait de s'emparer ; mais nous lui barrâmes le passage, et, après l'avoir refoulé au fond de la chambre, nous fermâmes la porte et nous nous élançâmes sur lui en criant : Au voleur ! Lorsqu'il vit que nous saisissions une grosse corde pour le lier, il appela au secours, et alors tout ce qu'il y avait de monde dans le palais communal se précipita en tumulte vers notre chambre.

Ailleurs, nous eussions ri volontiers de cette singulière aventure ; mais, en Chine, il fallait, en cette circonstance, éclater en colère et en indignation ; nous n'y manquâmes pas. Le paquet étant à notre disposition, il fut ouvert, et nous y trouvâmes des fruits secs et quelques colliers odorants qu'une famille chrétienne avait eu l'aimable attention de nous offrir. La lettre n'était pas plus compromettante ; elle était ainsi conçue :

« L'humble famille des Tchao se prosterne jusqu'à « terre devant les Pères spirituels originaires du grand « royaume de France, et les prie de faire descendre sur « eux la bénédiction du ciel. C'est par la volonté miséri- « cordieuse de Dieu que nous avons obtenu votre pré- « cieuse présence dans notre pauvre et obscure contrée.

« Bientôt nous serons séparés par les fleuves et les

« montagnes ; mais les sentiments du cœur parcourent « en un moment des distances infinies. Le jour et la « nuit, nous penserons aux Pères spirituels.

« A Leang-chan, tous les Amis (1) de la religion se « réuniront, afin d'adresser des prières au Seigneur du « ciel, et de demander une paix inaltérable pour l'âme « et pour le corps. Nous élevons vers vous quelques « fruits du pays ; daignez abaisser votre main pour les « recevoir. Cette petite offrande est celle de notre cœur.

« Ces caractères sont tracés par les hommes pécheurs « et les femmes pécheresses de la famille Tchao. »

Le zélé mandarin militaire, confus de n'avoir découvert aucune trace de complot, tremblait de tous ses membres aux accents de notre colère factice. Le préfet de la ville arriva, avec tout son état-major, pour organiser la paix ; mais il s'y prit si mal, qu'il obtint un résultat précisément tout opposé à celui qu'il se promettait. Il eut la maladresse de nous annoncer, tout d'abord, qu'il venait de faire arrêter et mettre en prison le chef de la famille Tchao, comme étant le principe et la source de cette malencontreuse affaire. — Un jugement ! nous écriâmes-nous, il faut un jugement ! Si le chef de la famille Tchao a péché, qu'il soit puni selon les lois, pour l'exemple du peuple... Si le chef de la famille Tchao est innocent, alors c'est le mandarin militaire de Tchoung-king qui est coupable, et il doit être châtié. La paix a été troublée dans le palais communal ; nous qui voyageons sous la sauvegarde de l'empereur, nous avons été insultés par un

(1) *Kiao-you*, c'est ainsi que les chrétiens chinois se nomment entre eux.

fonctionnaire; il faut que l'ordre soit rétabli par un jugement, et que chacun soit mis à sa place, bonne ou mauvaise, suivant sa conduite...

Le préfet de Leang-chan, qui ne voyait pas bien clairement où nous voulions en venir, essaya de nous persuader que cette affaire devait être considérée comme terminée, qu'il n'en devait plus être question; que le chef de la famille Tchao allait être gracié et mis en liberté, et que, par conséquent, toutes les émotions de l'âme devaient cesser. A toutes ses exhortations et à celles de ses nombreux collègues, nous répondions toujours par le même mot : Un jugement! Si le chef de la famille Tchao est innocent, il n'a pas besoin de grâce; sa conduite doit être examinée attentivement; il a été maltraité aux yeux de tout le monde. Notre honneur et celui de tous les chrétiens se trouvent engagés dans cette affaire. Il faut un jugement public, afin qu'on puisse expliquer au peuple, avec clarté et méthode, les véritables principes du droit... Ceux qui nous connaissent, dîmes-nous au préfet, savent que nous ne sommes pas des hommes à paroles légères et à résolutions flottantes; ainsi, nous déclarons ici, en présence de tout le monde, avec droiture et sans ambiguïté, que nous ne quitterons Leang-chan qu'après un jugement public, auquel nous assisterons. Il est déjà tard, et on peut donner immédiatement les ordres de faire, au tribunal, les préparatifs nécessaires. Nous adressant ensuite à maître Ting, nous lui dîmes que, l'heure du souper étant arrivée, il fallait se mettre à table; et, afin de ne pas prolonger davantage la discussion par notre présence, et pour inviter chacun à se rendre à ses affaires, nous fîmes au préfet de la ville et à son état-major une belle révérence ; et nous allâmes nous promener dans un petit jardin solitaire qui se trouvait derrière notre chambre.

Quelques minutes après, tous les curieux que l'aventure des fruits secs avait attirés au palais communal ayant disparu, on vint nous avertir que le vin chaud était sur la table. En entrant dans la salle où était servi le souper, nous remarquâmes que le mandarin de Tchoung-king était à son poste parmi nos commensaux ordinaires. Nous lui fîmes signe de sortir, en lui déclarant que, désormais, il nous était impossible de prendre nos repas avec lui. Il s'avisa d'abord de trouver la chose un peu plaisante ; mais notre attitude ne tarda pas à lui faire comprendre que nous parlions très-sérieusement ; et ses collègues l'ayant engagé à s'exécuter, il sortit d'assez mauvaise grâce, et s'en alla manger son riz ailleurs.

Notre souper, comme on peut aisément se l'imaginer, ne fut pas d'une gaieté bien folle. On piquait dans les plats à droite et à gauche, machinalement et en silence. Les bâtonnets saisissaient et laissaient retomber souvent le même morceau avant de l'emporter. On avalait, par manière de distraction, de nombreux petits verres de vin chaud ; on se regardait du coin de l'œil, et sans rien dire ; chacun pensait au fameux jugement. Il nous semblait parfois que nous nous étions avancés peut-être avec trop de hardiesse, et, s'il se fût trouvé à Leang-chan un préfet d'un caractère tant soit peu énergique, il eût été prudent de songer à faire une retraite honorable ; mais nous avions affaire à un homme peureux, d'une nature molle, et que nous étions assurés de faire plier. Il nous importait donc de marcher résolûment jusqu'au bout; nous étions, d'ailleurs, bien aises de profiter d'une occasion un peu imposante pour relever, s'il était possible, le moral des chrétiens grandement abattu par toutes ces promesses illusoires de liberté religieuse.

La conversation ayant pris très-peu de temps, nous nous trouvâmes vite à la fin du repas. On apporta le thé et les pipes, et, pour lors, il fallut bien renoncer au mutisme, car les occupations n'ayant plus le même degré d'activité et d'importance, il n'y avait plus de prétexte à garder le silence. On en vint immédiatement, et sans préambule, à ce dont tout le monde était préoccupé, c'est-à-dire à la question du jugement. Nous fûmes les premiers à prendre la parole. Nous pensons, dîmes-nous, que tout est déjà préparé au tribunal pour le jugement qui doit avoir lieu ce soir ; l'heure a-t-elle été fixée ? — Oui, certainement, répondit maître Ting, tout se fera selon vos désirs. Le préfet s'en est chargé ; il est très-renommé pour son habileté à discuter les points les plus difficiles du droit. Tout ira bien ; vous pouvez être tranquilles. Seulement vous ne pourrez pas assister au jugement, les lois de l'empire s'y opposent ; mais peu importe. — Il importe, au contraire, beaucoup que nous y soyons ; tenez-vous bien pour averti que, si le jugement se fait sans nous, ça ne comptera pas. Après de longues et chaleureuses discussions, nous en fûmes toujours au même point. Les émissaires du tribunal allaient et venaient sans cesse, sans apporter jamais de solution. Cependant, comme nous n'avions nullement envie de passer la nuit à parlementer, nous dîmes à maître Ting de se charger de négocier sur les bases suivantes : Si, à dix heures du soir, le jugement ne commençait pas, nous irions nous coucher, et alors il faudrait le faire le lendemain, et demeurer encore un jour à Leang-chan ; si, le lendemain, on n'était pas décidé, nous resterions indéfiniment, car notre résolution irrévocable était de ne partir qu'après le jugement. Maître Ting, muni de nos instructions, se rendit au tribunal. Dix heures étant arrivées sans qu'il eût reparu, nous allâmes nous coucher et nous nous endormîmes profondément, quoique nous fussions à la veille d'une grande bataille.

Vers minuit, une députation du premier magistrat vint nous tirer de notre sommeil, et nous avertir que, tout ayant été réglé et disposé pour le jugement, on nous attendait au tribunal. L'heure ne nous paraissait pas extrêmement convenable ; cependant, considérant que, pour en venir là, les mandarins avaient dû passer pardessus bien des répugnances, nous crûmes que, de notre côté, nous pouvions aussi faire quelques concessions. Nous nous levâmes promptement, et, après nous être costumés le plus pompeusement possible, nous nous rendîmes au tribunal en palanquin, et escortés de nombreux satellites qui portaient à leurs mains des torches de bois résineux. Nous savions ce qu'était un jugement chinois ; ceux que nous avions subis à Lha-ssa et à Tching-tou-fou nous avaient mis un peu au courant des règles de la procédure. Nous nous étions tracé d'avance, d'après nos souvenirs, un beau petit plan ; il ne s'agissait plus que de l'exécuter avec beaucoup d'aplomb.

Nous fûmes introduits dans la salle d'audience, qui

était splendidement éclairée par de grosses lanternes en papier de diverses couleurs. Une multitude de curieux, parmi lesquels devaient se trouver un grand nombre de chrétiens, encombrait le fond de la salle. Les principaux mandarins de la ville, et nos trois conducteurs, se trouvaient, à la partie supérieure, sur une estrade élevée, où on avait disposé plusieurs siéges devant une longue table. Aussitôt que nous fûmes arrivés dans ce sanctuaire de la justice, les magistrats nous firent l'accueil le plus gracieux, et le préfet nous dit qu'il fallait prendre place aussitôt, pour commencer vite le jugement. La situation était critique. Comment allait-on se placer? Personne ne paraissait bien fixé sur ce point, et notre présence semblait donner au préfet lui-même des doutes sérieux au sujet de ses prérogatives ; il avait bien sur le devant de sa tunique de soie violette un dragon impérial richement brodé en relief ; mais nous portions, nous, une belle ceinture rouge. Le préfet avait un globule bleu, et nous autres, nous étions coiffés d'un bonnet jaune. Après quelques instants d'hésitation, nous nous sentîmes une telle surabondance d'énergie, que nous éprouvâmes le besoin de diriger nous-mêmes les débats. Nous allâmes donc nous installer fièrement sur le siége du président, et nous assignâmes à nos assesseurs la place qu'ils devaient occuper à droite et à gauche, chacun suivant le degré de sa dignité. Il y eut dans l'auditoire un petit mouvement d'hilarité et de surprise qui n'avait pourtant aucun caractère d'opposition. Les mandarins se trouvèrent, du coup, complétement désorientés, et se placèrent, comme des machines, selon qu'il leur avait été dit.

La séance était ouverte. Nous plaçâmes devant nous, sur la table, le corps du délit, c'est-à-dire la lettre et le petit paquet. Après avoir lu et commenté la lettre, nous la fîmes passer au mandarin militaire de Tchoung-king qui se trouvait à la dernière place à droite, et nous lui demandâmes si c'était bien là la lettre qu'il avait décachetée, s'il la reconnaissait. La réponse fut affirmative. Nous lui fîmes ensuite passer le paquet qui renfermait des fruits secs et quelques colliers parfumés au girofle et au sandal. Son identité ayant été constatée, nous chargeâmes une sorte d'huissier, coiffé d'un bonnet de feutre noir en forme de pain de sucre et orné de longues plumes de faisan, de présenter la lettre et le paquet à chacun des juges, afin que le tribunal pût bien former sa conscience et se prononcer en parfaite connaissance de cause.

Ces préliminaires étant terminés, l'ordre fut donné d'aller chercher l'accusé et de l'introduire à la barre. Bientôt nous vîmes s'avancer, entre quatre satellites de mauvaise mine, un Chinois aux manières élégantes et d'une physionomie pleine d'intelligence. Un chapelet, au bout duquel brillait une grande croix de cuivre, était passé à son cou en guise de collier. En voyant l'accusé, nous espérâmes que le procès marcherait avec succès. On comprend combien il eût été embarrassant et peu agréable d'avoir affaire à un homme timide, borné, incapable, en un mot, de nous soutenir dans la position singulière où nous nous trouvions ; mais il était impossible de mieux rencontrer. Le chef de la famille Tchao nous parut taillé tout exprès pour la circonstance.

Dès qu'il fut arrivé au bas de l'estrade, il jeta sur la cour un regard rapide, mais suffisant pour lui faire remarquer que celui qui allait le juger n'était pas un mandarin du Céleste Empire. Il se prosterna en souriant, et après avoir salué le président, en frappant la terre trois fois du front, il se releva pour adresser à chaque juge une profonde inclination. Lorsqu'il eut parcouru de la meilleure grâce du monde sa série de salutations, il se mit à genoux, car, d'après la loi chinoise, c'est dans cette posture que doivent être les accusés devant leur juge. Nous l'invitâmes à se relever, en lui disant que nous serions peinés de le voir à genoux devant nous, parce que cela n'était pas conforme aux usages de notre pays. — Oui, dit le préfet, tiens-toi debout puisqu'on te le permet. Maintenant, ajouta-t-il, comme les hommes de ces lointaines contrées n'entendent pas, sans doute, facilement ton langage, je vais moi-même faire l'interrogatoire. — Non, cela ne se peut pas. Votre crainte est sans fondement; vous allez voir que nous pouvons très-bien nous entendre avec cet homme. — Oui, dit l'accusé, ce langage est pour moi blancheur et clarté; je le comprends sans hésitation. — Puisque la chose est ainsi, dit le préfet, un peu déconcerté, tu vas répondre avec droiture et simplicité de cœur aux questions qui te seront adressées.

Nous procédâmes donc à l'interrogatoire dans la forme suivante : — Comment t'appelles-tu ? — Le Tout Petit (1) porte le nom vil et méprisable de Tchao; le nom que j'ai reçu au baptême est Simon. — Quel âge as-tu? d'où es-tu ? — Il y a trente-huit ans que le Tout

(1) C'est ainsi que doivent se qualifier les Chinois en présence des mandarins.

Petit endure les misères de la vie dans le pauvre pays de Leang-chan. — Es-tu chrétien? — Moi, homme pécheur, j'ai obtenu la grâce de connaître et d'adorer le Seigneur du ciel. — Voilà une lettre ; la reconnais-tu ? par qui a-t-elle été écrite ? — Je la reconnais ; c'est le Tout Petit qui en a tracé les caractères peu gracieux avec son pinceau dépourvu d'habileté. — Examine ce paquet ; le reconnais-tu ? — Je le reconnais. — A qui as-tu adressé ce paquet et la lettre? — Aux Pères spirituels du grand royaume de France. — Quel était ton but en nous envoyant ces objets? — L'humble famille Tchao voulait témoigner aux Pères spirituels ses sentiments de piété filiale. — Comment cela se peut-il? nous ne sommes pas connus de vous et nous ne vous avons jamais vus. — C'est vrai, mais ceux qui ont la même religion ne sont pas étrangers les uns aux autres ; ils ne font qu'une seule famille, et, quand des chrétiens se rencontrent, leurs cœurs se comprennent facilement. — Vous voyez, dîmes-nous au préfet, que cet homme comprend parfaitement notre langage; il répond avec lucidité à toutes nos questions. Vous savez aussi, maintenant, que les chrétiens ne forment ensemble qu'une seule famille ; il est écrit dans vos livres et vous répétez souvent vous-mêmes que tous les hommes sont frères. Cela veut dire que tous les hommes ont une même origine ; qu'ils viennent du Nord ou du Midi, de l'Orient ou de l'Occident, ils sont tous issus du même père et de la même mère ; la racine est une, quoique les rejetons soient innombrables. Voilà ce qu'on doit entendre quand on dit que tous les hommes sont frères ; cela signifie encore qu'il n'y a qu'un seul souverain Seigneur qui a créé et qui gouverne toutes choses. Il est le grand *Père et Mère* de dix mille peuples qui sont sur la terre. Comme les chrétiens seuls adorent ce souverain Seigneur, ce grand *Père et Mère*, voilà pourquoi il est dit qu'ils forment entre eux une seule famille. Ceux qui ne sont pas chrétiens appartiennent bien aussi, par l'origine, à la même famille, mais ils vivent séparés, ils oublient les principes de l'autorité paternelle et de la piété filiale. — Tout cela est fondé en raison, dirent les juges chinois, voilà la vraie doctrine dans toute sa pureté.

Après cette courte digression théologique, nous revînmes au procès. — Nous autres, dîmes-nous à l'accusé, nous sommes étrangers à l'empire du Milieu, nous y avons vécu un assez grand nombre d'années pour connaître la plupart de vos lois; cependant il en est, sans doute, beaucoup qui ont dû nous échapper, ainsi réponds-nous suivant ta conscience. En nous envoyant une lettre et un paquet de fruits secs, penses-tu avoir agi contrairement aux lois ? — Je ne le pense pas ; je crois, au contraire, avoir fait une bonne action, et nos lois ne le défendent pas. — Comme tu es un homme du peuple, tu pourrais te tromper et ne pas bien comprendre les lois de l'empire. Nous adressant alors aux magistrats qui siégeaient avec nous, nous leur demandâmes si cet homme avait commis une action répréhensible. Tous répondirent unanimement que sa conduite était digne d'éloges ; et vous, dîmes-nous au nommé Lu, mandarin de Tchoung-king, quelle est votre opinion ? — Il ne peut y avoir aucun doute, l'action de la famille Tchao est vertueuse et sainte. Qui serait assez insensé pour dire le contraire et soutenir qu'elle est répréhensible ? —

Voilà maintenant qui est clair, dîmes-nous à l'accusé, la vérité a été séparée de l'erreur soigneusement. D'après le témoignage des mandarins supérieurs et inférieurs, tu avais le droit de suivre les sentiments de ton cœur et de nous faire cette offrande. Dans ce cas, nous l'acceptons ici ouvertement et en présence de tout le monde ; nous conserverons ta lettre avec le plus grand soin et comme une chose précieuse.

Le procès était terminé, nous eussions pu prononcer aussitôt un verdict de non-culpabilité et renvoyer l'accusé triomphalement au sein de sa famille. Cependant, comme nous avions pris goût aux fonctions de mandarin, nous prolongeâmes encore la séance. Nous demandâmes à l'honorable Tchao des détails sur la chrétienté de Leang-chan. Son langage fut plein de courage et de convenance, il entra dans une foule de particularités très-intéressantes pour nous, mais auxquelles probablement les autres juges ne devaient pas comprendre grand'chose. Enfin nous nous hasardâmes à lui adresser cette question : — Les chrétiens de Leang-chan sont-ils fidèles observateurs des lois ? Donnent-ils le bon exemple au peuple ? — Nous autres chrétiens, répondit Tchao, nous sommes faibles et pécheurs comme les autres hommes ; nous faisons, pourtant, des efforts pour pratiquer la vertu. — Oui, faites des efforts pour être des hommes vertueux, travaillez à conformer votre conduite à la pureté et à la sainteté de la doctrine du Seigneur du ciel, et vous verrez que, dans tout l'empire, les mandarins et le peuple finiront par vous rendre justice. Déjà l'empereur a reconnu dans un édit que la religion chrétienne avait pour but de porter les hommes à la pratique du bien et à la fuite du mal, et, en conséquence, il a défendu aux grands et aux petits tribunaux des dix-huit provinces de poursuivre les chrétiens. Cet édit n'a pas été promulgué dans toutes les localités; mais son existence est authentique, vous pouvez l'annoncer à tous les amis de la religion ; il vous est donc permis de réciter les prières et d'observer les rites chrétiens sans peur et en toute liberté. Qui serait assez audacieux pour vous tourmenter et encourir la colère de l'empereur ?

Après cette petite allocution, nous demandâmes au préfet si on pouvait renvoyer chez lui le chef de la famille Tchao. — Puisqu'il est manifeste, dit-il, que la conduite du nommé Tchao a été vertueuse en tous points, on doit le lâcher pour qu'il aille porter la consolation de sa présence à ses parents et à ses amis. On allait lever la séance ; mais nous étendîmes le bras, et nous demandâmes à exprimer encore une pensée. — Puisque, dîmes-nous, l'action du chef de la famille Tchao était conforme aux lois et irréprochable, il est évident que la conduite du mandarin Lu a été coupable. Il s'est introduit furtivement dans notre chambre et s'est couvert la face de honte en décachetant une lettre qui nous était adressée. Le mandarin Lu avait été nommé pour nous escorter militairement, depuis la ville de Tchoung-king jusqu'aux frontières de la province ; mais, comme on voit clairement qu'il n'a pas reçu une bonne éducation, et que son ignorance des rites peut le conduire aux plus grandes fautes, nous déclarons ici que nous ne voulons plus de lui ; notre déclaration sera écrite et envoyée aux autorités supérieures de Tchoung-king. A ces mots, nous nous levâmes, et la séance fut close. Notre admirable chrétien vint à nous, se mit à genoux et nous demanda la bénédiction en présence de tous les assistants. Le chef de la famille Tchao reçut des félicitations de la part des mandarins qui avaient siégé à cette étrange procédure, et il les méritait bien. Il nous sembla que, par son attitude si digne et par son langage si courageux, et en même temps si plein de convenance, il avait relevé le nom chrétien aux yeux de tout le monde. Cependant l'avenir nous préoccupait, et certains sentiments de défiance venaient mêler un peu de trouble à la joie de notre petit triomphe. Nous craignîmes qu'après notre départ le tribunal de Leang-chan ne cherchât à prendre sa revanche contre les chrétiens. Nous recommandâmes à Simon Tchao la plus grande prudence, de peur de donner prise à la malveillance des mandarins, et nous l'invitâmes à nous faire parvenir de ses nouvelles. Un an après, nous reçûmes une lettre à Macao de Leang-chan, nous annonçant que, depuis notre départ, la chrétienté avait joui d'une paix inaltérable et que personne n'avait osé persécuter les adorateurs du Seigneur du ciel.

Quand nous rentrâmes au palais communal, la nuit était presque finie ; cependant nous allâmes nous coucher, non pas pour dormir, la chose eût été difficile, mais pour nous reposer un peu, reprendre notre équilibre et nous préparer à partir dans quelques heures. Nous éprouvions le besoin de nous recueillir et de rentrer dans le cercle de nos idées habituelles, dont nous étions sortis quelques instants d'une manière si brusque et si inattendue. Nous quittions à peine le tribunal, et tout ce qui s'y était passé nous paraissait fabuleux. Nous ne pouvions concevoir comment nous d'abord, puis les mandarins et le peuple, tout le monde s'était laissé aller à prendre au sérieux ce jugement si extraordinaire. Ce rôle de président, joué à l'improviste par un missionnaire français, dans une ville chinoise, en présence de magistrats chinois, et cela sans obstacle le plus naturellement du monde... Deux étrangers, deux barbares, si l'on veut, maîtrisant pour un instant tous les vieux préjugés d'un peuple jaloux et dédaigneux à l'excès, au point de s'arroger impunément l'autorité de juge et de l'exercer officiellement... Tous ces faits prouvent combien le principe d'autorité est ordinairement respecté par ce peuple. Notre ceinture rouge était notre plus grand prestige ; on aimait à y voir, sans trop s'en rendre compte, comme une communication de la puissance impériale.

La crainte de se compromettre est, d'ailleurs, en Chine, un sentiment presque universel, et qu'on peut exploiter avec beaucoup de facilité. Chacun cherche d'abord à se mettre à l'abri, et puis advienne que pourra. Une certaine prudence, qu'il serait mieux, peut-être, d'appeler pusillanimité, est une des grandes qualités des Chinois. Ils ont une expression dont ils se servent à tout propos et qui caractérise très-bien ce sentiment. Au milieu des difficultés et des embarras, les Chinois se disent toujours *siao-sin*, c'est-à-dire rapetisse ton cœur. Ceux qui aiment à étudier le caractère des peuples dans leurs langues pourraient faire une curieuse comparaison entre la poltronnerie chinoise et la bravoure française. A l'approche d'un danger, pendant que le Chinois se dira, en tremblant, *siao-sin*, rapetisse ton cœur, le Français, au contraire, se redressera en s'écriant : Prends garde ; il se servira d'une expression qui ne peut convenir qu'à une race guerrière qui, en présence d'un ennemi, prend instinctivement la garde de son épée.

A notre départ de Leang-chan, nous fûmes l'objet d'une magnifique ovation. La nouvelle de cette fameuse séance nocturne au premier tribunal, sous la présidence d'un diable de l'Occident, s'était répandue partout, et les riches imaginations de la localité n'avaient pas manqué, sans doute, de charger leurs récits d'une foule de merveilleux épisodes. Aussi, dès que le soleil parut, tous les habitants de la ville se portèrent avec empressement vers les endroits par où nous devions passer. Tous les mandarins, en costume de cérémonie, s'étaient réunis au palais communal, pour nous faire leurs adieux. Après nous avoir accablé des formules les plus élogieuses et les plus extravagantes, ils nous accompagnèrent jusqu'à la rue, et ne voulurent rentrer que lorsqu'ils eurent bien installé dans les palanquins leurs collègues de la nuit précédente. Partout, sur notre passage, la foule était immense, bruyante et d'une avidité fiévreuse pour jeter un coup d'œil sur notre personne, ou, du moins, sur notre bonnet jaune. Les chrétiens étaient réunis par groupes, de distance en distance, et nous vîmes avec bonheur qu'ils étaient capables d'une manifestation un peu courageuse. Tous portaient leur chapelet pendu au cou, et, quand nous arrivions vers eux, ils se jetaient à genoux, faisaient un grand signe de croix et nous demandaient en chœur la bénédiction. Nous ne remarquâmes pas que cet acte religieux excitait chez les païens le plus petit mouvement d'hostilité ou de raillerie. Ils gardaient un silence respectueux, ou se contentaient de dire : Voilà les chrétiens qui demandent aux maîtres de la religion de faire descendre du ciel la félicité.

Dans la dernière rue, avant de sortir de la ville, nous aperçûmes une longue rangée de femmes, qui paraissaient attendre, elles aussi, le passage des hommes à ceinture rouge et à bonnet jaune. Quand nos palanquins furent devant elles, après avoir chancelé quelques instants sur leurs petits pieds de chèvre, elles finirent par se mettre à genoux et par faire aussi le signe de la croix. C'étaient les femmes chrétiennes de Leang-chan qui, en cette circonstance, avaient jugé à propos de ne pas rapetisser leur cœur et de secouer au moins une fois la dure servitude que les préjugés chinois imposent à leur sexe. Les gens de notre escorte parurent un peu surpris de cette audacieuse manifestation ; nous n'entendîmes cependant aucune réflexion déplacée. Un satellite s'écria, en les voyant à genoux : Il y a des hommes chrétiens, c'est connu depuis longtemps ; mais il paraît qu'il y a aussi des femmes chrétiennes, c'est ce que je ne savais pas. Un autre lui répondit : Tout le monde est convaincu que tu ne sais pas grand'chose.

Enfin nous sortîmes de Leang-chan, ville de troisième ordre, qui tiendra toujours une place à part dans les nombreux souvenirs de nos longues pérégrinations. Nous avons oublié de dire, en quittant le palais communal, que nous n'avions plus au nombre de nos conducteurs le mandarin de Tchoung-king.

Depuis que nous l'avions cassé de ses fonctions, en terminant la séance judiciaire, nous ne le revîmes plus, et personne ne nous en parla. Seulement, au moment du départ, le préfet nous avertit qu'il avait été remplacé par un jeune mandarin militaire qu'il nous présenta, et qui, bien loin de se mettre dans le cas de se faire juger, fut toujours, à notre égard, plein de prévenance et d'amabilité.

Une des choses qui nous ont le plus frappés, dans la province du Sse-tchouen, et qui, à nos yeux, est peut-être plus étonnante que le jugement dont nous venons de parler, c'est la conduite des chrétiennes de Leang-chan. Que des femmes se réunissent paisiblement dans une rue, pour voir passer deux personnages réputés curieux et extraordinaires, sous prétexte qu'ils sont nés en Europe et qu'ils ont parcouru la Tartarie, le Thibet et la Chine, il n'y a là rien que de fort naturel. Si ces femmes sont chrétiennes, qu'elles fassent le signe de la croix et se mettent à genoux pour demander la bénédiction à un ministre de la religion, tout cela est très-simple, du moins en Europe ; mais, en Chine, c'est prodigieux ; c'est heurter de front tous les usages, c'est aller contre les idées et les principes admis de tout le monde. Un semblable préjugé vient du lamentable état d'oppression et d'esclavage auquel ont toujours été réduites les femmes chez les peuples dont les sentiments n'ont pas été régénérés et ennoblis par le christianisme.

La condition de la femme chinoise fait pitié ; les souffrances, les privations, le mépris, toutes les misères et toutes les abjections la saisissent au berceau et l'accompagnent impitoyablement jusqu'à la tombe. D'abord sa naissance est, en général, regardée comme une humiliation et un déshonneur pour la famille ; c'est une preuve évidente de la malédiction du ciel. Si elle n'est pas immédiatement étouffée, selon un usage atroce dont nous parlerons plus loin, elle est considérée et traitée comme un être d'une condition radicalement méprisable et appartenant à peine à l'espèce humaine. Cette idée paraît si incontestable, que Pan-houi-pan, femme célèbre parmi les écrivains chinois, s'applique, dans ses ouvrages, à humilier son sexe, en lui rappelant sans cesse le rang inférieur qu'il occupe dans la création : « Quand un fils est né, dit-elle, il dort sur un lit, « il est vêtu de robes et joue avec des perles; chacun « obéit à ses cris de prince. Mais, quand une fille est « née, elle dort sur la terre, couverte d'un simple drap; « elle joue avec une tuile ; elle est incapable ou de bien « ou de mal; elle ne doit songer qu'à préparer le vin et « la nourriture, et à ne point chagriner ses parents. »

Dans les temps anciens, au lieu de se réjouir quand naissait une enfant du sexe inférieur, on la laissait pendant trois jours entiers par terre, sur quelque pauvre tas de chiffons, et la famille ne témoignait, en aucune façon, qu'elle prît la moindre part à cet événement insignifiant. Ce temps expiré, on accomplissait à peine quelques cérémonies futiles, qui contrastaient avec les réjouissances solennelles auxquelles donne lieu la naissance d'un enfant mâle. Pan-houi-pan, qui rappelle cette ancienne coutume, en vante la sagesse et la convenance, parce qu'elle prépare la femme au juste sentiment de son infériorité.

La servitude publique et privée des femmes, servitude que l'opinion, la législation et les mœurs ont scellée de leur triple sceau, est devenue, en quelque sorte, la pierre angulaire de la société chinoise. La jeune fille vit enfermée dans sa maison, occupée exclusivement des soins du ménage, traitée par tout le monde, et surtout par ses frères, comme une servante dont on a droit d'exiger les services les plus bas et les plus pénibles. Les plaisirs et les distractions de son âge lui sont inconnus ; toute son instruction consiste à savoir manier l'aiguille ; elle ne doit apprendre ni à lire, ni à écrire ; il n'y a pour elle ni école, ni maison d'éducation ; elle est condamnée à végéter dans l'ignorance la plus absolue et dans l'isolement le plus complet, jusqu'à ce qu'on songe à la marier ; alors seulement on s'occupe d'elle ; mais l'idée de sa nullité est poussée si loin, qu'elle n'entre pour rien dans les négociations de cet acte, le plus grave et le plus décisif dans la vie d'une femme ; la consulter, lui faire connaître son futur époux, lui en dire même le nom, serait considéré comme une ridicule superfluité. La jeune fille est comme un objet de trafic, un article de marchandise ; on la vend au plus offrant, sans qu'elle ait le droit de faire la moindre question sur la qualité ou le mérite de l'acquéreur. Le jour des noces, on est plein de sollicitude pour la parer et l'embellir ; elle est couverte de splendides vêtements de soie étincelants d'or et de broderies ; ses belles nattes de noirs cheveux sont diaprées de fleurs et de pierreries ; on vient la chercher en grande pompe ; les musiciens entourent le brillant palanquin où elle siége comme une reine sur son trône. Le bonheur va donc enfin commencer pour elle ; on pourrait le penser, en voyant cet air de fête et ces réjouissances. Mais, hélas ! une jeune mariée n'est, le plus souvent, qu'une victime parée pour le sacrifice ; elle quitte une maison où elle vivait, il est vrai, dans le délaissement et l'abandon, mais enfin avec des parents auxquels elle était accoutumée depuis sa naissance. La voilà jetée maintenant, faible et sans expérience, chez des inconnus, au milieu des privations, entourée de mépris, et à la merci de son acheteur. Dans sa nouvelle famille, elle doit obéissance à tous, sans exception. Selon l'expression d'un ancien auteur chinois, « la nouvelle mariée ne doit être, dans la maison, « qu'une pure ombre et un simple écho. » Elle n'a pas le droit de prendre les repas avec son mari, pas même avec ses enfants mâles ; son devoir est de les servir à table, debout et en silence, de leur verser à boire et de leur allumer la pipe. Elle doit manger seule, après les autres, et à l'écart. Sa nourriture est grossière et peu abondante ; elle n'oserait toucher aux restes de ses fils.

On trouvera, peut-être, que cela s'accorde peu avec le fameux principe de la piété filiale ; mais il ne faut pas oublier qu'en Chine la femme ne compte pas. La loi la laisse de côté, ou ne s'en occupe que pour la charger d'entraves, constater sa servitude et son incapacité légale. Son mari, ou plutôt son seigneur et maître, peut impunément la frapper, la faire mourir de faim, la revendre, ou, qui pis est, la louer pour un temps plus ou moins long, comme cela se pratique dans la province de Tche-kiang.

La polygamie, qui est permise aux Chinois, vient encore augmenter les infortunes et les misères de la femme mariée. Quand elle a cessé d'être jeune, quand elle est stérile ou n'a pas donné d'enfant mâle au chef de famille, celui-ci prend une seconde épouse, dont la première devient, en quelque sorte, la servante. Une guerre perpétuelle règne alors dans le ménage ; on n'y voit plus que jalousies, animosités, querelles et souvent batailles. Au moins, quand elles sont seules, il leur est permis quelquefois de dévorer en paix leurs chagrins et de pleurer à l'écart sur les malheurs incurables de leur pitoyable destinée.

Cet état perpétuel d'abjection et de misère auquel les femmes sont réduites les pousse parfois à d'épouvantables extrémités. Les fastes judiciaires de la Chine sont remplis d'événements qui atteignent les dernières limites du tragique. Le nombre des femmes qui se pendent ou se suicident de diverses manières est très-considérable. Quand cet événement se produit dans quelque famille, le mari est, comme de juste, dans la désolation ; car, au bout du compte, il vient d'éprouver subitement une perte assez considérable, et le voilà dans la nécessité d'acheter une autre femme.

On comprend que la dure condition des pauvres femmes chinoises doit se trouver de beaucoup améliorée dans les familles chrétiennes. Comme le fait remarquer monseigneur Gerbet (1), « le christianisme, qui attaque « radicalement l'esclavage, par sa doctrine sur la fra« ternité divine de tous les hommes, combattit d'une « manière spéciale l'esclavage des femmes par son « dogme de la maternité divine de Marie. Comment les

(1) *Keepsake religieux*, article *Marie*, par monseigneur Gerbet.

« filles d'Ève auraient-elles pu rester esclaves de l'Adam, « déchu, depuis que l'Ève réhabilitée, la nouvelle Mère « des vivants, était devenue la Reine des anges ? Lorsque « nous entrons dans ces chapelles de la Vierge, aux- « quelles la dévotion a donné une célébrité particulière, « nous remarquons, avec un pieux intérêt, les *ex-voto* « qu'y suspend la main d'une mère dont l'enfant a été « guéri, ou celle du pauvre matelot sauvé du naufrage « par la patronne des mariniers. Mais, aux yeux de la « raison et de l'histoire, qui voient dans le culte de « Marie comme un temple idéal que le catholicisme a « construit pour tous les temps et pour tous les lieux, « un *ex-voto* d'une signification plus haute, social, uni- « versel, y est attaché. L'homme avait fait peser un « sceptre brutal sur la tête de sa compagne pendant « quarante siècles ; il le déposa le jour où il s'agenouilla « devant l'autel de Marie ; il l'y déposa avec reconnais- « sance ; car l'oppression de la femme était sa propre « dégradation à lui-même ; il fut délivré de sa propre « tyrannie. »

La réhabilitation des femmes s'opère, en Chine, avec lenteur, il est vrai, mais d'une manière frappante et efficace. D'abord on comprend que, dans les familles chrétiennes, la petite fille qui vient au monde ne peut pas être sacrifiée comme chez les païens. La religion est là qui veille à sa naissance, la prend avec amour dans ses bras et dit, en la montrant à ses parents : Voilà une enfant créée à l'image de Dieu et prédestinée comme vous à l'immortalité. Remerciez le Père céleste de vous l'avoir donnée, et que la Reine des anges soit sa patronne... Il n'est pas permis à la jeune fille chrétienne de croupir dans l'ignorance ; elle ne végète pas abandonnée de tout le monde dans un recoin de la maison paternelle ; car, puisqu'elle doit apprendre ses prières et étudier la doctrine chrétienne, on renoncera, en sa faveur, aux usages les plus invétérés de la nation ; on passera par-dessus tous les préjugés, et on fondera pour elle des écoles, où elle pourra aller développer son intelligence, apprendre à connaître, dans les livres de religion, ces caractères mystérieux qui sont pour les autres femmes une énigme indéchiffrable. Enfin elle sera avec de nombreuses compagnes de son âge, et, en même temps que son esprit s'élargira et que son cœur se formera à la vertu, elle apprendra un peu en quoi consiste la vie de ce monde.

C'est surtout par le mariage contracté chrétiennement que la femme chinoise secoue l'affreuse servitude des mœurs païennes et entre avec ses droits et ses priviléges dans la grande famille humaine. Quoique la force des préjugés et de l'habitude ne lui permette pas encore de manifester toujours ouvertement ses inclinations et de choisir elle-même celui qui devra, dans cette vie, partager ses joies et ses douleurs ; cependant sa volonté est comptée pour quelque chose, et, plus d'une fois, nous avons vu des jeunes filles forcer, par une énergique résistance, leurs parents à rompre des engagements contractés sans leur participation. Des faits semblables seraient réputés absurdes et impossibles parmi les païens. Toujours est-il que les femmes chrétiennes possèdent dans leurs familles l'influence et les prérogatives d'épouses et de mères. On peut remarquer aussi qu'elles jouissent au dehors d'une plus grande liberté. L'usage de se réunir les dimanches et les jours de fête dans les chapelles et les oratoires, pour prier en commun et assister aux offices divins, les met souvent en rapport et entretient parmi elles des relations d'intimité. Ainsi elles sortent plus souvent pour se visiter et former de temps en temps de ces petites réunions si bonnes pour dissiper les chagrins de l'âme et aider à porter le fardeau des misères de la vie.

Les femmes païennes ne connaissent pas ces douceurs et ces agréments; elles sont presque toujours recluses, et on se met bien peu en peine qu'elles se consument, seules, chez elles, d'ennui et de langueur. Maître Ting, en nous parlant de la manifestation de Leang-chan, nous dit une énormité bien capable de faire comprendre quelle est la valeur des femmes aux yeux des Chinois. — En sortant de Leang-chan, dit maître Ting, quand nous traversâmes cette rue où des femmes se trouvaient réunies en si grand nombre, j'ai entendu dire que c'étaient des femmes chrétiennes. Est-ce que ce n'est pas là une parole creuse ? — Non certainement, elle est, au contraire, pleine de vérité; ces femmes étaient réellement chrétiennes... Maître Ting nous regarda stupéfait; les bras lui tombèrent d'étonnement. — Je ne comprends pas, dit-il; je vous ai souvent ouï dire qu'on se faisait chrétien pour sauver son âme, est-ce bien cela ? — Oui, c'est là le but qu'on se propose. — Et alors pourquoi les femmes se font-elles chrétiennes? — Pour sauver leur âme, tout comme les hommes. — Mais elles n'ont pas d'âme ! s'écria-t-il en reculant d'un pas et en croisant les bras sur sa poitrine, les femmes n'ont pas d'âme ! Vous ne pouvez pas en faire des chrétiennes... Nous essayâmes de lever les scrupules de maître Ting et de lui donner des idées un peu plus saines sur la question des âmes des femmes ; mais nous ne sommes pas bien sûr d'avoir parfaitement réussi. La seule pensée qu'une femme pouvait avoir une âme le faisait rire de toutes ses forces. Cependant il nous dit, après avoir entendu notre dissertation : Je me souviendrai de la doctrine que vous venez de développer. Quand je serai de retour dans ma famille, je dirai à ma femme qu'elle a une âme ; elle en sera peut-être bien étonnée.

Les chrétiennes chinoises sentent profondément combien elles doivent à une religion qui est venue les retirer de ce dur esclavage où elles gémissaient, et qui, tout en les conduisant à un bonheur éternel, leur procure, même durant cette vie, des joies et des consolations qui semblaient n'être pas faites pour elles. Aussi se montrent-elles reconnaissantes ; elles sont pleines de ferveur et de zèle, et on peut dire que c'est principalement à elles que sont dus les progrès de la propagation de la foi dans le Céleste Empire. Elles maintiennent la régularité et l'exactitude à la prière dans les chrétientés ; on les voit, bravant les préjugés de l'opinion publique, pratiquer avec dévouement les œuvres de la charité chrétienne, même envers les païens ; soigner les malades, recueillir et adopter les enfants abandonnés par leurs mères. Dans les temps de persécution, ce sont elles qui, en présence des mandarins, confessent la foi avec le plus de courage et de persévérance. Du reste, ce zèle des femmes pour la religion est de tous les temps et de tous les pays.

« L'histoire remarque que, lorsque l'Évangile est « annoncé à un peuple, les femmes montrent toujours « une sympathie particulière pour la parole de vie, et « qu'elles devancent habituellement les hommes par « leur empressement divin à la recevoir et à la pro- « pager. On dirait que la docile réponse de Marie à « l'ange : Voici la servante du Seigneur, trouve dans « leur âme un écho plus retentissant. Ceci fut préfiguré, « dès l'origine du christianisme, dans la personne des « saintes amies de la Vierge, qui, ayant devancé au « tombeau du Sauveur le disciple bien-aimé lui-même, « furent les premières à connaître la résurrection et « l'annoncèrent aux apôtres. La mission des femmes a « toujours été haute dans la prédication du christianisme. « Au commencement de toutes les grandes époques reli- « gieuses, on voit planer une forme mystérieuse, cé- « leste, sous la figure d'une sainte. Quand le christia- « nisme sortit des catacombes, la mère de Constantin, « Hélène, donna à l'ancien monde romain la croix re- « trouvée, que Clotilde érigea bientôt sur le berceau « français du monde moderne. L'Église doit, en partie, « les plus beaux triomphes de saint Jérôme à l'hospitalité « que lui offrit sainte Paula dans sa paisible retraite de « Palestine, où elle institua une académie chrétienne de « dames romaines. Monique enfanta par ses prières le « véritable Augustin. Dans le moyen âge, sainte Hilde- « garde, sainte Catherine de Sienne, sainte Thérèse « conservèrent, bien mieux que la plupart des docteurs « de leur temps, la tradition d'une philosophie mysti- « que, si bonne au cœur et si vivifiante, que, dans notre « siècle, plus d'une âme desséchée par le doute vient

« se retremper à cette source et essaye de rentrer dans « la vérité par l'amour (1). »

Après la nuit triomphante de Leang-chan, nous eûmes une magnifique journée avec une belle route à travers des campagnes ravissantes. Nous trouvâmes seulement que les rayons du soleil étaient un peu trop piquants; mais nous commencions déjà à nous faire à cette chaude température, comme nous nous étions habitués à la neige et au froid de la Tartarie.

Vers la fin du jour nous nous arrêtâmes à un certain endroit nommé *Yao-tchang ;* quoique assez considérable, ce gros bourg n'était pas entouré de remparts. Nous n'y trouvâmes pas de mandarin en résidence fixe; il n'y avait pas non plus de palais communal, par conséquent, nous fûmes obligés de nous industrier pour nous loger le moins mal possible. D'abord nous essayâmes d'une auberge antique, qui s'appelait, sur son enseigne, *Hôtel des Béatitudes ;* le chef de ce vénérable établissement nous conduisit, avec de grandes cérémonies, dans ce qu'il nommait la chambre d'honneur. Elle était située au-dessus de la cuisine; il était bien possible que cet appartement fût, à plusieurs titres, très-honorable : nous n'avions aucune raison pour penser le contraire. Cependant des voyageurs expérimentés ne doivent pas trop s'arrêter à la vaine gloire, et nous trouvâmes que cette chambre d'honneur, où l'air et le jour n'arrivaient que par une étroite lucarne, ne nous allait pas extrêmement ; c'était un atroce repaire de légions de moustiques qui, à notre arrivée, sortant pleins de colère de

(1) Monseigneur Gerbet, *Keepsake religieux.*

tous les recoins, se mirent à tourbillonner, à bourdonner, et à nous faire une guerre implacable ; il s'exhalait, d'ailleurs, de ce sombre réduit, une telle odeur de vétusté et de moisi, que la seule idée d'y passer la nuit suffisait pour nous soulever le cœur. On nous avait assuré que c'était la meilleure hôtellerie de Yao-tchang, et nous étions assez portés à le croire d'après l'aspect général de la localité. Il fallait donc se résigner, et nous en étions à tirer nos plans pour nous installer tant bien que mal, lorsque la fumée de la cuisine, après avoir grimpé lentement à travers les marches d'un noir et étroit escalier, se mit à envahir notre chambre d'honneur ; pour lors, il n'y eut plus moyen d'y tenir. L'âcreté de cette fumée nous dévorait les yeux ; nous descendîmes en pleurant, et nous allâmes vers maître Ting qui, déjà blotti dans un étroit réduit à côté de la cuisine, savourait avec passion les abrutissantes vapeurs de l'opium. Aussitôt qu'il nous aperçut, il souleva un peu la tête de dessus son oreiller de bambou pour nous demander si nous étions bien là-haut. — Très-mal, nous ne pouvons pas y rester ; cette chambre n'est pas faite pour loger des hommes, on y est suffoqué par la puanteur de l'air, dévoré par les moustiques et aveuglé par la fumée. — Ces trois choses sont, en effet, très-mauvaises, dit maître Ting en déposant sa pipe et en achevant de se soulever pour s'asseoir ; mais quel parti prendre ? Il n'y a pas ici de palais communal, et les autres auberges sont pires que celle-ci. Le cas me paraît difficile. — Non, pas très-difficile ; ce qu'il nous faut, à nous, c'est un air pur et un peu de fraîcheur. Nous allons dans la campagne, et nous logerons sous un arbre ;

dans les contrées du nord nous étions accoutumés à dormir ainsi en plein air. — Oui, on dit que cet usage existe chez les Mongols, dans la Terre des Herbes ; mais, dans le Royaume Central, il n'est pas reçu que les hommes de qualité passent la nuit dans les champs avec les oiseaux et les insectes ; les rites s'y opposent. Attendez un instant, je pense à un bon endroit, je vais le visiter. Notre cher mandarin éteignit sa petite lampe de fumeur, se leva, prit son éventail, et partit.

Nous allâmes l'attendre sur la porte de l'auberge ; peu de temps après nous le vîmes revenir, allongeant le pas de toutes ses forces, et nous adressant de loin, avec ses deux bras, des signes télégraphiques qui, à raison de leur multiplicité et de leur extrême complication, ne nous furent pas parfaitement intelligibles. Cependant tout nous portait à croire que maître Ting venait de faire une découverte. Aussitôt qu'il put se faire entendre : Partons vite, nous cria-t-il de sa voix grêle et nasillarde, déménageons au plus tôt, allons loger au théâtre, la position est excellente pour la vue et pour la respiration. Sans demander d'autres explications, nous rentrâmes ; des portefaix s'emparèrent immédiatement de nos bagages, et dans un clin d'œil nous eûmes vidé l'Hôtel des Béatitudes pour devenir locataires du théâtre de Yao-tchang.

Ce théâtre faisait partie d'une grande bonzerie ; il était situé dans une vaste cour, en face de la principale pagode ; sa construction était assez remarquable en comparaison des nombreux édifices de ce genre qu'on rencontre en Chine. Douze grandes colonnes de granit soutenaient une vaste plate-forme carrée, surmontée d'un pavillon richement orné, et appuyé sur des péristyles en bois vernissé. Un large escalier en pierre, situé derrière l'édifice, conduisait à la plate-forme, où l'on trouvait d'abord, dans une sorte de foyer destiné aux acteurs, deux portes latérales qui conduisaient sur la scène ; l'une servait pour les entrées et l'autre pour les sorties.

On avait apporté sur cette plate-forme une table et quelques chaises. C'est là que nous soupâmes à la clarté de la lune, des étoiles, et d'une foule de lanternes que les directeurs du théâtre avaient fait allumer en notre honneur ; c'était vraiment un charmant spectacle auquel on ne s'attendait guère. Si nous n'avions eu soin de faire fermer la grande porte de la bonzerie, toute la population de Yao-tchang aurait envahi la cour immense destinée à servir de parterre quand il y a représentation. Il est certain que les habitants de la contrée n'avaient jamais vu, dans leurs scènes théâtrales, deux personnages aussi curieux que nous. Nous entendîmes au dehors le tumulte de la multitude qui accourait, et demandait à grands cris qu'on leur laissât voir souper les deux hommes des mers occidentales ; on s'imaginait, assurément, que nous devions avoir une manière incroyable de manger. Plusieurs réussirent à pénétrer sur la toiture de la bonzerie, et quelques-uns, ayant franchi les murs de la clôture, avaient grimpé sur les arbres les plus rapprochés du théâtre, où on les apercevait se mouvoir, parmi le feuillage, comme de gros singes. Ces intrépides curieux devaient être bien surpris de nous voir avaler le riz à l'aide des bâtonnets, et strictement selon la méthode chinoise.

La soirée était d'une beauté ravissante, et la fraîcheur

que nous goûtions sur cette plate-forme était si délicieuse, que nous priâmes notre domestique d'y établir nos lits comme il pourrait, parce que nous désirions y passer la nuit. Tout était prêt, et nous étions sur le point de nous coucher, que les curieux, toujours à leur poste, sur le toit et parmi les arbres, paraissaient fort peu disposés à descendre. Nous fûmes obligés de faire éteindre toutes les lanternes pour les décider à retourner chez eux. En abandonnant leurs observatoires, ils se disaient les uns aux autres : Ces hommes sont comme nous. — Pas tout à fait, s'écria l'un d'eux, le diable de petite taille a les yeux très-gros, et le grand a un nez très-pointu ; j'ai remarqué cette différence.

Le lendemain maître Ting arriva sur le théâtre qu'il était à peine jour. Il se mit en devoir de nous réveiller en exécutant des roulements sur un énorme tambour placé à un angle de la scène, et qui servait dans la musique des pièces de théâtre. Après avoir bien tambouriné, il s'avisa de nous donner une petite représentation à sa façon ; il se plaça au milieu de la scène, prit une pose dramatique, et, après avoir chanté un morceau avec grand accompagnement de gestes, il entreprit, à lui tout seul, un dialogue très-animé, pendant lequel il changeait de voix et de place chaque fois qu'arrivait le tour de son interlocuteur. Quand le dialogue fut terminé, il voulut se passer la fantaisie de faire le saltimbanque. — Maintenant, nous dit-il, regardez bien, je vais exécuter des tours de souplesse ; et aussitôt le voilà sautant, gambadant, pirouettant et cabriolant avec fureur. Pendant qu'il était au plus fort de ses évolutions, il entendit s'ouvrir une porte de la bonzerie ; il s'arrêta tout court, et se sauva dans les coulisses, en nous disant qu'il y aurait de l'inconvénient à ce que le peuple aperçût un mandarin contrefaisant les comédiens.

Nous profitâmes de ce moment pour nous lever. Bientôt tous les gens de l'escorte qui, la veille, avaient dû se disperser et chercher un gîte pour passer la nuit, se trouvèrent réunis ; les porteurs de palanquins et les portefaix arrivèrent aussi, et on se disposa au départ. Le gros bourg de Yao-tchang est bâti sur les bords du fleuve Bleu, dont nous pouvions apercevoir le cours majestueux et tranquille du haut du théâtre de la bonzerie. Quoique nous eussions déjà protesté une fois contre la navigation, nous voulûmes faire encore une tentative, et voir s'il n'y aurait pas possibilité d'aller par eau un peu plus commodément et agréablement que la première fois. Dans un long voyage il n'est rien d'insupportable comme d'aller toujours de la même manière, cette uniformité finit par devenir accablante ; le palanquin a, sans doute, ses agréments qui ne sont pas à dédaigner ; mais tous les jours se trouver enfermé dans une cage, et se balancer sur les épaules de quatre malheureux qu'on voit suer de fatigue et souffler d'épuisement, est une chose à laquelle il nous était difficile de nous accoutumer.

Nous proposâmes donc à nos conducteurs de faire l'étape par eau. L'idée fut accueillie avec enthousiasme, et, de peur d'un contre-ordre, tout le monde courut vite au port pour s'occuper au plus tôt de l'embarquement. Comme on savait que nous avions en horreur les tergiversations et les retards, on y mit une merveilleuse activité. Selon notre recommandation, on loua deux bateaux, un pour nous et les trois mandarins, un autre pour les soldats, les satellites et les porteurs de palanquins. Aussitôt que nous fûmes dans la barque on leva l'ancre sans perdre une minute, et nous partîmes. La beauté du temps et l'allure paisible du fleuve nous donnèrent l'espoir d'une heureuse traversée. L'appartement que nous occupions était spacieux, assez bien aéré, et d'une propreté qui pouvait bien laisser quelque chose à désirer, mais qui, à la rigueur, était suffisante.

Nous n'avions pas encore eu le temps d'adresser nos félicitations à maître Ting sur ses brillantes qualités de comédien. Dès que nous fûmes installés et bien orientés, nous nous empressâmes de lui exprimer combien nous étions heureux d'avoir eu l'occasion d'admirer un talent que nous étions loin de lui soupçonner. Cette petite flatterie fut d'un effet magique. Après nous avoir répondu avec beaucoup de modestie qu'il n'y entendait rien du tout, il nous proposa de nous donner immédiatement, là, dans la chambre du bateau, une jolie représentation ; les deux mandarins militaires s'offrirent aussi à jouer leur rôle. Il ne fut pas besoin de longs préparatifs ; la proposition à peine émise, nos trois fonctionnaires étaient déjà en train de jouer la comédie, si toutefois on peut appeler ainsi des conversations bouffonnes avec un grand accompagnement de grimaces et de contorsions. Leur répertoire était inépuisable, et nous eûmes toutes les peines du monde à leur faire reprendre des manières et un langage plus en harmonie avec leur dignité.

Pour dire vrai, il ne manquait à nos trois mandarins qu'une mémoire plus sûre et un peu d'habitude pour faire d'excellents comédiens; il n'est pas de peuple au monde qui pousse aussi loin que les Chinois le goût et la passion des représentations théâtrales. Nous avons dit plus haut qu'ils étaient une nation de cuisiniers, nous serions tenté d'affirmer aussi que c'est un peuple de comédiens. Ces hommes ont l'esprit et le corps doués de tant de souplesse et d'élasticité, qu'ils peuvent se transformer à volonté, et exprimer tour à tour les passions les plus opposées ; il y a du singe dans leur nature, et, quand on a vécu quelque temps parmi eux, on est forcé de se demander comment on a pu se persuader en Europe que la Chine était comme une vaste académie remplie de sages et de philosophes ; leur gravité et leur sagesse, à part quelques circonstances officielles, ne se trouvent guère que dans leurs livres classiques. Le Céleste Empire ressemble bien mieux à une immense foire, où, parmi un flux et un reflux perpétuels de vendeurs, de brocanteurs, de flâneurs et de voleurs, on rencontre de tous côtés des tréteaux et des saltimbanques, des farceurs et des comédiens, travaillant sans interruption à amuser le public.

Sur toute la surface de l'empire, dans les dix-huit provinces, dans les villes de premier, de second et de troisième ordre, dans les bourgs et dans les villages, les riches, les pauvres, les mandarins et le peuple, tous les Chinois sans exception sont passionnés pour ces sortes de représentations. Il y a des théâtres partout; les grandes villes en sont remplies, et les comédiens jouent nuit et jour. Il n'est pas de petit village qui n'ait aussi le sien ; il est ordinairement placé en face de la pagode, quelquefois même il en fait partie. Dans certaines circonstances où ces théâtres permanents ne suffisent pas, on en construit de provisoires en bambou avec une merveilleuse facilité. Le théâtre chinois est toujours d'une grande simplicité, et ses dispositions sont telles, qu'elles excluent toute idée d'illusion scénique. Les décorations sont fixes et ne changent pas tant que dure la pièce. On ne saurait jamais où on se trouve, si les acteurs n'avaient le soin d'en avertir le public et de corriger cette immobilité par des explications verbales. Le seul arrangement qu'on a su faire en vue de l'illusion scénique est une espèce de trappe placée sur le devant de la scène, et qui sert à introduire les personnages surnaturels ; on la nomme la *porte des démons.*

Les collections théâtrales sont, dit-on, fort étendues; la plus riche est celle de la dynastie mongole dite des *Yuen.* C'est de ce répertoire qu'ont été extraites diverses pièces traduites par des savants européens. Pour ce qui est de leur valeur littéraire, nous citerons le jugement qu'en a porté M. Édouard Biot : « L'intrigue de toutes « ces pièces, dit le savant sinologue, est fort simple; les « acteurs annoncent eux-mêmes le personnage qu'ils « représentent; les scènes ordinairement ne sont liées « par aucune transition, et souvent des détails burles« ques (1) sont mêlés aux sujets graves. En général, il « ne nous semble pas que ces pièces soient au-dessus de « nos anciennes parades, et nous pouvons croire que « l'art dramatique, en Chine, est encore actuellement « dans l'enfance, si nous nous en rapportons aux récits

(1) On peut ajouter aussi que les pièces chinoises sont remplies de bouffonneries très-équivoques et souvent d'obscénités révoltantes.

« des voyageurs qui ont pu assister à des représentations « théâtrales à Canton et même à Péking. Peut-être « cette imperfection tient-elle, en grande partie, à la « condition dégradée des acteurs chinois, qui ne sont à « peu près que des valets aux gages d'un entrepreneur, « et qui doivent presque toujours s'adresser à une mul- « titude ignorante pour gagner leur misérable vie. Mais, « si nous trouvons peu d'intérêt, comme étude du « théâtre, dans les chefs-d'œuvre chinois qui ont été « présentés aux lecteurs européens, leur lecture ne peut « qu'être très-curieuse comme étude de mœurs, et, sous « ce rapport, nous ne pouvons que remercier sincère- « ment les savants qui nous les ont fait connaître. »

Les troupes des comédiens chinois ne sont attachées à aucun théâtre en particulier ; elles sont toujours mobiles et ambulantes ; elles vont partout où on les appelle, voyageant avec leur énorme attirail de costumes et de décorations. La tenue et l'allure de ces caravanes a une physionomie toute particulière et qui rappelle les pittoresques descriptions de nos troupes de bohémiens. On en rencontre souvent le long des fleuves, qu'ils choisissent de préférence pour voyager, afin d'économiser sur les frais de la route. Ces bandes errantes sont louées pour un certain nombre de jours, quelquefois par des mandarins ou de riches particuliers, mais le plus souvent par des associations formées dans les divers quartiers des villes et dans les villages.

Les prétextes pour faire jouer la comédie ne manquent jamais. La promotion d'un mandarin, une bonne récolte, un commerce lucratif, un danger à conjurer, la cessation de la pluie ou de la sécheresse, enfin un événement quelconque, heureux ou malheureux, doit nécessairement entraîner des représentations théâtrales. Les chefs de district se rassemblent, décrètent tant de jours de comédie, et chacun est tenu de contribuer aux frais en proportion de sa fortune. Quelquefois le théâtre est organisé et défrayé par un simple particulier, qui veut se donner le plaisir de régaler ses concitoyens et acquérir le renom d'un homme généreux. Dans les transactions commerciales de grande importance, on a toujours soin de stipuler, par-dessus le marché, un certain nombre de comédies. Elles naissent aussi quelquefois des disputes et des contestations. Celui qui est convaincu d'avoir tort est condamné, par les arbitres, à payer une ou deux représentations.

Le peuple est toujours admis à voir gratuitement la comédie, et il ne se fait jamais faute de profiter de ce privilége. A toute heure du jour et de la nuit, il peut trouver dans les grandes villes quelque théâtre en fonction. Les villages sont moins favorisés; comme ils ont peu de contribuables, ils ne peuvent appeler les acteurs qu'à certaines époques de l'année. S'ils apprennent, cependant, qu'il y a comédie dans le voisinage, ils ne regrettent pas, après leurs travaux de la journée, de faire jusqu'à une ou deux lieues de marche pour y assister.

Les spectateurs sont toujours en plein air, et l'endroit qui leur est assigné n'a pas de limites. Chacun s'arrange comme il peut, sur les places, dans les rues, au haut des arbres et des toits. On conçoit quel désordre et quelle confusion il doit régner dans ces nombreuses assemblées. Personne ne se gêne pour y causer, boire, manger et fumer. Les petits marchands de comestibles ne cessent de circuler parmi la foule, et, pendant que les acteurs déploient tout leur talent pour faire revivre devant tout ce public les événements tragiques et émouvants de son histoire nationale, les marchands s'égosillent à crier aux consommateurs qu'ils tiennent boutique de graines de citrouilles, de morceaux de cannes à sucre et de friture de patates douces. Les sifflets et les applaudissements ne sont pas à la mode.

Il est interdit aux femmes de paraître sur le théâtre. Leur rôle est joué par des jeunes gens qui savent si bien s'attifer et imiter la voix féminine, que la ressemblance est parfaite. L'usage leur permet pourtant de danser sur la corde et de donner des représentations à cheval. Elles montrent, surtout dans les provinces du nord, une habileté prodigieuse pour ce genre d'exercices. On ne comprend pas comment, avec leurs petits pieds, elles peuvent voltiger sur une corde tendue, se tenir debout sur un cheval et exécuter des évolutions et des tours de force si difficiles.

Comme nous avons eu occasion de le remarquer, les Chinois réussissent merveilleusement dans tout ce qui dépend de l'adresse et de la souplesse. Les escamoteurs sont très-nombreux, et on en rencontre parfois dont l'habileté étonnerait nos prestidigitateurs les plus célèbres.

Notre navigation sur le fleuve Bleu fut charmante et d'une grande rapidité. Nous arrivâmes à Fou-ki-hien dans l'après-midi, n'ayant mis que quatre heures et demi pour faire cent cinquante lis, ou environ quinze lieues.

CHAPITRE VII.

Temple des compositions littéraires. — Querelle avec un docteur. — Un bourgeois à la cangue. — Sa délivrance. — Visite au tribunal de Ou-chan. — Préfet et commandant militaire de Ou-chan. — Médecine légale des Chinois. — Inspection des cadavres. — Fréquents suicides en Chine. — Considérations à ce sujet. — Singulier caractère de la politesse chinoise. — Limites qui séparent la frontière du Sse-tchouen et celle du Hou-pé. — Coup d'œil sur le Sse-tchouen. — Ses principales productions. — Caractère de ses habitants. — Kouang-ti, dieu de la guerre et patron de la dynastie mantchoue. — Culte officiel qu'on lui rend. — Puits de sel et de feu. — Connaissances scientifiques des Chinois. — État du christianisme dans la province du Sse-tchouen.

Fou-ki-hien est une ville de troisième ordre, bâtie sur la rive gauche du fleuve Bleu ; nous fûmes frappés, en y arrivant, de la tournure élégante et distinguée de ses habitants. On nous dit que la littérature y était en grand honneur, et que, dans le district de Fou-ki-hien, on comptait un nombre considérable d'étudiants et de lettrés de tout grade. Le palais communal de la ville étant situé dans un quartier peu aéré, on nous avait préparé un logement très-frais et très-agréable au *wen-tchang-koun*, ou temple des compositions littéraires ; c'est là que se tiennent les assemblées de la corporation des lettrés et qu'on fait les examens des aspirants au baccalauréat. Nous trouvâmes ce wen-tchang-koun plus grand et plus riche que les édifices du même genre que nous avions déjà eu occasion de visiter ; nous y vîmes plusieurs salles spéciales, lambrissées en laque, et où on n'avait omis aucune de ces ornementations qui, d'après les idées chinoises, sont la marque du luxe et de la grandeur. Ces salles étaient destinées aux assemblées littéraires, et servaient aussi quelquefois pour les banquets ; car, en Chine, les amis des belles-lettres ne dédaignent pas les réunions gastronomiques, et ils se sentent toujours également bien disposés à juger une pièce académique, ou à se prononcer sur le mérite d'un bon morceau. Après s'être abreuvés de vin de riz ou de poésie, un magnifique jardin les invite à la promenade : d'un côté, on voit, parmi de grands arbres, une jolie pagode érigée en l'honneur de Confucius, et, de l'autre, une rangée de petites cellules où sont enfermés les étudiants, pour traiter, par écrit, la question littéraire qui leur a été assignée par les examinateurs. Chacun ne doit avoir dans sa chambre que du papier blanc, une écritoire et des pinceaux : toute communication avec l'extérieur est interdite jusqu'à ce qu'ils aient terminé leur composition ; pour obvier à l'infraction de cette règle importante, on a soin de placer une sentinelle devant la porte de chaque étudiant.

Une tour octogone à quatre étages s'élevait au milieu du jardin. Comme nous avions la réputation d'aimer beaucoup le grand air, on avait eu l'aimable attention de nous loger au quatrième étage ; du haut de cette tour on jouissait d'un coup d'œil ravissant ; on voyait se déployer, comme dans un magnifique panorama, les divers quartiers de la ville avec son enceinte de murs crénelés, la campagne parsemée de fermes, et couverte d'une culture aussi riche que variée ; puis ce fleuve Bleu dont nous pouvions suivre le cours majestueux dans la plaine, et qui, se cachant un instant derrière de vertes collines, reparaissait ensuite pour aller enfin se perdre au loin dans l'horizon.

Aussitôt que nous fûmes installés, comme deux grands seigneurs, dans notre donjon féodal, les gradués en littérature et les fonctionnaires de la ville s'empressèrent de venir nous rendre visite. Nous accordâmes seulement quelques heures aux exigences du cérémonial, car nous éprouvions le désir de prendre un peu de repos; deux choses avaient contribué à nous donner un besoin irrésistible de sommeil, d'abord le léger balancement de la barque, puis la monotonie de toutes ces conversations oiseuses. Nous dîmes donc à notre domestique que nous n'étions plus visibles; nous fermâmes la porte à clef, et nous nous couchâmes sur une natte de rotin.

Nos yeux étaient encore indécis entre le sommeil et la veille, lorsque nous entendîmes du bruit non loin de notre porte; nous prêtâmes l'oreille, et nous distinguâmes la voix de notre domestique se querellant avec un visiteur qui voulait forcer la consigne et nous voir malgré nous. Le visiteur alléguait son titre de docteur, et prétendait que, le wen-tchang-koun étant propriété du corps des lettrés, il avait le droit, lui docteur, de visiter, et même de scruter ceux qui y logeaient. Weï-chan résista courageusement, et l'autre, humilié de rencontrer une opposition si vive et si imprévue, se laissa aller jusqu'à frapper notre domestique ; alors, selon l'usage en pareilles circonstances, les vociférations éclatèrent, et les curieux accoururent de toute part. Il fallut bien se lever pour aller apprendre un peu les rites à cet impertinent docteur.

Dès que la porte fut ouverte, il nous fut aisé de reconnaître celui à qui nous en voulions, car Weï-chan, tout bouillant de colère, se disposait à s'élancer sur lui comme pour le dévorer. Le docteur était tellement occupé de son antagoniste, qu'il ne fit attention à nous qu'au moment où il se sentit vigoureusement saisi par le bras ; il se retourna brusquement, et fut comme pétrifié en se voyant face à face avec un diable occidental, coiffé d'un bonnet jaune. Nous le tirâmes dans notre chambre, où il fut interpellé à bout portant. — Qui es-tu ? — Je suis un docteur de la localité. — Non, tu n'es pas docteur, car tu viens de te conduire en homme ignorant et grossier ; que nous veux-tu ? — Je suis venu me promener dans le temple des compositions littéraires pour me distraire l'esprit et le cœur. — Va te distraire ailleurs et ne viens pas troubler notre repos ; sors vite de notre présence. Si tu veux, tu pourras raconter à tes amis que tu nous as vus et que nous t'avons chassé parce que tu n'entendais rien aux vertus sociales. Le docteur parut vouloir se redresser. — Mais, s'écria-t-il, qui donc est maître dans le wen-tchang-koun ? — Dans notre chambre, c'est nous qui sommes les maîtres, par conséquent, sors vite d'ici, et si, à l'instant, tu n'es pas en bas, en passant par l'escalier, nous allons t'y envoyer par la fenêtre... Veux-tu ?... Le docteur prit, sans doute, la menace au sérieux, car il disparut comme un trait, et nous l'entendîmes descendre l'escalier avec un remarquable empressement. Ce serait peut-être le cas de dire ici un mot du pédantisme et de l'arrogance des lettrés chinois ; mais nous aurons occasion d'en parler ailleurs.

Après ce petit incident, nous n'avions plus, assurément, envie de dormir, notre docteur nous avait emporté le sommeil ; nous descendîmes donc de notre forteresse pour aller visiter en détail le temple des compositions littéraires. Nous nous rendions, à travers le jardin, vers la pagode de Confucius, lorsque nous aperçûmes, au fond d'un long corridor qui conduisait à la rue, un malheureux agenouillé et chargé d'une grosse cangue. On sait que la cangue est une énorme pièce de bois, percée au milieu pour faire passer la tête du condamné, et qui pèse de tout son poids sur ses épaules, de façon que cet atroce supplice réduit un homme à n'être plus, en quelque sorte, que le pied ou le support d'une lourde table. Nous dirigeâmes nos pas du côté de la porte, vers ce malheureux condamné qui, en nous voyant, implora de loin notre miséricorde, et nous pria de lui pardonner ; nous approchâmes de lui, et nous fûmes émus profondément de voir, dans cette horrible situation, un bourgeois assez bien vêtu, d'une figure honnête, et qui versait d'abondantes larmes en nous conjurant toujours de lui pardonner ; c'était un spectacle déchirant. Nous avançâmes de plus près pour lire la sentence qui, selon l'usage, était écrite en gros caractères sur des bandes de papier blanc collées sur la cangue. A peine eûmes-nous parcouru des yeux l'inscription et connu le motif pour lequel ce pauvre homme était condamné, que nous sentîmes une sueur glacée se répandre tout à coup sur notre front. Voici ce que nous avions lu sur les diverses bandes de papier blanc : Condamné à quinze jours de cangue, sans excepter les nuits ; péché d'irrévérence envers les étrangers de l'Occident, qui sont sous la protection de l'empereur ; que le peuple tremble ; qu'il réfléchisse et se corrige de ses défauts... Sur chacune des trois bandes il y avait le cachet rouge du préfet de Fou-ki-hien.

Le tribunal n'était heureusement qu'à quelques pas du wen-tchang-koun ; nous y courûmes en toute hâte, et nous eûmes une courte explication avec le préfet, qui vint aussitôt avec nous pour rendre la liberté à ce malheureux. Mais, avant de lui faire ôter la cangue, il se crut obligé de lui adresser un long discours, d'abord sur la nature miséricordieuse de notre cœur, et puis sur la pratique des trois rapports sociaux. Cette harangue nous impatienta ; il y avait des moments où nous eussions, en vérité, désiré voir ce discoureur intempestif à la place du patient, dont tout le crime était d'avoir dit à un gardien du temple : « Il y a quelques années, les diables occidentaux venaient du côté du midi ; voilà maintenant « qu'il en arrive aussi du nord. » Ce bon bourgeois nous avait donné, il faut en convenir, un sobriquet peu poli, mais il ne l'avait pas inventé ; car c'est sous cette maligne dénomination que les Européens sont le mieux connus en Chine. S'il fallait mettre à la cangue ceux qui l'emploient, l'empire tout entier devrait y passer, en commençant par les mandarins.

Aussitôt que ce brave homme eut été délivré de la cangue, nous lui fîmes la courtoisie de l'inviter à venir causer dans notre chambre, où on lui servit du thé et une petite collation. Nous lui exprimâmes de notre mieux combien nous étions sincèrement peinés d'avoir été la cause involontaire de cette déplorable aventure. La réconciliation était déjà complète, lorsqu'on introduisit un vieillard à barbe blanche et deux jeunes gens : c'étaient le père et les enfants de ce bourgeois devenu notre ami d'une manière si singulière. Ils se précipitèrent aussitôt à genoux pour nous témoigner leur reconnaissance de ce qu'ils avaient l'ingénuité d'appeler un bienfait. Ils fondaient en larmes et ne savaient plus de quelles expressions se servir pour nous exprimer leurs sentiments. Cette scène fut pour nous si émouvante, que nous ne pûmes y tenir davantage. Nous savions bien que nous avions affaire à des Chinois, c'est-à-dire à des hommes dont on a toujours le droit de suspecter la sincérité ; cependant c'est toujours une chose qui fait horriblement souffrir que d'entendre sangloter un vieillard et de voir couler ses larmes. Nous nous levâmes donc et nous souhaitâmes la paix à ces braves gens, pour lesquels notre passage dans leur pays avait été une source d'émotions si vives et si pénibles.

Nous quittâmes Fou-ki-hien avec un certain sentiment de regret, car il n'en était pas de cette ville comme de tant d'autres qui ne pouvaient nous laisser aucun souvenir profond et que nous traversions avec une complète indifférence, à peu près comme nous abandonnions dans le désert nos campements éphémères. Nous n'avions passé à Fou-ki-hien que la moitié d'une journée ; mais nous y avions éprouvé des sensations si fortes et si diverses, qu'il nous semblait y avoir fait un long séjour. Le temple des compositions littéraires, cette tour du haut de laquelle nous dominions la ville et la campagne, l'échauffourée de l'intrépide docteur, ce pauvre bourgeois écrasé sous une cangue, sa délivrance, la visite pathétique de son père et de ses enfants, tout cela avait été comme une époque et devait laisser en nous de bien vifs souvenirs. Le temps est un profond mystère, et l'âme humaine seule est capable d'en apprécier justement la durée. Vivre longuement, c'est penser et sentir beaucoup.

Nous avions encore à choisir entre la route par eau et la route par terre, car le cours du fleuve Bleu nous conduisait justement au prochain relais. La dernière navigation nous avait si bien réussi, que nous eûmes envie d'en essayer une seconde fois. Nous étions assurés par avance de trouver, sur ce point, les gens de l'escorte tout à fait de notre avis. En bateau on allait plus vite, plus commodément et avec beaucoup moins de dépenses. On pouvait ainsi réaliser d'énormes profits, qu'on divisait ensuite entre tous, de manière, toutefois, que les mandarins eussent toujours la plus grosse part. Les porteurs de palanquin y trouvaient également leur avantage ; car, après avoir passé la journée à jouer aux cartes, ils ne manquaient pas de recevoir leur salaire accoutumé. Pourvu que la navigation ne fût pas dangereuse et qu'on nous donnât une bonne barque, nous étions nous-mêmes tout heureux de pouvoir procurer ces nombreux agréments à nos conducteurs.

Cette nouvelle expérience fut couronnée d'un plein succès et nous réconcilia avec le fleuve Bleu, pour lequel nous avions d'abord éprouvé quelque antipathie. Nous rencontrâmes bien de temps en temps des endroits peu faciles, quelques récifs à fleur d'eau ; mais l'habileté et l'expérience des mariniers nous tirèrent toujours d'affaire sans avarie. Il était presque nuit quand nous arrivâmes à Ou-chan ; on nous conduisit au palais communal, où nous fûmes bien accueillis et bien traités. Il était pourtant déjà fort tard que nous n'avions vu paraître aucune des autorités du lieu, si ce n'est un tout petit officier préposé dans le port à une douane de sel. Cela n'était nullement conforme aux règles établies, et, comme nous étions toujours en surveillance pour ne pas laisser entamer les priviléges qui nous avaient été accordés et qui faisaient notre sécurité et notre force, nous demandâmes qu'on voulût bien nous expliquer pourquoi nous étions privés de la visite des mandarins d'Ou-chan. On nous répondit que le préfet était absent. — Et son substitut ? — Absent aussi. — Et le mandarin militaire commandant du district? Il est parti ce matin. Tous les fonctionnaires civils et militaires sont dehors pour affaires administratives... Nous prîmes tout cela pour une mauvaise plaisanterie et nous vîmes bien que nous serions condamnés à remonter journellement une machine qui menaçait sans cesse de se détraquer.

Nous demandâmes nos porteurs de palanquin et nous invitâmes maître Ting à vouloir bien nous accompagner immédiatement au tribunal du préfet. Il n'y eut pas d'objection, et nous partîmes. Le tribunal était fermé ; on le fit ouvrir. Toutes les lumières étaient éteintes ; on les fit rallumer. Nous entrâmes dans la salle des hôtes, et les domestiques du préfet nous servirent du thé avec empressement ; mais on ne voyait apparaître de globule d'aucune couleur. Enfin, le sse-yé du préfet daigna se présenter. Les sse-yé sont des conseillers ou pédagogues que les magistrats se choisissent eux-mêmes pour les aider et les diriger dans le maniement des affaires. Ils sont rétribués par le magistrat et n'appartiennent pas officiellement à l'administration. Cependant leur influence est immense ; ils sont le ressort qui fait aller tous les rouages du tribunal. Le sse-yé d'Ou-chan nous assura que le préfet et les autres principaux fonctionnaires étaient absents depuis plusieurs jours pour étudier un procès de la plus haute importance. Nous lui fîmes nos excuses d'être venus le déranger à une heure si avancée, et nous ajoutâmes que, ayant à voir le préfet, nous attendrions son retour, puisqu'il était absent. Sans doute cela retarderait un peu notre arrivée à Canton ; mais ce dérangement ne pouvait être pour nous très-préjudiciable, attendu que la nature de nos affaires nous permettait une certaine latitude. Sur cela, nous rentrâmes au palais communal.

Maître Ting avait entendu notre conversation avec le sse-yé; il ne lui en fallut pas davantage pour être bien convaincu que nous allions nous installer à Ou-chan pour attendre le retour du préfet, et que, jusque-là, rien ne serait capable de nous en débusquer. Il s'était habitué peu à peu à la barbarie de notre tempérament et à l'inflexibilité de nos résolutions. Aussi, à peine rentré au palais communal, s'empressa-t-il d'aller en riant avertir les voyageurs qu'ils pouvaient dormir en paix, parce que nous avions l'intention de nous fixer définitivement à Ou-chan.

Le lendemain le soleil était déjà assez haut, et tous les habitants du palais communal étaient encore plongés dans le sommeil ; le silence régnait de toute part. On n'entendait que le bruit d'un torrent résonnant derrière la maison à travers de gros rochers qui cherchaient à lui barrer le passage. Cette tranquillité flatta quelque peu notre amour-propre ; car tous ces dormeurs nous prouvaient par leurs ronflements qu'ils avaient pris très au sérieux ce qu'on leur avait dit la veille.

Un peu après midi nous entendîmes tout à coup de grandes clameurs, mêlées au retentissement du tam-tam et aux bruyantes détonations des pétards. Un employé du tribunal s'empressa de venir nous apporter la nouvelle que le préfet était arrivé avec les autres principaux mandarins de la ville. Nous ne tardâmes pas à recevoir sa visite, il se présenta accompagné du commandant militaire du district qui était décoré du globule bleu et portait le titre de tou-sse. Il était du même grade que Ly le Pacificateur des royaumes, qui, après nous avoir escortés longtemps sur l'affreuse route du Thibet, mourut si misérablement avant de revoir sa patrie.

Les Chinois ont si largement développé leur système de mensonge et de tromperie, qu'il est fort difficile de les croire alors même qu'ils disent la vérité. Ainsi, nous étions persuadés que cette absence et ce retour des mandarins d'Ou-chan n'avaient été qu'un jeu. Cependant nous étions dans l'erreur, et, chose extraordinaire, les Chinois n'avaient pas menti. Aussitôt que nous aperçûmes le préfet et le commandant militaire, il nous fut aisé de reconnaître qu'ils arrivaient réellement de voyage ; l'abattement et la fatigue de leur figure, la poussière dont ils étaient encore couverts, leurs vêtements froissés, tout annonçait qu'ils avaient passé de longues heures dans leurs palanquins.

Le préfet était un homme d'une soixantaine d'années, à barbe grise, d'une taille courte et ramassée, d'un honnête embonpoint, mais sans exagération. Il y avait sur sa figure beaucoup de simplicité et de bonhomie; chose extrêmement rare dans les physionomies chinoises, et surtout dans celles des mandarins. Le tou-sse était à peu près du même âge; quoique un peu voûté, sa taille paraissait au-dessus de la moyenne; ses traits exprimaient une grande franchise. Nous nous hâtons d'ajouter qu'il n'appartenait pas à la race chinoise; il était d'origine mongole et avait passé sa jeunesse dans la terre des Herbes, menant la vie nomade et parcourant les déserts; plusieurs des pays qu'il avait habités nous étaient parfaitement connus. Quand nous lui parlâmes la langue mongole, il parut tout ému, et volontiers il eût versé quelques larmes, s'il n'eût craint de compromettre son caractère de soldat. Ces deux personnages nous allaient et nous nous félicitâmes bien sincèrement de les avoir attendus; de leur côté, ils parurent aussi fort satisfaits de nous voir. Nous le crûmes d'autant mieux, qu'ils ne cherchèrent pas à nous l'exprimer par les formules emphatiques du cérémonial chinois; nous le lûmes sur leurs physionomies, et cette preuve était pour nous plus convaincante que la première.

Le préfet d'Ou-chan voulut bien nous parler un peu en détail des motifs de son absence. Il s'était rendu avec ses assesseurs dans un village de sa juridiction, pour faire l'inspection d'un cadavre trouvé dans un champ. Il devait constater que la mort avait été naturelle, ou bien le résultat d'un suicide ou d'un assassinat. A ce sujet, nous lui adressâmes plusieurs questions sur la méthode employée par la justice chinoise, afin de faire paraître les plaies et les contusions sur les cadavres, même en état de putréfaction, et déterminer ainsi leurs divers genres de mort. Nous avions entendu beaucoup parler des procédés mis en usage par les magistrats dans ces circonstances ; on nous avait dit des choses si extraordinaires, que nous étions bien aises de prendre quelques renseignements à une bonne source. Le préfet n'eut pas le temps de satisfaire notre curiosité sur tous les points ; mais il nous promit de revenir dans la soirée, et d'apporter avec lui le livre intitulé *Si-yuen* c'est-à-dire lavage de la fosse. C'est un ouvrage de médecine légale, très-renommé en Chine, et qui doit être entre les mains de tous les magistrats. Le préfet nous tint parole, et la soirée fut consacrée à examiner rapidement ce curieux livre de médecine légale. Les mandarins d'Ou-chan ne manquèrent pas de nous le commenter et de l'enrichir d'une foule d'anecdotes très-bizarres que nous ne rapporterons pas, parce qu'elles ne nous ont pas paru d'une authenticité suffisante.

Dans tous les siècles le gouvernement chinois s'est occupé avec sollicitude des moyens de constater les homicides et de les vérifier sur les cadavres. Après l'incendie et la destruction des bibliothèques par le fameux Tsing-che-hoang, le plus ancien ouvrage de médecine légale ne remonte pas avant la dynastie des Song, qui commença l'an 960 de notre ère. La dynastie mongole des Yuen, qui succéda à celle des Song, fit refondre l'ouvrage et l'augmenta d'une foule d'anciennes pratiques que la tradition avait conservées dans divers tribunaux de l'empire. Après la dynastie des Yuen, celle des Ming commanda des recherches, des examens, des discussions sur cette matière importante, et fit publier successivement plusieurs ouvrages pour l'instruction des magistrats. La dynastie mantchoue a publié aussi une nouvelle édition du *Si-yuen.*

D'après ce livre, voici comment on doit s'y prendre pour découvrir les traces des coups et des blessures sur les corps morts, lors même qu'ils commencent à tomber en pourriture. On lave le cadavre avec du vinaigre, puis on l'expose à la vapeur du vin qui sort d'une fosse profonde. C'est de ce procédé qu'on a donné au livre de médecine légale le nom de *Si-yuen*, lavage de la fosse. Pour creuser cette fosse, il faut choisir, autant qu'il est possible, un terrain sec et de nature un peu argileuse; elle doit être de cinq ou six pieds de long sur trois de large et autant de profondeur. On la remplit ensuite de branches et de broussailles, et on active le feu jusqu'à ce que la terre du fond et des parois soit presque chauffée au rouge blanc. Alors on retire la braise et on verse une grande quantité de vin de riz; on place sur l'ouverture de la fosse une grande claie d'osier où l'on étend le cadavre, puis on recouvre le tout avec des toiles soutenues en voûte, afin que la vapeur du vin puisse agir sur toutes les parties du corps. Deux heures après, toutes les marques des coups et des blessures paraissent très-distinctement. Le *Si-yuen* assure qu'on peut également faire l'opération avec les ossements seuls et obtenir les mêmes résultats. Il prétend que, si les coups ont été de nature à causer la mort, les marques doivent apparaître sur les ossements. Les mandarins d'Ou-chan nous ont certifié que cela était d'une parfaite exactitude; mais nous n'avons jamais eu occasion de le vérifier par nous-mêmes.

Les mandarins sont tenus de faire cette opération chaque fois qu'il s'élève le moindre soupçon sur la mort d'un individu ; ils sont même obligés de faire exhumer les cadavres et de les examiner avec soin, lors même que les miasmes qui s'en exhalent seraient capables de mettre leur vie en péril, « car, dit le livre de médecine « légale, l'intérêt de la société l'exige, et il n'est pas « moins glorieux d'affronter la mort pour défendre ses « concitoyens du fer des assassins que de celui des en« nemis ; qui n'en a pas le courage n'est pas magistrat « et doit renoncer à son emploi. »

Le *Si-yuen* passe en revue toutes les manières imaginables de donner la mort, et il explique la méthode pour les découvrir sur les cadavres. On est effrayé en voyant tous les genres d'homicide que les Chinois ont su inventer ; ainsi l'article *étranglé* nous a paru très-riche : l'auteur distingue les *étranglés pendus*, les *étranglés à genoux*, les *étranglés couchés*, les *étranglés au nœud coulant* et les *étranglés au nœud tournant ;* il décrit soigneusement toutes les marques qui doivent se trouver sur le corps, et qui indiquent si l'individu s'est étranglé lui-même ou non. Au sujet des *noyés*, il dit que leurs cadavres sont fort différents de ceux qu'on jette dans l'eau après les avoir tués ; les premiers ont le ventre fortement tendu, les cheveux appliqués à la tête, de l'écume à la bouche, les pieds et les mains roides, et la plante des pieds extrêmement blanche ; on ne trouve jamais ces signes dans ceux qu'on jette à l'eau après les avoir étouffés, empoisonnés ou tués de toute autre manière. Comme il arrive fréquemment, en Chine, qu'un assassin cherche à cacher son crime par un incendie, le *Si-yuen*, au chapitre des *brûlés*, enseigne la manière de reconnaître, par l'inspection du cadavre, si le mort a été tué avant l'incendie ou étouffé par le feu ; entre autres choses, il dit que, dans le premier cas, on ne trouve ni cendres ni vestiges de feu dans la bouche et dans le nez, au lieu qu'on en trouve toujours dans les autres. Le dernier chapitre traite des diverses espèces de poisons et de leurs réactifs.

Quelque habiles et vigilants qu'on suppose les magistrats, on conçoit que toutes ces pratiques de médecine légale doivent être, la plupart du temps, très-insuffisantes, et ne sauraient remplacer l'autopsie des cadavres, que des préjugés anciens et invétérés interdisent aux Chinois.

Il est impossible de parcourir le livre *Si-yuen* sans demeurer convaincu que le nombre des attentats contre la vie des hommes est très-considérable, et, surtout, que le suicide est très-commun. On ne saurait se faire une idée de l'extrême facilité avec laquelle les Chinois se donnent la mort ; il suffit quelquefois d'une futilité, d'un mot, pour les porter à se pendre ou à se précipiter au fond d'un puits : ce sont les deux genres de suicide le plus en vogue. Dans les autres pays, quand on veut assouvir sa vengeance sur un ennemi, on cherche à le tuer ; en Chine, c'est tout le contraire, on se suicide. Cette anomalie tient à plusieurs causes dont voici les principales : d'abord, la législation chinoise rend responsables des suicides ceux qui en sont la cause ou l'occasion. Il suit de là que, lorsqu'on veut se venger d'un ennemi, on n'a qu'à se tuer, et l'on est assuré de lui susciter, par ce moyen, une affaire horrible ; il tombe immédiatement entre les mains de la justice qui, tout au moins, le torture et le ruine complétement, si elle ne lui arrache pas la vie. La famille du suicidé obtient ordinairement, dans ces cas, des dédommagements et des indemnités considérables ; aussi il n'est pas rare de voir des malheureux, emportés par un atroce dévouement à leur famille, aller se donner stoïquement la mort chez des gens riches. En tuant son ennemi, le meurtrier expose, au contraire, ses propres parents et ses amis, les déshonore, les réduit à la misère, et se prive lui-même des honneurs funèbres, point capital pour un Chinois, et auquel il tient par-dessus tout ; il est à remarquer, en second lieu, que l'opinion publique, au lieu de flétrir le suicide, l'honore et le glorifie. On trouve de l'héroïsme et de la magnanimité dans la conduite d'un homme qui attente à ses jours avec intrépidité pour se venger d'un ennemi qu'il ne peut écraser autrement; enfin on peut dire que les Chinois redoutent bien plus les souffrances que la mort. Ils font bon marché de la vie, pourvu qu'ils aient l'espérance de la perdre d'une manière brève et expéditive ; c'est peut-être cette considération qui a porté la justice chinoise à rendre le jugement des criminels plus affreux et plus terrible que le supplice même.

La Chine est le pays des contrastes ; tout ce qu'on y remarque est à l'opposé de ce qui se rencontre ailleurs. Chez les barbares, et même dans les pays civilisés, où les véritables notions de la justice n'ont pas suffisamment régénéré la conscience publique, on voit les riches, les forts, les puissants, faire trembler les faibles et les pauvres, les écraser, se jouer même de leur vie avec une épouvantable légèreté ; en Chine c'est le faible qui fait trembler le fort et le puissant, en tenant toujours suspendue sur sa tête la menace d'un suicide, et le forçant souvent, par ce moyen, à lui rendre justice, à le ménager, à le secourir. Les pauvres ont quelquefois recours à cette terrible extrémité pour se venger de la dureté des riches ; il n'est pas même rare de voir des gens repousser une injure et un affront en se donnant la mort. Il serait peut-être intéressant de comparer ce duel à la chinoise avec celui qui est en usage chez les nations européennes ; on trouverait à faire des rapprochements curieux, et l'on serait, sans doute, forcé de convenir qu'il y a dans l'un et dans l'autre la même extravagance et la même folie.

Les fonctionnaires d'Ou-chan nous traitèrent avec une remarquable affabilité, et nos causeries se prolongèrent bien avant dans la nuit ; chacun préconisait les mœurs et les usages de son pays : la Mongolie, la Chine et la France firent valoir tour à tour leurs prétentions par l'organe de leurs représentants. Il fut convenu que, chez tous les peuples, il y avait un fond de bonnes et de mauvaises qualités qui se faisaient à peu près équilibre ; toutefois nous cherchâmes à prouver que les nations chrétiennes valaient ou pouvaient valoir mieux que les autres, parce qu'elles étaient toujours sous l'influence d'une religion sainte et divine, qui tend essentiellement à développer les bonnes qualités et à étouffer les mauvaises. Les mandarins trouvèrent nos raisonnements lucides et concluants ; ils proclamèrent donc, sinon par conviction, du moins par politesse, que la France occupait incontestablement le premier rang parmi les dix mille royaumes de la terre. Leur bienveillance à notre égard fut portée si loin, qu'ils allèrent jusqu'à nous inviter, très-sérieusement et très-sincèrement, à rester encore un jour à Ou-chan; la tentation était forte; mais nous sûmes y résister, parce qu'il était essentiel de conserver à nos haltes extraordinaires le caractère que nous avions essayé de leur donner; d'ailleurs, puisque les mandarins d'Ou-chan avaient la courtoisie de nous inviter à rester, nous devions leur faire la politesse de partir ; les convenances avant tout. Il est d'usage, en Chine, qu'on se fasse les invitations les plus pressantes; mais c'est à condition qu'elles seront refusées ; les accepter serait la preuve d'une très-mauvaise éducation.

Pendant que nous étions dans nos missions du nord, nous fûmes témoin d'un fait fort bizarre, mais qui caractérise à merveille les Chinois. C'était un jour de grande fête, nous devions célébrer les saints offices chez le premier catéchiste du village, qui avait dans sa maison une assez vaste chapelle ; les chrétiens des villages voisins s'y rendirent en grand nombre. Après la cérémonie, le maître de la maison se posta au milieu de la cour, et se mit à crier aux chrétiens qui sortaient de la chapelle : Que personne ne s'en aille, aujourd'hui j'invite tout le monde à manger le riz dans ma maison ; puis il courait aux uns et aux autres pour les presser de rester ; mais chacun alléguait des raisons et partait. Il en paraissait désolé, lorsqu'il avisa un de ses cousins qui gagnait aussi la porte ; il se précipita vers lui en disant : Comment ! mon cousin, toi aussi, tu pars.... Oh ! c'est impossible, aujourd'hui c'est jour de fête, je veux que tu restes. — Non, ne me presse pas, il faut que je retourne dans ma famille, j'ai un peu d'affaires. — Un peu d'affaires ! mais c'est aujourd'hui jour de repos ; absolument tu resteras, je ne te lâcherai pas. En même temps il le saisit par sa robe, et fait tous ses efforts pour entraîner son cousin, qui se débat de son mieux, et cherche à lui prouver que ses affaires ne lui permettent pas de s'arrêter. — Puisque je ne puis obtenir que tu manges le riz avec nous, au moins buvons ensemble quelques petits verres de vin ; je perdrais ma face, si un cousin s'en allait de chez moi sans rien prendre. — Un verre de vin, dit le cousin, cela ne dépense pas beaucoup de temps, buvons donc ensemble un verre de vin ; et les voilà entrés et assis dans la salle des hôtes. Le maître de la maison ordonne à haute voix, mais sans s'adresser à personne, de faire chauffer le vin et frire deux œufs. En attendant que les œufs frits et le vin chaud arrivent, on allume la pipe et on fume, puis on cause et on fume encore, mais le vin se fait toujours attendre. Le cousin qui, sans doute, était réellement pressé, demande à son gracieux parent s'il y en aura encore pour longtemps avant que le vin soit chaud. — Du vin ! fit celui-ci tout émerveillé, du vin ! est-ce que nous en avons ici ? est-ce que tu ne sais pas que je ne bois jamais de vin, qu'il me fait mal au ventre ? — Dans ce cas tu pouvais bien me laisser partir ; pourquoi me tant presser ? — A ces mots le maître de la maison se lève, et, prenant devant son cousin une posture indignée : En vérité, lui dit-il, je voudrais bien savoir de quel pays tu es sorti ; comment ! je te fais, moi, la politesse de t'inviter à boire du vin, et toi, tu ne me fais pas celle de refuser ! et où donc as-tu appris les rites ? C'est probablement chez les Mongols, n'est-ce pas?... Le pauvre cousin comprit qu'il avait fait une sottise ; il se contenta de balbutier quelques paroles d'excuses, et, après avoir bourré et allumé sa pipe, il s'en alla.

Nous étions présent à cette délicieuse petite représentation. Aussitôt que le cousin fut parti, le moins que nous pûmes faire, ce fut de rire un peu à notre aise ; mais le maître de la maison ne riait pas, il était indigné. Il nous demandait si nous avions jamais vu un homme aussi ridicule, aussi borné, aussi dépourvu d'intelligence que son cousin, et il en revenait toujours au grand principe, c'est-à-dire qu'un homme bien élevé doit toujours rendre politesse pour politesse, qu'on doit gracieusement refuser les offres de celui qui a l'honnêteté de vous en faire. —Sans cela, s'écria-t-il, où en serait-on? Nous l'écoutâmes sans rien dire ni pour ni contre, car, en beaucoup de choses, il est très-difficile d'avoir une règle sûre et applicable à tous les hommes, surtout en ce qui tient aux coutumes des peuples. En y regardant de près, il nous a semblé comprendre les motifs de cette manière d'entendre la politesse. D'une part, chacun se donne, à peu de frais, la satisfaction de se montrer généreux et empressé envers tout le monde ; d'autre part, tout le monde peut se flatter de recevoir de chacun de gracieuses invitations et d'avoir le bon esprit de les refuser... C'est bien là, il faut en convenir, de la pure chinoiserie.

Malgré les vives sollicitations des mandarins d'Ou-chan, le lendemain nous nous mîmes en route, comme gens qui savent vivre et ont étudié les rites ailleurs que dans les déserts de la Mongolie. Cette journée de marche fut assez pénible ; d'abord, parce qu'il y avait deux jours que nous n'avions été en palanquin et que nos jambes avaient perdu le pli ; ensuite parce que nous avions à traverser un pays de montagnes. L'aspect de la campagne était, d'ailleurs, peu gracieux ; elle présentait généralement une teinte triste et sauvage. Le sol, rempli de sable et de gravier, semblait se prêter difficilement à la culture. Aussi rencontrâmes-nous rarement des villages ; on voyait seulement de temps en temps dans les creux des vallons de misérables fermes dont les habitants accouraient sur notre passage, pour nous demander l'aumône de quelques sapèques.

Vers l'après-midi, nous gravissions une colline assez escarpée, et maître Ting allait en tête de la colonne. Aussitôt qu'il fut parvenu au sommet, il sortit de son palanquin, et, à mesure que les autres arrivaient, il les faisait arrêter. Nous ne comprenions pas trop le sens de cette manœuvre. Quand nous fûmes au haut de la colline, maître Ting nous invita à sortir de nos palanquins : Venez voir, nous dit-il ; ici finit la province du Sse-tchouen, nous allons entrer dans celle du Hou-pé. Ce petit fossé est la séparation des deux provinces ; je n'ai pas voulu traverser la montagne sans vous le faire remarquer. — Tenez, ajouta-t-il, en se mettant en quelque sorte à califourchon sur le fossé, voilà que j'ai la jambe droite dans le Sse-tchouen et la gauche dans le Hou-pé ; puis il resta un moment immobile, pour nous faire bien voir l'expérience. Plusieurs porteurs de palanquin qui, sans doute, trouvaient fort curieux d'avoir une jambe dans le Sse-tchouen et l'autre dans le Hou-pé, répétèrent plusieurs fois l'expérience et y réussirent pour le moins aussi bien que le mandarin civil.

Après nous être reposés un instant et avoir regardé vaguement à droite et à gauche le chemin que nous venions de parcourir et celui où nous allions entrer, nous nous remîmes en route, et bientôt après nous arrivâmes à Patoung.

Le Sse-tchouen (quatre vallons) est la plus vaste province de la Chine et peut-être aussi la plus belle. C'est, du moins, ce qu'il nous a semblé, après l'avoir comparé avec le reste de l'empire, que nous avons eu occasion d'étudier suffisamment durant nos divers voyages. De la frontière du Thibet jusqu'aux limites de la province du Hou-pé, on lui donne quarante jours de marche, ce qui peut équivaloir à peu près à une étendue de trois cents lieues. Outre un grand nombre de forts et de places de guerre, on compte dans cette province neuf villes du premier ordre et cent quinze du second et du troisième. En hiver comme en été, sa température est assez modérée ; on n'y éprouve jamais les longs et terribles froids du nord, ni les chaleurs étouffantes des provinces méridionales. Son sol, d'une grande fécondité à cause des nombreuses rivières qui l'arrosent, est agréablement accidenté. On rencontre tour à tour de vastes plaines recouvertes d'abondantes moissons de froment et de céréales de toute espèce, des montagnes couronnées de forêts, des vallons fertiles et d'une magnificence ravissante, des lacs poissonneux, plusieurs rivières navigables, et surtout ce Yang-tse-kiang, un des plus beaux fleuves du monde, qui traverse la province du sud-ouest au nord-est. Sa fertilité est telle, qu'on dit communément que les produits d'une seule récolte ne peuvent être consommés en dix ans. On y cultive un grand nombre de plantes textiles et tinctoriales, entre autres l'indigo herbacé, qui donne une belle couleur bleue, et une espèce de chanvre ou d'ortie dont on fait des toiles d'une extrême finesse. On rencontre sur les coteaux de belles plantations de thé; les feuilles les plus délicates et de première qualité sont réservées pour les gourmets de la province; ce qu'il y a de plus grossier est expédié par les caravanes aux habitants du Thibet et du Turkestan. C'est dans le Sse-tchouen que les pharmaciens de toutes les provinces de l'empire envoient annuellement leurs commis voyageurs s'approvisionner de plantes médicinales. Outre qu'on en recueille sur les montagnes une quantité très-considérable, elles ont, de plus, la réputation de posséder des vertus plus efficaces que celles des autres pays. Les racines de rhubarbe et les vessies de musc, qu'on apporte du Thibet, y sont l'objet d'un commerce très-important.

La richesse et la beauté du Sse-tchouen semblent avoir exercé une grande influence sur ses habitants; ils ont généralement les manières plus distinguées que les Chinois des autres provinces. On remarque dans les grandes villes de l'ordre et une certaine propreté relative. L'aspect des villages mêmes et des fermes témoigne de l'aisance de ceux qui les habitent. On ne trouve pas dans le Sse-tchouen ces patois presque inintelligibles qu'on rencontre si fréquemment dans les autres provinces. A peu de chose près, le langage qu'on y parle a la même pureté que celui de Péking.

Les Sse-tchouennais sont d'un tempérament fort et robuste; leur physionomie est plus mâle que celle des Chinois du midi, et moins rude que celle des habitants du nord. Ils ont la réputation d'être bons soldats, et c'est ordinairement parmi eux qu'on choisit le plus grand nombre des mandarins militaires. La province, du reste, se vante d'être en possession du génie guerrier et d'avoir donné naissance à un fameux général dont on a fait le dieu de la guerre. Ce Mars chinois est le célèbre Kouang-ti, dont le nom est si populaire dans tout le Céleste Empire. Il était originaire de la province du Sse-tchouen, et vivait au troisième siècle de notre ère. Après de nombreuses et éclatantes victoires remportées sur les ennemis de l'empire, il fut tué avec son fils Kouang-ping, dont il avait fait son aide de camp. Les Chinois, qui n'ont pas manqué de fabriquer sur son compte une foule de légendes remplies d'extravagances, prétendent qu'il n'est pas mort réellement, mais qu'il monta aux cieux, où il prit place parmi les dieux, afin de présider aux destinées de la guerre. La dynastie tartare-mantchoue, en montant sur le trône impérial de la Chine, fit faire l'apothéose de Kouang-ti et le proclama solennellement esprit tutélaire de la dynastie. Le gouvernement lui a fait élever, dans toutes les provinces de l'empire, un grand nombre de temples, où on le représente ordinairement assis dans une attitude calme, mais pleine de fierté. Son fils Kouang-ping, armé de pied en cap, se tient debout à sa gauche, et, à sa droite, on voit son fidèle écuyer, appuyé sur une large épée, fronçant d'épais sourcils, ouvrant de grands yeux ronds barbouillés de sang, et ne demandant qu'à faire peur à ceux qui le regardent.

Le culte de Kouang-ti appartient à la religion officielle de l'État. Le peuple ne s'en mêle guère ; il ne s'occupe pas plus de son dieu Mars que des autres divinités bouddhiques. Mais les fonctionnaires publics, et surtout les mandarins militaires, sont obligés, à certains jours fixes, d'aller se prosterner dans son temple, et de brûler en son honneur des bâtons de parfum. La dynastie mantchoue, qui a bien voulu en faire un dieu, le nommer ensuite protecteur de l'empire, et lui faire élever un grand nombre de magnifiques pagodes, n'entend nullement que les employés du gouvernement lui témoignent de l'indifférence ou de l'indévotion.

Les Mantchous, qui probablement, en établissant ce culte, ne se sont proposé qu'un but politique et un moyen d'influence sur l'esprit des soldats, n'ont pas manqué d'accréditer la fable que Kouang-ti avait toujours apparu dans les guerres que l'empire a soutenues depuis la fondation de la dynastie. Ainsi, à diverses époques, surtout durant la guerre contre les Éleuts, et, plus tard, contre les rebelles du Turkestan et du Thibet, on l'a vu planant dans les airs, soutenant le courage des armées impériales et accablant les ennemis de traits invisibles. Il est certain, disent-ils, qu'avec un si puissant protecteur la victoire est toujours assurée. Un jour qu'un mandarin militaire nous racontait naïvement les immenses prouesses du fameux Kouang-ti, nous nous avisâmes de lui demander s'il avait apparu dans la dernière guerre que l'empire avait eu à soutenir contre les Anglais. Cette question parut le contrarier un peu. Après un moment d'hésitation, il nous dit : On prétend qu'il ne s'est pas montré, on ne l'a pas vu. — Cependant le cas était grave, et sa présence n'eût pas été peut-être tout à fait inutile. — Ne parlons pas de cette guerre... C'est vrai, Kouang-ti n'a pas paru... Et c'est un mauvais signe, ajouta-t-il en baissant la voix. On dit que la dynastie est abandonnée du ciel et qu'elle sera bientôt remplacée... Cette idée, que la dynastie mantchoue a fini son temps et qu'une autre doit lui succéder, était déjà, à cette époque, en 1846, très-répandue parmi les Chinois, et, durant notre voyage, nous l'avons entendu formuler plus d'une fois. Ce vague pressentiment, dont on était partout préoccupé depuis plusieurs années, a été, peut-être, le plus puissant auxiliaire de l'insurrection qui a éclaté en 1851, et qui, depuis lors, n'a cessé de faire des progrès gigantesques.

La merveille du Sse-tchouen, et qui doit être placée même avant le fameux Kouang-ti, c'est ce que les Chinois appellent *yen-tsing* et *ho-tsing*, c'est-à-dire puits de sel et puits de feu. Nous en avons vu un grand nombre, sans avoir le temps de les examiner assez attentivement pour en donner une description détaillée. Nous allons citer sur ce sujet une lettre de monseigneur Imbert, longtemps missionnaire dans cette province, puis nommé vicaire apostolique de Corée, où il a eu l'honneur d'être martyrisé pour la foi en 1838. Les minutieux détails renfermés dans cette lettre sont bien propres à donner une idée exacte de l'industrie patiente et laborieuse des Chinois. Nous allons donc la donner textuellement.

« Le nombre des puits salants est très-considérable ; « il y en a quelques dizaines de mille dans l'espace d'en- « viron dix lieues de long, sur quatre ou cinq de large ; « chaque particulier un peu riche se cherche quelque « associé et creuse un ou plusieurs puits. Leur manière « de creuser n'est pas la nôtre ; ce peuple fait tout en

« petit, et ne sait rien faire en grand ; il vient à bout de « ses desseins avec le temps et la patience, et avec bien « moins de dépenses que nous. Il n'a pas l'art d'ouvrir « les rochers par la mine, et tous les puits sont dans le « rocher. Ces puits ont ordinairement de quinze à dix-« huit cents pieds français de profondeur et n'ont que « cinq ou au plus six pouces de largeur. Devinez com-« ment ils peuvent les creuser ; toute votre physique n'en « vient pas à bout ; voici donc leur procédé.

« S'il y a trois ou quatre pieds de profondeur de terre « à la surface, on y plante un tube de bois creux, sur-« monté d'une pierre de taille qui a l'orifice désiré de « cinq ou six pouces ; ensuite on fait jouer dans ce tube « un mouton, ou tête d'acier, de trois ou quatre cents « livres pesant. Cette tête d'acier est crénelée, un peu « concave par-dessus et ronde par-dessous ; un homme « fort, habillé à la légère, monte sur un échafaudage, « et danse toute la matinée sur une bascule qui soulève « cet éperon à deux pieds de haut, et le laisse tomber de « son poids. On jette de temps en temps quelques seaux « d'eau dans le trou pour pétrir les matières du rocher « et les réduire en bouillie. L'éperon ou tête d'acier est « suspendu par une bonne corde de rotin, petite comme « le doigt, mais forte comme nos cordes de boyau. « Cette corde est fixée à la bascule, on y attache un bois « en triangle, et un autre homme est assis à côté de la « corde ; à mesure que la bascule s'élève, il prend le « triangle et lui fait faire un demi-tour, afin que l'épe-« ron tombe dans un sens contraire. A midi, il monte « sur l'échafaudage, pour relever son camarade jusqu'au « soir ; la nuit, deux autres hommes les remplacent.

« Quand ils ont creusé trois pouces, on tire cet éperon, « avec toutes les matières dont il est surchargé, par le « moyen d'un grand cylindre qui sert à rouler la corde ; « de cette façon, ces petits puits ou tubes sont très- « perpendiculaires et polis comme une glace. Quelque- « fois tout n'est pas roche jusqu'à la fin, mais il se rencon- « tre des lits de terre, de charbon, etc. ; alors l'opération « devient des plus difficiles, et quelquefois infructueuse, « car les matières n'offrant pas une résistance égale, il « arrive que le puits perd de sa perpendicularité ; mais « ces cas sont rares. Quelquefois le gros anneau de fer « qui suspend le mouton vient à casser, alors il faut « cinq ou six mois pour pouvoir, avec d'autres moutons, « broyer le premier et le réduire en bouillie. Quand la « roche est assez bonne, on avance jusqu'à deux pieds « dans les vingt-quatre heures ; on reste au moins trois « ans pour creuser un puits. Pour tirer l'eau, on descend « dans le puits un tube de bambou, long de vingt-quatre « pieds, au fond duquel il y a une soupape ; lorsqu'il « est arrivé au fond du puits, un homme fort s'assied « sur la corde et donne des secousses : chaque secousse « fait ouvrir la soupape et monter l'eau. Le tube étant « plein, un grand cylindre, en forme de dévidoir, de « cinquante pieds de circonférence, sur lequel se roule « la corde, est tourné par deux, trois ou quatre buffles, « et le tube monte. Cette corde est aussi de rotin. Ces « pauvres animaux ne tiennent guère à ce travail, il en « meurt en quantité.

« Si les Chinois avaient nos machines à vapeur, ils « feraient bien moins de dépenses ; mais des milliers de « gens de peine mourraient de faim. L'eau de ces puits

« est très-saumâtre ; elle donne à l'évaporation un cin-« quième et plus, quelquefois un quart de sel. Ce sel est « très-âcre ; il contient beaucoup de nitre, quelquefois « il attaque tellement le gosier, que cela devient une « maladie ; alors il faut se servir de sel de mer venu de « Canton ou du Tonquin.

« L'air qui sort de ces puits est très-inflammable. Si « l'on présentait une torche à la bouche d'un puits, « quand le tube plein d'eau est près d'arriver, il s'en-« flammerait en une grande gerbe de feu, de vingt à « trente pieds de haut, et brûlerait le hangar avec la « rapidité et l'explosion de la foudre. Cela arrive quel-« quefois par l'imprudence ou la malice d'un ouvrier, « qui veut se suicider en compagnie. Il est de ces puits « dont on ne retire point de sel, mais seulement du feu ; « on les appelle *ho-tsing* (puits de feu). En voici la des-« cription : Un petit tube en bambou (ce feu ne le brûle « pas) ferme l'embouchure des puits, et conduit l'air « inflammable où l'on veut ; on l'allume avec une bou-« gie, et il brûle continuellement. La flamme est bleuâ-« tre, ayant trois ou quatre pouces de haut et un pouce « de diamètre. Ici ce feu est trop petit pour cuire le sel ; « les grands puits de feu sont à Tse-liou-tsing, à qua-« rante lieues d'ici.

« Pour évaporer l'eau et cuire le sel, on se sert d'une « grande cuve en fonte, qui a cinq pieds de diamètre « sur quatre pouces seulement de profondeur. (Les « Chinois ont éprouvé qu'en présentant une plus grande « surface au feu, l'évaporation est plus prompte et « épargne le charbon.) Quelques autres marmites plus « profondes l'environnent, contenant de l'eau qui bout

« au même feu et sert à alimenter la grande cuve ; de « sorte que le sel, quand il est évaporé, remplit abso-« lument la cuve, et en prend la forme. Le bloc de sel, « de deux cents livres pesant et plus, est dur comme la « pierre ; on le casse en trois ou quatre morceaux pour « être transporté dans le commerce. Le feu est si ardent, « que la cuve devient tout à fait rouge et que l'eau jaillit « à gros bouillons à la hauteur de huit ou dix pouces. « Quand c'est du feu fossile des puits à feu, elle jaillit « encore davantage, et les cuves sont calcinées en fort « peu de temps, quoique celles qu'on expose à ces « sortes de feu aient jusqu'à trois pouces d'épaisseur.

« Pour tant de puits, il faut du charbon en quantité ; « il y en a de différentes sortes dans le pays. Les lits de « charbon sont d'une épaisseur qui varie depuis un « pouce jusqu'à cinq. Le chemin souterrain qui con-« duit à l'intérieur de la mine est quelquefois si rapide, « qu'on y met des échelles de bambou ; le charbon est « en gros morceaux. La plupart de ces mines contien-« nent beaucoup de l'air inflammable dont j'ai parlé, et « on ne peut pas y allumer de lampes ; les mineurs « vont à tâtons, s'éclairent avec un mélange de poudre de « bois et de résine, qui brûle sans flamme et ne s'é-« teint pas.

« Quand on creuse les puits de sel, ayant atteint mille « pieds de profondeur, on trouve ordinairement une « huile bitumineuse (1) qui brûle dans l'eau. On en « recueille par jour jusqu'à quatre ou cinq jarres de « cent livres chacune. Cette huile est très-puante ; on

(1) Probablement de l'huile de pétrole.

« s'en sert pour éclairer le hangar où sont les puits et les « chaudières de sel. Les mandarins, par ordre du prince, « en achètent souvent des milliers de jarres, pour cal« ciner sous l'eau les rochers qui rendent le cours des « fleuves périlleux. Un bateau fait-il naufrage, on trempe « un caillou dans cette huile, on l'enflamme et on le « jette dans l'eau ; alors un plongeur, et plus souvent « un voleur, va chercher ce qu'il y avait de plus pré« cieux sur ce bateau ; cette lampe sous-aqueuse l'éclaire « parfaitement.

« Si je connaissais mieux la physique, je vous dirais « ce que c'est que cet air inflammable et souterrain dont « je vous ai parlé. Je ne puis croire que ce soit l'effet « d'un volcan souterrain, parce qu'il a besoin d'être « allumé ; et, une fois allumé, il ne s'éteint plus que par « le moyen d'une boule d'argile, qu'on met à l'orifice « du tube, ou à l'aide d'un vent violent et subit. Les « charlatans en remplissent des vessies, les portent au « loin, y font un trou avec une aiguille, et l'allument « avec une bougie pour amuser les badauds. Je crois « plutôt que c'est un gaz ou esprit de bitume, car ce « feu est fort puant et donne une fumée noire et « épaisse (1).

« Ces mines de charbon et ces puits de sel occupent « ici un peuple immense. Il y a des particuliers riches « qui ont jusqu'à cent puits en propriété ; mais ces for« tunes colossales sont bientôt dissipées. Le père amasse, « les enfants dépensent tout au jeu ou en débauches.

« Le 6 janvier 1827, j'arrivai à Tse-liou-tsing (c'est-

(1) C'est sans doute ce que les chimistes appellent *hydrogène carboné* ou *carbure d'hydrogène*.

« à-dire puits coulant de lui-même), après une marche « de dix-huit lieues, faite avec mes gros souliers à « crampons de fer d'un pouce de hauteur, à cause de la « boue qui rendait le chemin glissant. Cette petite « chrétienté ne contient que trente communiants ; mais « j'y trouvai la plus belle merveille de la nature et le « plus grand effort de l'industrie humaine que j'aie « rencontrés dans mes longs voyages, c'est un volcan « maîtrisé.

« Cet endroit est dans la montagne, au bord d'un « petit fleuve ; il contient, comme Ou-tong-kiao, des « puits de sel creusés de la même manière, c'est-à-dire « avec un éperon ou tête de fer crénelée en couronne, « lourde de trois cents livres et plus. Il y a plus de mille « de ces puits ou tubes qui contiennent de l'eau salée. « En outre, chaque puits contient un air inflammable « que l'on conduit par un tube de bambou ; on l'allume « avec une bougie, et on l'éteint en soufflant vigoureu- « sement. Quand on veut puiser de l'eau salée, on éteint « le tube de feu ; car, sans cela, l'air montant en quan- « tité avec l'eau, ferait l'explosion d'une mine. Dans une « vallée se trouvent quatre puits, qui donnent du feu en « une quantité vraiment effroyable, et point d'eau ; c'est « là, sans doute, le centre du volcan. Ces puits, dans le « principe, ont donné de l'eau salée ; l'eau ayant tari, on « creusa, il y a une douzaine d'années, jusqu'à trois « mille pieds et plus de profondeur, pour trouver de « l'eau en abondance. Ce fut en vain ; mais il sortit « soudain une énorme colonne d'air qui s'exhala en « grosses particules noirâtres. Je l'ai vu de mes yeux ; cela « ne ressemble pas à la fumée, mais bien à la vapeur d'une

« fournaise ardente. Cet air s'échappe avec un bruis-« sement et un ronflement affreux qu'on entend de fort « loin. Il respire et pousse continuellement, et il n'aspire « jamais; c'est ce qui m'a fait juger que c'est un volcan « qui a son aspiration dans quelque lac, peut-être même « dans le grand lac du Hou-kouang, à deux cents lieues « de distance. Il y a bien, sur une montagne éloignée « d'une lieue, un petit lac d'environ une demi-lieue de « circuit, excessivement profond; mais je ne puis croire « qu'il suffise pour alimenter le volcan. Ce petit lac n'a « aucune communication avec le fleuve et ne se fournit « que d'eau de pluie.

« L'orifice des puits est surmonté d'une caisse de « pierre de taille, qui a six ou sept pieds de hauteur, de « crainte que, par inadvertance ou par malice, quelqu'un « ne mette le feu à l'embouchure des puits. Ce malheur « est arrivé en août dernier. Ce puits est au milieu d'une « vaste cour, et au centre de grands et longs hangars, « où se trouvent les chaudières qui cuisent le sel; dès « que le feu fut à la surface du puits, il se fit une explo-« sion affreuse et un assez fort tremblement de terre. « A l'instant même, toute la surface de la cour fut en « feu. La flamme, qui avait environ deux pieds de hau-« teur, voltigeait sur la superficie du terrain sans rien « brûler. Quatre hommes se dévouent, et portent une « énorme pierre sur l'orifice du puits; aussitôt elle vole « en l'air; trois hommes furent brûlés, le quatrième « échappa au danger; ni l'eau ni la boue ne purent étein-« dre le feu. Enfin, après quinze jours de travaux opi-« niâtres, on porta de l'eau en quantité sur la montagne « voisine, on y forma un lac et on lâcha l'eau tout à

« coup ; elle vint en quantité, avec beaucoup d'air, et « éteignit le feu. Ce fut une dépense d'environ trente « mille francs, somme considérable en Chine.

« A un pied sous terre, sur les quatre faces du puits, « sont entés quatre énormes tubes de bambou qui con- « duisent l'air sous les chaudières. Un seul puits fait « cuire plus de trois cents chaudières ; chaque chaudière « a un tube de bambou, ou conducteur du feu ; sur la « tête du tube de bambou est un tube de terre glaise, « haut de six pouces, ayant au centre un trou d'un pouce « de diamètre ; cette terre empêche le feu de brûler le « bambou ; d'autres bambous, mis en dehors, éclairent « les rues et les grands hangars. On ne peut employer « tout le feu ; l'excédant est conduit par un tube hors de « l'enceinte de la saline, et y forme trois cheminées, ou « énormes gerbes de feu, flottant et voltigeant à deux « pieds de hauteur au-dessus de la cheminée. La surface « du terrain de la cour est extrêmement chaude, et brûle « sous les pieds ; en janvier même tous les ouvriers sont à « demi-nus, n'ayant qu'un petit caleçon pour se couvrir. « J'ai eu, comme tous les voyageurs, la curiosité d'al- « lumer ma longue pipe au feu du volcan ; ce feu est « extrêmement actif. Les chaudières de fonte ont jusqu'à « quatre ou cinq pouces d'épaisseur ; elles sont calcinées « et hors d'usage au bout de quelques mois. Les porteurs « d'eau salée et des aqueducs en tubes de bambou four- « nissent l'eau ; elle est reçue dans une énorme citerne, « et un chapelet hydraulique, agité jour et nuit par « quatre hommes, fait monter l'eau dans un réservoir « supérieur, d'où elle est conduite par des tubes et ali- « mente des chaudières.

« L'eau, évaporée en vingt-quatre heures, forme un « pâté de sel de six pouces d'épaisseur, pesant environ « trois cents livres ; il est dur comme de la pierre. Ce sel « est plus blanc que celui de Ou-tong-kiao, et prend « moins au gosier ; sans doute que le charbon qu'on « emploie à Ou-tong-kiao, ou même la différence de « l'eau salée, produit ces variantes. L'eau de Tse-liou-« tsing est bien moins saumâtre qu'à Ou-tong-kiao; « celle-ci produit jusqu'à trois onces et même quatre « onces de sel par livre ; mais à Ou-tong-kiao le charbon « est cher, au lieu qu'à Tse-liou-tsing le feu ne coûte « rien ; d'ailleurs ces deux pays vendent leur sel dans « des villes différentes, et des douaniers empêchent de « troubler cet accord approuvé par le gouvernement.

« J'oubliais de vous dire que ce feu ne produit presque « pas de fumée, mais une vapeur très-forte de bitume, « que je sentis à deux lieues loin du pays ; la flamme « est rougeâtre comme celle du charbon ; elle n'est pas « attachée et enracinée à l'orifice du tube, comme le « serait celle d'une lampe ; mais elle voltige environ à « deux pouces de l'orifice, et elle s'élève d'environ deux « pieds. Dans l'hiver, les pauvres, pour se chauffer, « creusent en rond le sable à environ un pied de profon-« deur ; une dizaine de malheureux s'asseyent autour ; « avec une poignée de paille ils enflamment ces creux, « et ils se chauffent de cette manière aussi longtemps « que bon leur semble ; ensuite ils comblent ce creux « avec le sable, et le feu est éteint. »

D'après cette relation, on peut se faire une certaine idée du caractère de l'industrie des Chinois ; les sciences physiques sont encore, chez eux, à l'état élémentaire ; ils ne les cultivent que dans un but d'application immédiate; mais ils suppléent par une patience prodigieuse à ce qui leur manque en perfectionnement et en véritable progrès. Ce qu'ils ont surtout de remarquable, c'est l'extrême simplicité de leurs moyens et de leurs procédés; avec les ressources les plus bornées ils obtiennent des résultats qui nécessiteraient ailleurs de savantes combinaisons. La tournure de leur esprit tend toujours à la simplification; tout l'attirail des sciences physiques ne servirait qu'à les embarrasser, et ils réussiraient peut-être moins bien; avec leur sagacité et de la persévérance ils sont capables de venir à bout des choses les plus difficiles; le temps pour point d'appui et la patience pour levier, voilà les deux grands principes de leur physique.

Malgré cela, il est incontestable qu'on trouve chez les Chinois un certain fonds scientifique, qui remonte à la plus haute antiquité; il se transmet de génération en génération, existant dans quelques familles en état de secret, ou disséminé dans des livres de recettes; avec ces données, fort simples, on obtient machinalement, et par tradition, des résultats qui, chez nous, sont amenés par la science et l'étude. Ainsi les Chinois savent exploiter les mines, combiner les métaux et les travailler de toute façon; ils coulent des cloches et des statues en bronze et en fonte de dimensions colossales; ils fabriquent en porcelaine des vases grandioses; ils élèvent des tours, construisent, sur les grandes rivières, des ponts magnifiques et d'une solidité remarquable; ils ont creusé un beau canal qui va d'un bout de l'empire à l'autre. A deux époques différentes, ils ont entrepris des travaux gigantesques, et d'une extrême difficulté, pour changer complétement le lit du fleuve Jaune ; ils savent enfin obtenir toutes les couleurs et les combiner d'une manière merveilleuse. Nous pourrions passer en revue tous les produits des arts et de l'industrie, et, à la vue de ces résultats, qui souvent ne manquent pas de mérite, on serait bien forcé de convenir qu'il y a en Chine, comme ailleurs, des physiciens, des chimistes et des mathématiciens.

Leurs notions, il est vrai, ne sont pas formulées en principes et arrangées en systèmes ; ainsi les Chinois ne sauront pas nous dire d'après quelles lois ils obtiennent certaines combinaisons chimiques ; ils se contentent de nous montrer une vieille recette basée sur l'expérience, et cela leur suffit pour atteindre leur but. Leurs mineurs ne pourraient pas, assurément, expliquer d'une manière satisfaisante pourquoi la composition de bois et de résine dont ils se servent pour s'éclairer n'enflamme pas le gaz des mines et ne produit pas d'explosion ; cependant leur méthode se rapproche du principe qui a guidé Davy pour inventer sa fameuse lampe de sûreté.

Quoiqu'il soit vrai de dire qu'on peut obtenir des résultats très-scientifiques sans être savant, il faut néanmoins convenir que les nombreuses connaissances dont les Chinois sont en possession demeurant ainsi éparpillées, il leur sera très-difficile de faire des progrès, et de se maintenir même où ils sont parvenus. Leur décadence a déjà commencé sur plusieurs points depuis un assez grand nombre d'années, et ils conviennent eux-mêmes qu'ils seraient aujourd'hui incapables d'obtenir les produits qui leur étaient si faciles dans les temps passés. Les sciences naturelles n'entrent absolument pour rien dans leur système d'enseignement, et les connaissances qui leur viennent de la longue expérience des siècles n'ayant, le plus souvent, pour gardiens que des ouvriers ignorants, on comprend que bien des notions utiles et intéressantes doivent nécessairement se perdre. Un contact plus intime avec l'Europe sera seul capable de conserver une foule de germes précieux qui menacent de périr, et qui pourront se développer un jour sous l'influence de la science moderne.

Le Sse-tchouen, la plus remarquable, à notre avis, des dix-huit provinces de la Chine, est aussi celle où le christianisme est le plus florissant ; elle compte à peu près cent mille chrétiens, en général assez zélés, et remplissant fidèlement leurs devoirs ; aussi leur nombre augmente-t-il d'une manière sensible d'année en année. La prospérité de cette mission vient de ce qu'elle n'a jamais été entièrement abandonnée comme beaucoup d'autres. A l'époque même de nos plus grands désastres révolutionnaires, pendant que la France, sans culte et sans prêtres, ne pouvait guère se préoccuper des intérêts religieux de la Chine, les chrétiens du Sse-tchouen ont toujours eu le bonheur d'avoir au milieu d'eux quelques apôtres pleins de zèle et de ferveur, veillant avec soin sur les précieuses étincelles de la foi, en attendant que des temps meilleurs permissent à de nouveaux missionnaires de venir ranimer dans ces contrées le feu sacré de la religion. La province du Sse-tchouen est confiée à la sollicitude de la société des Missions étrangères, qui recueille maintenant les fruits de sa persévérance et de son zèle.

La chrétienté du Sse-tchouen, outre qu'elle est la plus

nombreuse, présente encore une physionomie particulière. Partout (1) ailleurs les néophytes se recrutent, en grande partie, dans les villes et dans les campagnes, parmi les classes les plus indigentes. Il n'en est pas tout à fait ainsi dans le Sse-tchouen ; quoique la propagation de la foi n'atteigne pas encore les sommités sociales, le plus grand nombre des chrétiens se trouve dans les rangs intermédiaires. Il est évident qu'aux yeux de la foi le pauvre vaut au moins autant que le riche ; car il ne faut pas oublier que les bergers sont venus avant les rois adorer dans sa crèche le Sauveur des hommes. Cependant un grand nombre de Chinois ayant la simplicité de croire qu'on donne une certaine somme aux catéchumènes le jour de leur baptême, et qu'ils se font chrétiens par intérêt, il est avantageux peut-être, pour faire tomber ce préjugé, de voir le christianisme professé par les classes un peu aisées et qui ne sont pas forcées de vivre d'aumônes. Il est, d'ailleurs, bon que les missions puissent se suffire à elles-mêmes, fonder des écoles gratuites pour les enfants des deux sexes, construire des chapelles et supporter les frais de leur entretien.

Quelquefois, on doit en convenir, ces conditions d'aisance et de prospérité ne laissent pas d'être nuisibles à la mission, en excitant la cupidité des mandarins, qui laissent volontiers les pauvres en repos, mais qui font toujours une surveillance active autour des maisons où ils soupçonnent qu'il y a quelque chose à prendre. Cependant une chrétienté dans l'aisance, quoique réellement exposée à ces dangers, a, d'autre part, des avantages

(1) On doit excepter la province du Kiang-nan.

qui les compensent. Les familles peuvent, en réunissant leurs forces, obtenir une certaine influence, intimider les satellites, et contraindre les mandarins à les ménager ; car, en Chine, pour être redouté, il suffit de savoir prendre une attitude un peu redoutable. En traversant la province du Sse-tchouen, nous avons remarqué que les chrétiens paraissaient jouir d'une plus grande liberté qu'ailleurs ; du moins ils semblaient faire des efforts pour revendiquer celle qui leur avait été promise. Ils osaient se réunir et dire en public qu'ils étaient chrétiens. Un jour nous en vîmes passer un grand nombre qui, revêtus de leurs habits du dimanche, s'en allaient, processionnellement et bannière en tête, célébrer une fête dans un village voisin ; ce fut maître Ting lui-même qui nous les fit remarquer. Nous sommes persuadé que, si tous les chrétiens de la Chine avaient la même valeur que ceux du Sse-tchouen, il ne serait peut-être pas si aisé de les persécuter.

CHAPITRE VIII.

Arrivée à Pa-toung, ville frontière de la province du Hou-pé. — Examens littéraires. — Caractère du bachelier chinois. — Condition des écrivains. — Langue écrite. — Langue parlée. — Coup d'œil sur la littérature chinoise. — Le Céleste Empire est une immense bibliothèque. — Étude du chinois en Europe. — Embarquement sur le fleuve Bleu. — Douane de sel. — Mandarin contrebandier. — Argumentation avec le préfet de I-tchang-fou. — Un mandarin veut nous enchaîner. — Système des douanes en Chine. — I-tou-hien, ville de troisième ordre. — Aimable et intéressant magistrat de cette ville. — Connaissances géographiques des Chinois. — Récit d'un voyageur arabe en Chine, dans le neuvième siècle de l'ère chrétienne.

Après avoir laissé le Sse-tchouen derrière nous, quelques heures de marche nous conduisirent jusqu'à Pa-toung, petite ville de la province du Hou-pé. Quoique n'étant plus dans un pays soumis à la juridiction du vice-roi Pao-hing, nous fûmes reçus comme nous l'avions été dans toutes les villes du Sse-tchouen ; car notre feuille de route devait conserver sa valeur et son autorité jusqu'à Ou-tchang-fou, capitale du Hou-pé. Les autorités de Pa-toung nous traitèrent donc avec le cérémonial accoutumé ; mais, à peine arrivés, nous remarquâmes une transformation subite, une métamorphose soudaine parmi les gens de notre escorte ; mandarins, satellites, soldats, tout le monde avait changé de ton et de manière avec cette souplesse qui est le fond du caractère chinois. Nos gens étaient d'une tranquillité et d'une modestie admirables. C'est qu'ils venaient d'entrer, en quelque sorte, dans un pays étranger ; ils n'étaient plus chez eux ; de peur de se compromettre, ils avaient laissé toute leur fierté à la frontière de leur province, se réservant, bien entendu, de la reprendre au retour. Pour le moment, il n'était question que de bien rapetisser son cœur, pour continuer la route sans encombre.

Le vice-roi du Sse-tchouen nous avait prévenus que, dans la province du Hou-pé, les palais communaux étaient rares et peu convenables. A Pa-toung nous n'en trouvâmes pas du tout ; mais nous y perdîmes peu, car nous allâmes loger au *kao-pan*, comme qui dirait à l'Institut. Le kao-pan, théâtre des examens, est, comme le wen-tchang-koun, palais des compositions littéraires, un édifice appartenant à la corporation des lettrés. Celui de Pa-toung n'avait rien de remarquable dans sa construction ; il était seulement d'une propreté exquise, et avait, comme tous les établissements de ce genre, des salles vastes et, par conséquent, d'une grande fraîcheur. Les examens avaient eu lieu depuis peu de jours, et nous trouvâmes encore en place les diverses décorations disposées pour la cérémonie. Nous eûmes dans la soirée la visite d'une foule de lettrés, parmi lesquels plusieurs nous parurent d'une assez grande insignifiance.

La corporation des lettrés a été organisée dans le onzième siècle avant l'ère chrétienne ; mais le système des examens tel qu'il existe maintenant, et qui sert de base au choix des mandarins pour l'administration, ne remonte qu'au huitième siècle, vers le commencement de la grande dynastie des Tang. Avant cette époque les magistrats étaient nommés par le peuple. Aujourd'hui, comme nous l'avons déjà dit, le suffrage universel a été seulement conservé dans les communes, pour élire des maires qui portent le nom de *ti-pao* dans le midi, et *sian-yo* dans le nord.

Les examens littéraires sont en voie de décadence et de dégénération comme tout le reste. Ils n'ont plus ce caractère sérieux, grave et impartial, qui, sans doute, leur fut imprimé à l'époque où ils furent institués. La corruption qui, en Chine, s'est glissée partout sans rien épargner, a pénétré également et les examinateurs et les examinés. Le règlement qu'on doit suivre dans les examens est d'une grande sévérité, dans le but d'éloigner toute espèce de fraude et de découvrir le véritable mérite du candidat ; mais on est parvenu, moyennant finance, à rendre inutiles toutes ces précautions. Ainsi, quand on est riche, on peut connaître à l'avance les sujets désignés pour les diverses compositions, et, qui pis est, les suffrages des juges sont vendus au plus offrant.

Les étudiants qui ne sont pas de force suffisante pour subir les examens, et qui n'ont pu se procurer le programme des questions qu'ils auront à traiter, vont tout bonnement s'adresser, le salaire en main, à quelque gradué, réduit à la misère. Celui-ci prend le nom du candidat, va subir l'examen à sa place et lui rapporte son diplôme. Cette industrie s'exerce presque publiquement, et les Chinois, dans leur langage pittoresque, ont donné à cette race de lettrés le nom de *bacheliers en croupe*.

Le nombre des bacheliers est très-considérable ; mais, faute de ressources, soit pécuniaires, soit intellectuelles, il en est très-peu qui puissent parvenir aux grades supérieurs, et, par suite, aux fonctions publiques. Ceux qui sont dans l'aisance jouissent à loisir du bonheur incomparable de porter un globule doré au haut de leur bonnet. Ils aiment les réunions, les parades et les cérémonies publiques, où ils se font remarquer par un grand étalage de prétentions. Quelquefois ils s'occupent de littérature par désœuvrement, composent quelques nouvelles ou des pièces de poésie, qu'ils lisent à leurs confrères, dont les éloges ne tarissent jamais, à condition, bien entendu, qu'on leur rendra la pareille.

Les lettrés pauvres et sans emploi forment dans l'empire une classe à part et mènent une existence indéfinissable. D'abord tout travail pénible est en dehors de leurs goûts et de leurs habitudes. S'occuper d'industrie, de commerce ou d'agriculture, serait trop au-dessous de leur mérite et de leur dignité. Ceux qui tiennent le plus à gagner sérieusement leur vie se font maîtres d'école et médecins, ou cherchent à remplir quelque emploi subalterne dans les tribunaux ; les autres mènent une vie très-aventureuse, en exploitant le public de mille manières. Ceux des grandes villes ressemblent beaucoup à des gentilshommes ruinés ; ils n'ont d'autre ressource que de se visiter les uns les autres, pour s'ennuyer à frais communs, ou se concerter sur les moyens à prendre pour ne pas mourir de faim. Ils s'en tirent ordinairement en faisant des avanies aux riches et quelquefois aux mandarins pour leur extorquer de l'argent. Comme ces derniers ont ordinairement de gros péchés d'administration sur la conscience, ils n'aiment pas trop à avoir pour ennemis des bacheliers inoccupés et affamés, et toujours disposés à ourdir quelque intrigue, à dresser quelque guet-apens. Les procès sont encore une de leurs grandes ressources. Ils s'appliquent à les fomenter, à envenimer les parties ; puis ils se chargent, moyennant une honnête rétribution, de leur parler la paix, comme ils disent en leur langage, et de leur faire des commentaires sur le droit. Ceux dont l'imagination n'est pas assez vive et féconde pour leur fournir tous ces moyens d'industrie, cherchent à vivre de leur pinceau, qu'ils manient, pour la plupart, avec une admirable habileté. Ils font un petit commerce de sentences, écrites en beaux caractères sur des bandes de papier peint, et dont les Chinois font une prodigieuse consommation pour orner leurs portes et l'intérieur de leurs appartements. Il serait superflu d'ajouter que les littérateurs incompris du Céleste Empire sont naturellement les agents les plus actifs des sociétés secrètes et les agitateurs du peuple en temps de révolution. La proclamation le pamphlet et le placard sont des armes qu'ils manient pour le moins aussi bien que leurs confrères de l'Occident.

Quoique la littérature soit très-encouragée par le gouvernement et par l'opinion, cependant ces encouragements ne vont jamais jusqu'à donner des revenus aux littérateurs. En Chine, on ne fait pas fortune en écrivant des livres, surtout quand ces livres sont des nouvelles, des romans, des poésies ou des pièces de théâtre. Quelque bien faits que soient ces ouvrages, les Chinois n'y attachent jamais une grande importance. Ceux qui sont capables de les apprécier les lisent sans doute avec plaisir, en admirent les beautés ; mais, après tout, ce n'est pour eux qu'un jeu, une récréation. On ne pense pas à l'auteur, qui, du reste, n'a pas jugé à propos de signer ses chefs-d'œuvre. On lit, en Chine, à peu près comme lorsque, pour se distraire, on va faire une promenade dans un beau et agréable jardin. On admire l'arrangement des allées, la verdure, les arbres, l'éclat et la variété des fleurs ; mais c'est là tout, on s'en retourne sans s'être occupé du jardinier, sans même avoir songé à demander son nom.

Les Chinois sont pleins de vénération pour les livres sacrés et classiques. Leur estime pour les grands ouvrages d'histoire et de morale est, en quelque sorte, un culte, le seul, peut-être, qu'ils professent sérieusement, parce qu'ils sont habitués à considérer les belles-lettres par leur côté grave, sérieux et utile. Pour ce qui est de cette classe de littérateurs que nous nommons écrivains, ils ne sont, à leurs yeux, que des désœuvrés, qui cherchent à passer le temps en s'amusant à faire des vers ou de la prose. On n'y trouve, assurément, rien à redire, puisque tel est leur plaisir. On est même assez juste pour convenir qu'il vaut autant se récréer en maniant le pinceau qu'en jouant aux osselets ou au cerf-volant ; cela dépend de l'attrait de chacun.

Les habitants du Céleste Empire ne pourraient revenir de leur étonnement, s'ils savaient jusqu'à quel point une œuvre de style est, en Europe, une source d'honneur et souvent de richesse. Si on leur disait que, chez nous, il suffit quelquefois d'avoir composé un roman ou un drame pour avoir droit à une grande célébrité, ils ne voudraient pas le croire, ou plutôt ils trouveraient, peut-être, que cela s'accorde merveilleusement avec l'idée qu'ils ont de notre manque de jugement.

Que serait-ce, si on leur parlait de la renommée et de la gloire qui peuvent environner un joueur de violon ou une danseuse?... si on leur apprenait que l'un ne peut donner un coup d'archet, ni l'autre faire un saut quelque part, sans qu'aussitôt des milliers de gazettes volent en répandre la nouvelle dans tous les royaumes de l'Europe? Les Chinois sont trop positifs, trop utilitaires, pour aimer les arts à notre façon. Chez eux, on est digne de l'admiration de ses semblables quand on remplit bien ses devoirs sociaux, et surtout quand on sait se tirer d'affaire mieux que les autres. On est homme d'esprit et d'intelligence, non pas parce qu'on se distingue dans l'art d'écrire, mais parce qu'on sait régler sa famille, faire fructifier ses terres, trafiquer avec habileté et réaliser de gros profits. Le génie pratique est le seul qui, à leurs yeux, ait quelque valeur.

Dans un chapitre précédent, nous avons essayé de donner une idée du système d'enseignement adopté en Chine ; pour compléter cet aperçu, puisque nous sommes au kao-pan, ou théâtre des examens, nous allons jeter un coup d'œil sur la langue et la littérature chinoises, dont on a généralement des notions assez inexactes.

« C'est un contraste piquant et singulier, a dit « M. Abel-Rémusat, que celui de la vive curiosité avec « laquelle nous recherchons tout ce qui tient aux « mœurs, aux croyances et au caractère des peuples « orientaux, et de la profonde indifférence qui accueille, « en Asie, nos lumières, nos institutions, et jusqu'aux « chefs-d'œuvre de notre industrie. Il semble que nous « ayons toujours besoin des autres, et que les Asiati-

« ques seuls sachent se suffire à eux-mêmes. Ces Européens, si dédaigneux, si enorgueillis des progrès qu'ils « ont faits dans les arts et dans les sciences depuis trois « cents ans, sont continuellement à s'informer comment « pensent, raisonnent et sentent des hommes qu'ils regardent comme leur étant fort inférieurs sous tous les « rapports; et ceux-ci ne s'inquiètent pas si les Européens raisonnent, ou même s'ils existent. On s'adonne « à la littérature orientale à Paris et à Londres, et l'on « ne sait, à Téhéran ou à Péking, s'il y a au monde « une littérature occidentale. Les Asiatiques ne songent « pas à nous contester notre supériorité intellectuelle; « ils l'ignorent et ne s'en embarrassent pas, ce qui est « incomparablement plus mortifiant pour des hommes « si occupés à s'en targuer et si disposés à s'en prévaloir. »

En Europe, en France surtout et en Angleterre, on semble porter, depuis quelques années, un vif intérêt à tout ce qui se passe dans le Céleste Empire. Tout ce qui vient de ce pays pique la curiosité, et on cherche de toute manière à connaître ces originaux qui veulent absolument vivre à part dans le monde. Or, il nous semble qu'on doit, avant tout, rechercher la cause de la bizarre existence de ce peuple dans l'excentricité de sa langue. C'est surtout en parlant des Chinois qu'il est vrai de dire que la littérature est l'expression de la société.

Ce qui distingue la langue chinoise de toutes les autres, c'est son originalité surprenante, sa grande antiquité, son immutabilité, et surtout sa prodigieuse extension dans les contrées les plus peuplées de l'Asie. De toutes les langues anciennes, non-seulement c'est la seule qui soit encore parlée de nos jours, mais elle est encore la plus usitée de toutes les langues actuelles. On écrit le chinois et on le parle, suivant différentes prononciations, dans les dix-huit provinces de l'empire, en Mantchourie, en Corée, au Japon, en Cochinchine, au Tonquin et dans plusieurs îles du détroit de la Sonde. C'est, sans contredit, la langue la plus généralement répandue dans le monde, et celle qui transmet les idées du plus grand nombre d'hommes.

La langue chinoise se divise réellement en deux langues bien distinctes, l'une écrite et l'autre parlée. La langue écrite ne se compose pas de lettres combinées ensemble pour la formation des mots; elle n'est pas alphabétique; c'est la réunion d'une immense quantité de caractères, plus ou moins compliqués, dont chacun exprime un mot, représente une idée ou un objet. Les caractères primitifs usités par les Chinois furent d'abord des signes, ou plutôt des dessins grossiers qui représentaient imparfaitement des objets matériels. Ces caractères primitifs furent au nombre de deux cent quatorze. Il y a quelques caractères pour le ciel, d'autres pour la terre et l'homme, les parties du corps, les animaux domestiques, tels que le chien, le cheval, le bœuf; les plantes, les arbres, les quadrupèdes, les oiseaux, les poissons, les métaux, etc. Depuis cette première invention de l'écriture chinoise, les formes de ces peintures grossières ont changé; mais, au lieu de les perfectionner, on semble s'être occupé de les corrompre; on n'a gardé que les traits primitifs, et c'est avec ce petit nombre de figures que les Chinois ont composé tous leurs caractères, et ont trouvé moyen de satisfaire aux nombreux besoins de leur civilisation.

Les premiers Chinois durent bientôt comprendre l'insuffisance de leurs deux-cent quatorze signes primitifs ; à mesure que leur société se perfectionnait, le cercle de leurs connaissances s'élargissant graduellement, et de nouveaux besoins se faisant sentir, il fallut, de toute nécessité, augmenter le nombre des caractères, et, pour cela, recourir à de nouveaux procédés ; car il ne pouvait pas être question de tracer de nouvelles figures qui auraient fini par se confondre en se multipliant. Comment de grossiers dessins auraient-ils permis de distinguer un chien d'un loup ou d'un renard, un chêne d'un pommier ou d'un arbre à thé ? comment, surtout, auraient-ils pu exprimer les passions humaines, la colère, l'amour ou la pitié, et les idées abstraites et les opérations de l'esprit? Au milieu de ces difficultés il n'y eut jamais aucune tentative pour l'introduction d'un système alphabétique ou même syllabique ; les Chinois ne pouvaient guère en prendre l'idée chez les nations barbares et illettrées dont ils étaient environnés ; d'ailleurs, ils ont toujours eu la plus haute estime pour leur langue écrite, qu'ils regardent comme une invention céleste, dont le principe a été révélé à Fou-hi, fondateur de leur nationalité. Ils ont donc été forcés d'avoir recours aux combinaisons des figures primitives, et ils ont formé, par ce procédé, une innombrable multitude de signes composés, le plus souvent arbitrairement, mais qui offrent quelquefois des symboles ingénieux, des définitions vives et pittoresques, des énigmes d'autant plus intéressantes, que le mot n'en a pas été perdu.

Pour les êtres naturels, et pour une foule d'autres objets qui purent y être assimilés, on les classa par familles à la suite de l'animal, de l'arbre ou de la plante, qui en était comme le type dans les deux cent quatorze caractères primitifs ; le loup, le renard, la belette et les autres carnassiers furent rapportés au chien ; les diverses espèces de chèvres et d'antilopes, au mouton ; les daims, le chevreuil, l'animal qui porte le musc, au cerf ; les autres ruminants, au bœuf ; les rongeurs, au rat ; les pachydermes, au cochon ; les solipèdes, au cheval. Le nom de chaque être naturel se trouva ainsi formé de deux parties, l'une qui se rapportait au genre, l'autre qui déterminait l'espèce par un signe indiquant ou les particularités de conformation, ou les habitudes de l'animal, ou les usages qu'on en pourrait tirer. Par cet ingénieux procédé se trouvèrent formées de véritables familles naturelles qui, à quelques anomalies près, pourraient être avouées des naturalistes modernes.

Quant aux notions abstraites et aux actes de l'entendement, la difficulté était plus grande, et elle ne fut pas moins ingénieusement étudiée. Pour peindre la colère, on mit un cœur surmonté du signe d'esclavage ; une main tenant le symbole du milieu désigna l'historien. dont le premier devoir est de n'incliner d'aucun côté, le caractère de la rectitude et celui de la marche désignèrent le gouvernement, qui doit être la droiture même en action ; pour exprimer l'idée d'ami on plaça deux images de perles à côté l'une de l'autre ; il est si difficile de rencontrer deux perles exactement appareillées ! La plupart des mots ne présentent pas ce caractère, et leur composition est, le plus souvent, arbitraire ; mais il y en a une foule qu'il serait très-intéressant d'analyser ; les missionnaires anciens en ont cité quelques-uns, et ils sont loin d'avoir épuisé la matière, ou même de l'avoir étudiée sous le rapport le plus curieux. On ne saurait compter les traditions, les allusions, les rapprochements inattendus, les traits piquants et épigrammatiques, qui sont ainsi renfermés dans les caractères comparés, et il est impossible d'imaginer combien on pourrait en faire jaillir de lumières sur les anciennes opinions morales ou philosophiques des peuples primitifs de l'Asie orientale ; il suffirait d'étudier avec soin, et en se garantissant de l'esprit de système, ces expressions symboliques où les Chinois se sont peints sans y penser, eux, leurs mœurs et tout l'ordre de choses dans lequel ils vivaient, et que l'histoire nous fait si imparfaitement connaître, parce qu'il date du temps où il n'y avait pas encore d'histoire.

On traçait primitivement les caractères chinois avec une pointe métallique sur des planchettes de bambou, et ce fut pour faciliter leur exécutiou qu'on modifia peu à peu leur première forme ; ils perdirent ainsi presque entièrement leur type figuratif ; la roideur des traits fut adoucie depuis le troisième siècle avant notre ère, après deux découvertes importantes, l'art de confectionner du papier avec l'écorce du mûrier ou du bambou, et l'art non moins précieux de préparer la substance colorée que nous appelons *encre de Chine ;* le pinceau remplaça le poinçon ; on introduisit des modifications successives dans la configuration, et enfin on arriva à l'écriture actuelle, formée de la combinaison d'un certain nombre de traits, ou droits, ou légèrement courbés.

L'écriture chinoise, au premier aspect, est désagréable et choque la vue par son étrangeté ; mais, quand on y est accoutumé, on la trouve réellement belle et même gracieuse ; tous ces traits, vigoureusement dessinés à coups de pinceau, peuvent acquérir un degré incomparable de moelleux et de délicatesse ; une écriture digne de fixer l'attention doit être à la fois gracieuse et hardie ; à l'aide de leurs doigts maigres et effilés, les Chinois savent manier le pinceau avec une légèreté et une précision surprenantes. Ils écrivent leurs caractères les uns au-dessous des autres, en ligne verticale, et cette disposition, contraire à celle de nos yeux, ne permet pas au lecteur de voir à la fois toute une phrase, comme dans l'écriture horizontale ; ils commencent leurs lignes par la droite de la page, et, d'après cette habitude, le titre de leurs livres se trouve aussi sur la première page à droite ; en un mot, ils procèdent absolument à l'inverse des Européens sur ce point comme sur tant d'autres.

Le nombre des caractères, successivement introduits par la combinaison des traits, s'élève à trente ou quarante mille dans les dictionnaires chinois ; mais les deux tiers sont à peine usités, et en retranchant les synonymes, la connaissance de cinq à six mille caractères, avec leurs diverses significations, suffit amplement pour entendre couramment tous les textes originaux. On a dit et répété partout que les Chinois passaient leur vie à apprendre à lire, et que les vieux lettrés s'en allaient de ce monde sans emporter la consolation d'avoir pu réussir dans cette difficile entreprise. L'idée est fort plaisante ; mais, heureusement pour les Chinois, elle est aussi très-inexacte. Si, pour savoir une langue, on était obligé d'en connaître tous les mots, combien de Français pourraient se vanter de comprendre toutes ces innombrables locutions techniques qui composent la majeure partie de nos dictionnaires? On s'est encore imaginé, et on a affirmé dans des ouvrages très-sérieux, que l'écriture chinoise était purement idéographique. C'est une erreur ; elle est idéographique et phonétique en même temps. La démonstration intrinsèque de cette vérité ne pouvant être bien comprise que par ceux qui ont une connaissance suffisante du mécanisme de cette langue, nous nous contenterons de donner une preuve qui sera à la portée de tout le monde. Les caractères chinois sont tellement phonétiques, que, dans toutes nos missions, ceux qui apprennent à servir la messe ont, à leur usage, un petit cahier où les prières latines sont transcrites avec des caractères chinois. Comment cela pourrait-il se faire, s'ils étaient simplement idéographiques? Comment pourraient-ils rendre et exprimer exactement les sons de nos langues d'Europe? Dans les bibliothèques des pagodes, la plupart des livres de prières, que les prêtres bouddhistes sont obligés d'apprendre, ne sont, d'un bout à l'autre, que des transcriptions chinoises des livres sanscrits. Les bonzes les étudient et les récitent sans en comprendre le sens, parce que, au moyen de ces caractères prétendus idéographiques, on a fait une traduction du son, et nullement de l'idée. On peut dire que tout caractère chinois est composé de deux éléments qu'on distingue, le plus souvent, avec beaucoup de facilité : l'un idéographique, et l'autre phonographique. Cela n'existe-t-il pas ainsi dans toutes les écritures?

C'est aux philologues, et non à nous, qu'il appartient de prononcer sur ces questions.

Les Chinois distinguent généralement, dans la langue écrite, trois sortes de styles. Le style antique ou sublime, dont le type se trouve dans les anciens monuments littéraires, et qui ne présente que des formes grammaticales très-rares ; le style vulgaire, remarquable par un grand nombre de ligatures et par l'emploi des mots composés pour éviter l'homophonie des caractères et faciliter la conversation ; enfin le style académique qui participe des deux précédents, étant moins concis que le style antique et moins prolixe que le style vulgaire. Une connaissance approfondie du style antique est indispensable pour lire les livres anciens et, en général, tous les ouvrages qui traitent de sujets historiques, politiques ou scientifiques, parce qu'ils sont toujours écrits dans un style qui se rapproche du style antique. Le style vulgaire est employé pour les productions légères, les pièces de théâtre, les lettres particulières, et les proclamations destinées à être lues à haute voix.

La langue parlée est composée d'un nombre limité d'intonations monosyllabiques, quatre cent cinquante, qui, par la variation très-subtile des accents, se multiplient jusqu'à seize cents environ. Il résulte de là que tous les mots chinois se groupent nécessairement en séries homophones, d'où peuvent résulter un grand nombre d'équivoques, soit dans la lecture, soit dans le langage ; mais on évite cette difficulté en accouplant des mots synonymes ou antithétiques. De cette manière, les équivoques disparaissent et la conversation ne se trouve nullement embarrassée.

La langue appelée *kouan-hoa*, c'est-à-dire langue universelle ou commune, est celle que les Européens désignent à tort par le nom de langue mandarine, comme si elle était exclusivement réservée aux mandarins ou fonctionnaires du gouvernement. Le kouan-hoa est la langue universelle, commune, que parlent les personnes instruites des dix-huit provinces de l'empire. On distingue la langue commune du Nord et celle du Midi. La première est celle de Péking ; elle se fait remarquer par un usage plus fréquent et plus sensible de l'accent guttural ou aspiré. Elle est parlée dans tous les bureaux administratifs, dont les employés affectent d'imiter la prononciation de la capitale, qui, en Chine comme ailleurs, est la régulatrice du beau langage. La langue commune du Midi est celle des habitants de Nanking, qui ne savent pas faire sentir l'accent guttural comme ceux du Nord, mais dont la voix plus flexible rend plus exactement la différence des intonations. Il est probable que, au temps où Nanking (1) était capitale de l'empire, sa prononciation devait être la plus estimée.

Outre les deux subdivisions de la langue universelle, ou langue mandarine, suivant la locution européenne, il existe, dans différentes provinces chinoises, des idiomes locaux ou patois particuliers, dont la prononciation diffère singulièrement de la prononciation pure de la langue universelle. Il arrive quelquefois que, d'un côté à l'autre d'une rivière, on ne se comprend plus ; mais, comme ce n'est qu'une affaire de prononciation et qu'au

(1) Péking veut dire cour du nord, et Nanking cour du midi.

fond la langue est toujours la même, on a recours au pinceau. Outre ces divers patois, on distingue, en Chine, les dialectes propres aux provinces du Kouang-tong et du Fo-kien.

La littérature chinoise est certainement la première de l'Asie par l'importance de ses monuments ; leur nombre est prodigieux. On en peut juger par le catalogue de la bibliothèque impériale de Péking, qui contient douze mille titres d'ouvrages, avec des notions détaillées. Dans les principaux catalogues, la littérature chinoise est divisée en quatre grandes sections. La première section est celle des livres sacrés et classiques ; nous en avons déjà parlé dans un chapitre précédent. La seconde est celle des ouvrages historiques. Les Chinois comptent, en tout, vingt-quatre histoires complètes des différentes dynasties antérieures à la dynastie mantchoue, sans compter un grand nombre de chroniques et de mémoires. La première grande collection d'anciens monuments historiques sur la Chine et les pays voisins est due au célèbre Ssema-tsien, historien impérial du premier siècle avant notre ère. Elle est composée de cent trente livres divisés en cinq parties. La première comprend la chronique fondamentale des empereurs ; la seconde est formée de canons chronologiques ; la troisième traite des rites, de la musique, de l'astronomie, de la division des temps, etc. ; la quatrième présente des biographies de toutes les familles qui ont possédé des principautés ; la dernière enfin, composée de soixante et dix livres, est consacrée à des mémoires sur les pays étrangers et à des biographies de tous les hommes illustres. Au milieu du onzième siècle, Sse-ma-kouang, celui dont nous avons fait connaître le poétique *Jardin* (1), a rédigé les annales complètes, depuis le cinquième siècle avant Jésus-Christ jusqu'à l'an 960, date de l'avénement de la dynastie des Song, sous laquelle il vivait. Le P. de Mailla a donné une traduction française de ces annales sous le titre de *Histoire générale de la Chine*, en la continuant jusqu'aux premiers empereurs de la dynastie mantchoue. Vers la fin du treizième siècle, Ma-touan-lin publia sa célèbre encyclopédie intitulée : *Recherches approfondies sur les documents anciens de toute nature*. Ce fameux historien ne se contente pas d'enregistrer les documents, il les discute et les explique. Son ouvrage est la mine la plus riche qu'on puisse consulter pour tout ce qui se rapporte à l'administration, à l'économie politique, au commerce, à l'agriculture, à l'histoire scientifique, à la géographie et à l'ethnographie.

La troisième section est celle des ouvrages spéciaux relatifs aux sciences et aux professions. Elle comprend : 1° les traités moraux, les entretiens familiers de Confucius, les leçons élémentaires et les conversations du célèbre Tchu-hi, des traités sur les passions et sur l'éducation tant des hommes que des femmes ; 2° les ouvrages sur l'art militaire ; 3° les traités spéciaux sur les lois pénales ; 4° le traité sur l'agriculture des vers à soie ; 5° les traités de médecine et d'histoire naturelle, qui comprennent la description des espèces animales, végétales et minérales ; 6° les traités pratiques d'astronomie et de mathématiques ; 7° les traités de la science divinatoire ; 8° les traités des arts libéraux, comprenant la

(1) Voir chap. V, p. 203.

peinture, l'écriture, la musique et l'art de tirer l'arc ; 9° des mémoires sur la fabrication de la monnaie, de l'encre, du thé, etc. ; 10° des encyclopédies générales avec figures ; 11° les ouvrages descriptifs et illustrés des peuples anciens et modernes ; 12° les traités de la religion bouddhique ; 13° les nombreux traités des adeptes de la secte du Tao ; 14° les ouvrages mythologiques.

La quatrième et dernière section comprend les œuvres de littérature légère, telles que les poésies, les drames, les romans et les nouvelles.

En Chine, il n'existe pas, comme en Europe, des bibliothèques et des salons littéraires. Cependant ceux qui ont le goût de la lecture et le désir de s'instruire peuvent satisfaire leur inclination avec une extrême facilité ; car, en aucun pays, les livres ne se vendent à si bas prix. D'ailleurs, les Chinois trouvent partout à lire. Ils ne peuvent aller nulle part sans avoir aussitôt sous leurs yeux quelques-uns de ces caractères dont ils sont fiers. On peut dire que la Chine est, en quelque sorte, comme une immense bibliothèque ; les inscriptions, les sentences, les maximes ont tout envahi. On en rencontre partout, écrites de toutes couleurs et dans toutes les dimensions. Les façades des tribunaux, des pagodes et des monuments publics, les enseignes des marchands, toutes les portes des maisons, l'intérieur des appartements, les corridors, tout est rempli des plus belles citations des meilleurs auteurs. Les tasses à thé, les assiettes, les vases de toute forme, les éventails sont autant de recueils de poésies ordinairement choisies avec goût et gracieusement imprimées. Les Chinois n'ont pas besoin de se donner beaucoup de peine pour se régaler des plus beaux morceaux de leur littérature. Ils n'ont qu'à prendre leur pipe et puis courir à l'aventure, et la tête en l'air, les rues de la première ville venue. Qu'on entre dans la plus pauvre maison du plus chétif village ; souvent le dénûment y sera complet, les choses les plus nécessaires à la vie y manqueront ; mais on est toujours sûr d'y trouver quelques belles maximes écrites sur des bandes de papier rouge. Ainsi ces grands et larges caractères, qui effarouchent tant nos yeux, font les délices des Chinois, et, si réellement il y a de la difficulté à les apprendre, ils ont su trouver mille moyens pour les étudier comme en se jouant, et les graver sans effort dans leur mémoire.

L'étude du chinois a été longtemps regardée, en Europe, comme chose extrêmement difficile et presque impossible. Avec la conviction que les Chinois eux-mêmes ne pouvaient pas réussir à apprendre à lire, qui eût voulu s'engager dans des difficultés insurmontables pour les habitants du Céleste Empire ? Ce préjugé est enfin tombé maintenant ; les philologues sont persuadés que le chinois peut s'apprendre aussi aisément que les autres langues étrangères. M. Abel Rémusat est, peut-être, le premier qui se soit senti la force et le courage d'aborder franchement l'étude du chinois et de renverser les obstacles qui semblaient en défendre l'accès. Quand ce savant orientaliste a eu un peu aplani le terrain et démontré par son exemple qu'il était possible d'acquérir l'intelligence de la langue de Confucius, plusieurs savants sont entrés avec ardeur dans la route qu'il avait su tracer, et aujourd'hui on peut compter, en Europe, plusieurs sinologues distingués, à la tête desquels se trouve placé M. Stanislas Julien, qui est parvenu à se rendre tellement maître de cette langue, qu'en Chine même, nous en sommes convaincu, on trouverait avec peine un lettré capable de mieux entendre les ouvrages les plus difficiles de la littérature chinoise.

Pour ce qui est de la langue parlée, elle est loin de présenter les embarras et les difficultés de plusieurs de nos langues d'Europe ; la prononciation seule demande quelques efforts, surtout dans les commencements ; mais on finit par se plier insensiblement à toutes les exigences des aspirations et des accents lorsqu'on réside dans le pays, n'ayant jamais de relations qu'avec les indigènes. Nous avons cru faire plaisir à plus d'un de nos lecteurs en donnant ces notions sur la langue chinoise ; il est temps de reprendre notre itinéraire.

Maître Ting nous avait prédit bien souvent que, une fois parvenus dans le Hou-pé, nous regretterions beaucoup la province du Sse-tchouen ; il nous avait annoncé des habitants grossiers, observant mal les rites, parlant un langage inintelligible ; puis des chemins détestables, rarement des palais communaux, et, à la place, de mauvaises hôtelleries. Notre première halte à Pa-toung ne justifia nullement les sombres prévisions de notre conducteur ; nous étions dans la province du Hou-pé, sans nous sentir pour cela plus mal que les jours précédents ; nous y fûmes traités avec honnêteté, et le kao-pan, ou théâtre des examens, qui nous servit de logement, valait bien un palais communal.

Cependant on nous donna sur la route des renseignements peu agréables à entendre ; les mandarins et les lettrés que nous vîmes furent unanimes pour nous dire que les voyages par terre étaient désormais pénibles et difficiles, que les chemins étaient très-mal entretenus, et que, de plus, on trouvait rarement de bons porteurs de palanquin ; tout cela provenait de la proximité du fleuve Bleu. La navigation était si facile et si peu dispendieuse, que les voyages et les transports des marchandises s'effectuaient habituellement par eau ; quoique toujours en garde contre les mensonges et les tromperies des Chinois, leurs raisons, cette fois, nous parurent très-plausibles, et il fut décidé que nous suivrions, autant qu'il serait possible, le cours du fleuve, à condition, pourtant, de descendre à terre tous les soirs, et d'aller passer les nuits dans les villes désignées pour nos étapes.

Le premier jour, après avoir quitté Pa-toung, nous allâmes nous reposer à Kouei-tcheou, où, à part un grand mouvement commercial dans le port, il n'y eut rien qui soit digne de remarque. Le lendemain nous nous embarquâmes de grand matin, et on adjoignit à notre troupe un officier militaire et quelques soldats, pour nous protéger, disait-on, contre les pirates. Nous franchîmes sans accident un passage dangereux à cause de ses nombreux récifs : ce sont, du reste, les derniers qu'on rencontre sur ce beau fleuve, qui va ensuite s'élargissant de jour en jour, et répandant partout la richesse et la fécondité ; il n'en est certainement aucun dans le monde qui puisse lui être comparé pour l'innombrable multitude d'hommes qu'il nourrit et la quantité prodigieuse de navires qu'il porte sur ses eaux. Il n'est rien de grandiose et de majestueux comme le développement de ce fleuve, dont le cours est de six cent soixante lieues ; à Tchoung-king, à trois cents lieues de la mer, il a déjà une demi-lieue de large; il n'a pas moins de sept lieues à son embouchure.

Avant d'arriver à I-tchang-fou, ville de premier ordre, nous rencontrâmes une petite douane pour le sel. Nos deux barques furent obligées de s'arrêter, afin d'attendre la visite des douaniers; nous trouvâmes un peu étrange qu'on s'avisât de visiter des barques mandarines. Telle est la règle du pays, nous dit maître Ting ; la visite a lieu à cause des hommes de l'équipage, qui profitent quelquefois du passage des fonctionnaires publics pour faire la contrebande ; par conséquent il faut vous résigner à prendre patience. Nous nous résignâmes donc conformément à l'invitation de maître Ting.

On visita d'abord la barque où étaient les soldats. Les douaniers n'y ayant trouvé que le sel nécessaire à la cuisine de l'équipage, elle remit à la voile et continua sa route. Les employés de la gabelle vinrent ensuite chez nous, et, après avoir poliment salué les passagers, ils demandèrent au patron de les conduire à fond de cale. A fond de cale ! fit le patron avec étonnement, vous voulez donc souiller vos beaux habits. J'ai lesté mon navire avec de la boue ; vous savez bien que, lorsqu'on porte des mandarins, on n'embarque pas de marchandises. — Qui sait, s'écria le petit mandarin militaire que nous avions pris à Kouei-tcheou, peut-être que ces deux nobles Européens sont venus ici faire la contrebande du sel ?... Puis il applaudit à son trait d'esprit par de grands éclats de rire. Les douaniers ne se laissèrent pas déconcerter par cette hilarité et commencèrent tout bonnement leurs perquisitions. Un instant après, il y eut à bord un tapage effroyable ; car on avait trouvé dans la cale, non pas de la boue, mais une cargaison considérable de sel...; et le contrebandier n'était autre que le mandarin militaire embarqué pour nous protéger contre les pirates. L'affaire était grave : un embargo fut mis immédiatement sur le navire et tout le monde se trouva compromis ; aussi tout le monde criait-il à la fois et de toutes ses forces, le patron, les matelots, les douaniers, nos mandarins et l'intrépide contrebandier à globule doré. Nous étions seuls pour écouter ; mais il n'était pas aisé de saisir le véritable sens de toutes ces vociférations. Il nous sembla comprendre, toutefois, que les matelots criaient contre leur patron, le patron contre le contrebandier, les douaniers et le contrebandier contre tous. Maître Ting était sublime de colère ; il courait de l'un à l'autre, gesticulant et braillant sans se mettre en peine qu'on l'écoutât ou qu'on fît même attention à lui.

Quand et comment cela devait-il finir ? C'est ce que nous cherchâmes à deviner, sans pouvoir y réussir. Pendant cet inconcevable tapage, le navire ne marchait pas; il était tard et nous n'arrivions pas au port, dont nous étions très-peu éloignés. Attendre que tout ce monde tombât d'accord, c'eût été évidemment trop long ; nous ne vîmes d'autre parti à prendre, pour sortir de là, que de nous jeter dans la mêlée. Nous saisîmes maître Ting, les douaniers et le contrebandier, et nous les poussâmes l'un après l'autre par une échelle jusque dans notre cabine. Aussitôt que nous fûmes en possession de nos personnages, nous leur défendîmes de souffler un mot au sujet de leur sel. Le bateau, leur dîmes-nous, a été loué uniquement pour nous conduire, nous, à I-tchang-fou. Voilà que nous éprouvons un long retard ; peu nous importe de savoir à qui la faute ; vous en serez tous responsables. Partons, et, quand vous serez arrivés au port, vous prendrez tout le temps que vous jugerez convenable pour vider votre querelle. — Les explications allaient recommencer ; mais, pendant que l'un de nous les tenait bloqués dans l'entre-pont, l'autre monta et donna ordre au patron de partir. Aussitôt le navire se remit en route, emportant les douaniers, qui se désespéraient en voyant s'éloigner leur échoppe.

Quand nous fûmes arrivés au port, nous nous empressâmes d'opérer notre débarquement, laissant à qui de droit le soin de discuter la question de la contrebande de sel. Il était presque nuit lorsque nous entrâmes dans la ville de I-tchang-fou. Nous eûmes pour guide un greffier de mauvaise mine, que le préfet avait envoyé nous attendre sur le rivage, et qui nous conduisit à ce qu'il lui plaisait de nommer un palais communal. Dans cette grande et belle ville de premier ordre, on avait su trouver, pour loger deux Français, voyageant par ordre du Fils du ciel, un taudis plein d'humidité, sans portes ni fenêtres, sans meubles et déjà servant de caserne à des légions de gros rats, dont le fracas et l'odeur nous faisaient tressaillir. Nous dûmes contenir notre indignation, car à quoi bon s'en prendre à ce greffier, qui, sans doute, n'avait fait qu'exécuter les ordres de l'autorité ?

Après avoir scruté attentivement, à l'aide d'une lanterne, la valeur réelle de ce prétendu palais communal, nous nous fîmes conduire avec tout notre bagage au tribunal du préfet. On nous introduisit dans une vaste salle d'attente, où nous nous empressâmes de faire déposer nos palanquins et arranger nos malles ; nous avertîmes notre domestique, Wei-chan, qu'il pouvait aussi installer dans un coin son petit mobilier. Pendant que nous étions tranquillement occupés de ces dispositions, les gens du tribunal allaient, venaient sans jamais nous adresser la parole, se contentant d'interroger maître Ting, qui répondait à chacun par de petites courbettes, mais sans rien dire, de peur sans doute de se compromettre ou avec nous, ou avec les autorités du lieu.

Enfin la salle des hôtes s'ouvrit. Le préfet entra par un bout, et nous par l'autre. Après nous être salués profondément, nous allâmes nous asseoir ensemble sur un divan. On apporta immédiatement du thé, et quelques belles tranches de pastèque. La conversation ne marchait pas avec aisance ; heureusement que nous pouvions nous tirer un peu d'embarras en nous occupant, le préfet de sa tasse de thé, et nous de nos tranches de melon d'eau. Le magistrat de I-tchang-fou, s'apercevant que nous avions un goût prononcé pour ce fruit si rafraîchissant, essaya de s'en servir comme d'une amorce pour nous chasser de chez lui, et nous faire aller au logis qu'il nous avait désigné. — Avec la chaleur qu'il fait, dit-il, ce fruit est excellent. — Oh ! délicieux ! — Je vais vous en faire choisir deux et je vous les enverrai au palais communal ; vous avez vu, je pense, le palais communal ? j'avais donné ordre de vous y conduire. — On nous a bien menés quelque part, à un certain endroit humide, délabré et déjà envahi par les rats..., nous ne pouvons pas loger là dedans. — Oui, on m'a dit que cela n'était pas très-sec, et c'est un avantage pendant l'été, parce que l'humidité entretient la fraîcheur ; d'ailleurs, c'est le meilleur endroit que nous ayons pour les hôtes. I-tchang-fou est une grande ville, c'est vrai, malgré cela elle est très-pauvre ; on n'y trouve pas de bons logements...; vous pouvez interroger l'assistance. — Mais, nous ne prétendons pas le contraire ; nous sommes persuadés que I-tchang-fou est une pauvre ville, nous disons seulement que nous ne pouvons pas aller loger là-bas. — Dans ce cas, ajouta le préfet de fort mauvaise humeur, voulez-vous loger dans ma maison ? Puisqu'il avait la courtoisie de nous inviter à rester chez lui, il fallait, pour bien observer les rites, lui faire la politesse de partir immédiatement ; mais nous n'étions pas Chinois. — Oui, merci, lui répondîmes-nous, nous serons très-bien ici... Et puis nous lui vantâmes, avec une grande prodigalité d'expressions, la beauté et la magnificence de son tribunal, de ses salles, de ses appartements, etc. Le préfet se leva en disant qu'il était tard et qu'il allait faire préparer nos lits. Il ajouta, en nous saluant, que nous lui procurions un grand honneur en ne dédaignant pas de loger dans sa chétive habitation ; mais on voyait sur sa figure qu'il était furieux contre nous.

Aussitôt qu'il fut parti nous nous installâmes fort commodément dans une vaste chambre qui avoisinait la salle de réception. La première partie de la nuit se passa fort paisiblement, mais il n'en fut pas ainsi de la dernière. Vers minuit, nous fûmes éveillés par une bruyante conversation. Les fonctionnaires de I-tchang-fou, qui probablement avaient fait collation ensemble au tribunal, s'étaient rendus ensuite dans la salle qui avoisinait notre chambre, et là, ils ne se faisaient pas faute de disserter librement sur notre compte. Les moindres détails de cette piquante conversation parvenaient jusqu'à nous. On nous analysa complétement au moral et au physique. Quelques-uns eurent la charité de nous trouver assez supportables, et de ne pas dire trop de mal de nous ; d'autres prétendaient que nous n'étions pas restés assez longtemps dans le royaume du Milieu pour nous bien former aux rites, qu'il était encore facile de remarquer en nous les traces de la mauvaise éducation qu'on reçoit dans les pays occidentaux. Il y en avait un surtout qui ne paraissait nullement sentir pour nous une très-vive sympathie ; il cherchait par tous les moyens à exciter ses camarades contre nous, et, si on l'eût écouté, notre voyage ne se serait pas continué d'une manière infiniment agréable. — On a trop de ménagements pour ces gens-là, disait-il ; on prétend que le vice-roi du Sse-tchouen les a traités avec distinction ; selon moi, il a eu tort ; il eût mieux fait de les charger d'une cangue. Les hommes qui errent hors de leur royaume doivent être punis ; il faut les traiter avec sévérité, voilà la règle. Si notre préfet n'en avait pas peur, ils seraient plus obéissants ; qu'on me les donne, et on verra. Je les chargerai de chaînes, et je les conduirai ainsi à Canton... Nous crûmes reconnaître, au son de la voix, celui qui nous promettait ces aménités. Nous l'avions remarqué la veille ; c'était un mandarin militaire qui s'était vanté avec beaucoup de fierté et d'arrogance d'avoir fait la guerre contre les Anglais, et d'avoir vu d'assez près les diables occidentaux pour n'en avoir pas peur.

Pour dire vrai, les propos de ce militaire nous fatiguaient. Il n'y avait certainement pas lieu de nous effrayer, nous étions en règle avec le gouvernement, et personne, probablement, n'eût osé mettre la main sur nous. Cependant la route était encore longue, et on pouvait nous causer de terribles embarras. Il était bon de prendre garde, non pas, sans doute, en rapetissant son cœur à la façon chinoise, mais, au contraire, en l'élargissant. Nous nous levâmes donc en silence, et, après avoir revêtu nos habits d'étiquette, nous ouvrîmes brusquement la porte, et nous nous précipitâmes vers notre fougueux guerrier. — Nous voici, lui dîmes-nous, qu'on aille vite chercher des chaînes, puisque tu veux nous conduire ainsi à Canton, tu nous enchaîneras ; vite, qu'on aille chercher des chaînes... Notre subite apparition déconcerta les conspirateurs ; nous pressions vivement notre futur conducteur, et nous lui demandions des chaînes à grands cris. Il reculait d'un pas à chaque sommation que nous lui faisions. Enfin nous l'acculâmes à un angle de la salle, et le malheureux nous parut plus mort que vif. — Mais je ne comprends pas, dit-il en balbutiant, je ne comprends pas ce qui se passe. Qui voudrait vous enchaîner, qui en a le droit ? — Toi, sans doute, tu l'as dit tout à l'heure, nous t'avons entendu : voyons, enchaîne-nous donc, fais donc apporter des chaînes. — Je ne comprends pas, je ne comprends pas, répétait toujours le valeureux mandarin. Personne n'a prononcé cette parole ; comment pourrions-nous penser à vous enchaîner, nous qui sommes ici pour vous servir ?... Insensiblement tout le monde se mit à parler ; mais ce fut pour assurer, pour protester que ce que nous avions entendu n'avait pas été dit.

Nous n'en voulions pas davantage. Notre sortie ayant eu tout le succès désirable, nous rentrâmes dans notre chambre, bien convaincus qu'il n'y avait plus à se préoccuper des fanfaronnades des mandarins de I-tchang-fou. Le conciliabule n'eut garde de se former de nouveau, et, aussitôt après notre départ, chacun s'en retourna chez soi.

Dans la matinée, le préfet se hâta de venir nous exprimer ses regrets de la fâcheuse aventure qui nous était arrivée pendant la nuit. Il nous assura que le mandarin dont les propos nous avaient blessés avait la langue mauvaise, mais le cœur bon ; que, du reste, on était plein de bonnes dispositions à notre égard. — Nous en sommes bien convaincus, lui répondîmes-nous ; cependant il y a eu, cette nuit, grand scandale, tous les domestiques de la maison en ont été témoins ; la nouvelle en est probablement déjà répandue dans la ville. On doit savoir partout qu'un des officiers militaires de la ville s'est chargé de nous enchaîner. Dans cette conjoncture nous ne pensons pas qu'il soit de notre dignité de nous mettre aujourd'hui en route ; nous nous reposerons ici un jour. Nous ne voulons pas qu'on puisse penser que nous nous sommes hâtés de partir parce que nous avions peur. Pour notre honneur et pour le vôtre, il faut que tout le monde sache que nous avons été traités convenablement par les autorités de I-tchang-fou... Le préfet fut évidemment contrarié de nous entendre parler de la sorte ; cependant il parut comprendre assez bien la légitimité de nos motifs, et se résigna, sans objection, à la dure nécessité de nous garder encore dans son tribunal.

La journée se passa en paix, d'une manière même assez agréable. Nous revîmes tous les mandarins avec lesquels nous avions fait connaissance pendant la nuit, à l'exception, toutefois, de l'antagoniste des troupes anglaises ; nous eûmes beau le faire inviter et lui donner notre assurance que nous n'étions pas plus dans la disposition d'enchaîner les autres que de nous laisser enchaîner, tout fut inutile ; il se contenta de nous envoyer une carte de visite, en prétextant que ses innombrables occupations ne lui permettaient pas de venir personnellement. Nous profitâmes de ce jour de repos pour visiter la ville, où nous ne trouvâmes rien de remarquable ; en général, toutes les grandes villes de la Chine se ressemblent ; beaucoup d'agitation, des flots de peuple se poussant les uns sur les autres ; mais point de monuments, rien de ce qui pique, en Europe, la curiosité du voyageur.

Nous quittâmes I-tchang-fou, hommes libres, sans menottes et sans fers aux pieds ; non-seulement on ne nous avait pas enchaînés, mais nous étions sûrs qu'on n'oserait plus en parler dans aucun tribunal, de peur de voir les prisonniers se métamorphoser subitement en garnisaires.

Nous descendions toujours suivant le cours du fleuve, car nous avoins décidément adopté cette manière de voyager comme plus commode, plus rapide et plus agréable. Nous rencontrâmes encore sur notre route une douane de sel que nous passâmes sans nous arrêter ; les douaniers, qui fumaient tranquillement leur pipe devant leur bureau, nous regardèrent filer sans se déranger. Maître Ting nous dit que l'avant-veille on était venu nous visiter parce qu'on avait été averti, par avance, qu'il y avait de la contrebande à bord.

Les douanes sont, dans l'intérieur de la Chine, peu nombreuses et peu sévères ; à l'époque où nous étions dans les mêmes conditions que les autres missionnaires, voyageant en qualité de Chinois pur sang, et, par conséquent, soumis à la loi commune, nous avons plusieurs fois traversé l'empire d'un bout à l'autre sans qu'on ait jamais, nulle part, fait la visite de nos malles, qui renfermaient pourtant des livres européens, des ornements sacrés et une foule d'objets compromettants. Les douaniers se présentaient, nous leur déclarions que nous n'étions pas marchands et que nous ne portions pas de contrebande ; nous leur présentions ensuite les clefs avec un peu d'aplomb et de dignité en les pressant de visiter nos malles ; cette déclaration suffisait, et on ne passait jamais outre. Si, en Chine, les douaniers étaient rigides observateurs de leur devoir, comme ceux de France, par exemple, les pauvres missionnaires ne pourraient pas se remuer ; dans les cas les plus difficiles on peut se tirer d'embarras moyennant une petite offrande.

Les douanes les plus nombreuses sont uniquement établies pour le sel, dont le commerce est, dans la plupart des provinces, un monopole de l'administration. Les Chinois font une très-grande consommation de cette substance, leurs aliments en sont, le plus souvent, remplis ; on trouve dans toutes les familles d'abondantes provisions d'herbes et de poissons salés ; c'est l'unique ordinaire des classes inférieures, et les autres ne manquent jamais de s'en faire servir sur leur table. On cherche à corriger par les salaisons la saveur insipide du riz bouilli à l'eau. Les Chinois sont très-sobres et vivent de peu ; le sel étant une substance très-nutritive, nous pensons que la quantité considérable qu'ils en absorbent doit suppléer au peu de nourriture qu'ils prennent ; on conçoit aussi qu'avec une telle alimentation ils doivent être continuellement altérés, et cela explique leur usage de boire de grandes rasades de thé à toutes les heures de la journée.

Depuis la dernière guerre avec les Anglais, le gouvernement a établi grand nombre de douanes sur la ligne que doivent suivre les marchandises européennes pour pénétrer dans l'intérieur de l'empire. Les Chinois, se voyant forcés de subir le commerce anglais qu'on leur impose à coups de canon, n'ont pu trouver d'autre moyen de s'opposer à cet envahissement que celui des douanes et des impôts onéreux établis sur les produits étrangers, dont les prix s'élèvent considérablement à mesure qu'ils avancent dans l'intérieur des provinces; trop faibles pour repousser la force par la force, pour dire aux Anglais : Nous ne voulons pas de vos marchandises, c'est le seul expédient qu'ils aient pour sauvegarder les intérêts de leur industrie.

Nous arrivâmes de bonne heure à I-tou-hien, ville de troisième ordre, où nous fûmes reçus dans un charmant palais communal par un mandarin encore plus charmant que le local qu'il nous offrait. Le premier magistrat de I-tou-hien est bien, sans contredit, le personnage le plus accompli que nous ayons rencontré parmi les fonctionnaires chinois. C'était un tout jeune homme, un peu fluet, d'une figure pâle et exténuée par l'étude ; il n'était, pour ainsi dire, encore qu'un enfant lorsqu'il obtint à Péking le grade de docteur ; sa physionomie douce et spirituelle était agréablement relevée par des lunettes d'or fabriquées en Europe ; sa conversation, pleine de modestie, de bon sens et de finesse, avait quelque chose de ravissant ; ses manières surtout, d'une politesse exquise, eussent été capables de réconcilier les plus difficiles avec les rites chinois. A notre arrivée, nous trouvâmes, sous un frais pavillon, au milieu d'un jardin ombragé de grands arbres, une splendide collation composée de fruits délicieux. Parmi les raretés de ce riche dessert, nous remarquâmes avec plaisir de belles pêches, des cerises d'un rouge éclatant, et plusieurs autres fruits qui ne viennent pas dans la province du Hou-pé ; nous ne pûmes nous empêcher d'en exprimer notre étonnement. Comment donc avez-vous fait, dîmes-nous à notre aimable mandarin, pour vous procurer des fruits si précieux ? — Quand on veut être agréable à des amis, nous répondit-il, on en trouve toujours les moyens ; le cœur a des ressources inépuisables.

Nous passâmes la journée tout entière, et une partie de la nuit, à causer avec cet intéressant Chinois ; il aimait à nous interroger sur les divers peuples de l'Europe, et toujours il le faisait d'une manière sérieuse, sensée et digne d'un homme qui a de la portée dans l'intelligence. Il ne nous adressa pas une seule de ces questions puériles et niaises auxquelles ses confrères nous avaient tant accoutumés ; la géographie paraissait l'intéresser beaucoup, et nous devons dire qu'il avait, sur cette matière, des connaissances assez exactes. Il nous étonna beaucoup en nous demandant si les gouvernements européens n'avaient pas encore réalisé le projet de couper l'isthme de Suez pour joindre l'Océan à la Méditerranée. Nous le trouvâmes très-bien fixé sur l'étendue et l'importance des cinq parties du monde, et sur l'espace que la Chine occupe sur le globe.

Les Européens sont dans une grande erreur en s'imaginant que les Chinois ignorent complétement la géographie ; parce qu'on trouve chez eux des cartes ridicules, des espèces de caricatures de la terre, fabriquées pour l'amusement du bas peuple, on aurait tort d'en conclure que les hommes d'étude n'en sayent pas davantage; à toutes les époques, les Chinois ont fait preuve d'un grand intérêt pour les connaissances géographiques. Il est évident qu'avec leur système actuel de rester chez eux et de n'y pas admettre les étrangers, il leur a été difficile d'acquérir des notions bien précises et bien détaillées sur les autres pays ; on trouve cependant dans leurs auteurs des détails bien précieux, et Klaproth s'est servi utilement des géographes chinois pour jeter du jour sur la géographie de l'Asie au moyen âge. La récente et importante publication de M. Stanislas Julien (1), sur les voyages d'un Chinois dans l'Inde au septième siècle, prouve combien il y aurait à apprendre dans les ouvrages de ces hommes qui savaient si bien voir, et raconter si fidèlement ce qu'ils avaient vu.

Nous avons remarqué, dans un livre arabe intitulé : *Chaîne de Chroniques* (2), et composé au neuvième siècle, un passage bien capable de donner une idée de ce qu'on savait en Chine à une époque où nous ne savions pas grand'chose. Nous citerons volontiers ce fragment, qui nous a paru de nature à intéresser le lecteur. Voici comment s'exprime le narrateur arabe.

(1) *Histoire de la vie de Hiouen-thsang et de ses voyages dans l'Inde, etc.*, traduite du chinois par M. Stanislas Julien. Paris, 1853.

(2) *Relation des voyages faits par les Arabes et les Persans dans l'Inde et à la Chine, dans le neuvième siècle de l'ère chrétienne*, traduite par M. Reinaud, de l'Institut, t. I, p. 79 et suiv.

« Il y avait à Bassora un homme de la tribu des « Coreïschites, appelé Ibn-Vahab et qui descendait de « Habbar, fils d'Al-Asvad. La ville de Bassora ayant été « ruinée, Ibn-Vahab quitta le pays et se rendit à Siraf. « En ce moment un navire se disposait à partir pour la « Chine. Dans de telles circonstances, il vint à Ibn-Vahab « l'idée de s'embarquer sur ce navire. Quand il fut ar- « rivé en Chine, il voulut aller voir le roi suprême ; il « se mit donc en route pour Khom-dan (1), et, du port « de Khan-fou (2) à la capitale, le trajet fut de deux « mois. Il lui fallut attendre longtemps à la porte impé- « riale, bien qu'il présentât des requêtes et qu'il s'an- « nonçât comme étant issu du même sang que le pro- « phète des Arabes. Enfin l'empereur fit mettre à sa « disposition une maison particulière et ordonna de lui « fournir tout ce qui lui serait nécessaire ; en même « temps, il chargea l'officier qui le représentait à Khan- « fou de prendre des informations et de consulter les « marchands au sujet de cet homme, qui prétendait être « parent du prophète des Arabes, à qui Dieu puisse « être propice ! Le gouverneur de Khan-fou an- « nonça, dans sa réponse, que la prétention de cet « homme était fondée. Alors l'empereur l'admit auprès « de lui, lui fit des présents considérables, et cet « homme retourna dans l'Irak avec ce que l'empereur « lui avait donné.

(1) Aujourd'hui Si-ngan-fou, capitale de la province du Ho-nan, où fut trouvée l'inscription dont nous avons parlé, et qui réellement était, à cette époque, la résidence des empereurs de la dynastie des Tang.

(2) Port de mer dans la province du Tche-kiang. Nous avons fait une fois le même trajet que le voyageur arabe, et c'est bien à peu près le temps que nous y avons mis.

« Cet homme était devenu vieux ; mais il avait con-
« servé l'usage de toutes ses facultés. Il nous raconta
« que, se trouvant auprès de l'empereur, le prince lui fit
« des questions au sujet des Arabes et sur les moyens
« qu'ils avaient employés pour renverser l'empire des
« Perses. Cet homme répondit : Les Arabes ont été
« vainqueurs par le secours de Dieu, de qui le nom soit
« célébré, et parce que les Perses, plongés dans le culte
« du feu, adoraient le soleil et la lune, de préférence au
« Créateur..... — L'empereur reprit : Les Arabes ont
« triomphé, en cette occasion, du plus noble des empires,
« du plus vaste en terres cultivées, du plus abondant en
« richesses, du plus fertile en hommes intelligents, de
« celui dont la renommée s'étendait le plus loin... Puis
« il continua : Quel est, dans votre opinion, le rang des
« principaux empires du monde ? — L'homme répondit
« qu'il n'était pas au courant de matières semblables.
« — Alors l'empereur ordonna à l'interprète de lui
« dire ces mots : Pour nous, nous comptons cinq grands
« souverains. Le plus riche en provinces est celui qui
« règne sur l'Irak, parce que l'Irak est situé au milieu
« du monde, et que les autres rois sont placés autour de
« lui. Il porte, chez nous, le titre de *roi des rois*. Après
« cet empire vient le nôtre ; le souverain est surnommé
« le *roi des hommes*, parce qu'il n'y a pas de roi sur la
« terre qui maintienne mieux l'ordre dans ses États que
« nous et qui exerce une surveillance plus exacte. Il n'y
« a pas non plus de peuple qui soit plus soumis à son
« prince que le nôtre. Nous sommes donc réellement les
« rois des hommes. Après cela vient le *roi des bêtes fé-*
« *roces*, qui est le roi des Turks et dont les États sont

« contigus à ceux de la Chine. Le quatrième roi en rang « est le *roi des éléphants*, c'est-à-dire le roi de l'Inde ; on « le nomme, chez nous, le *roi de la sagesse*, parce que « la sagesse tire son origine des Indiens. Enfin l'empereur « des Romains, qu'on nomme, chez nous, le *roi des « beaux hommes*, parce qu'il n'y a pas sur la terre de « peuple mieux fait que les Romains, ni qui ait la figure « plus belle. Voilà quels sont les principaux rois ; les « autres n'occupent qu'un rang secondaire.

« L'empereur ordonna ensuite à l'interprète de dire « ces mots à l'Arabe : Reconnaîtrais-tu ton maître, si tu « le voyais ?..... L'empereur voulait parler de l'apôtre « de Dieu, à qui Dieu veuille bien être propice. — Je « répondis : Et comment pourrais-je le voir, maintenant « qu'il se trouve auprès du Dieu très-haut ? — L'em- « pereur reprit : Ce n'est pas ce que j'entendais ; je « voulais parler seulement de sa figure. — Alors « l'Arabe répondit oui. — Aussitôt l'empereur fit ap- « porter une boîte ; il plaça la boîte devant lui, puis, « tirant quelques feuilles, il dit à l'interprète : Fais-lui « voir son maître... — Je reconnus sur ces pages les « portraits des prophètes ; en même temps, je fis des « vœux pour eux, et il s'opéra un mouvement dans mes « lèvres. — L'empereur ne savait pas que je recon- « naissais les prophètes ; il me fit demander par l'inter- « prète pourquoi j'avais remué les lèvres. L'interprète « le fit, et je répondis : Je priais pour les prophètes. — « L'empereur demanda comment je les avais reconnus, « et je répondis : Au moyen des attributs qui les distin- « guent. Ainsi, voilà Noé dans l'arche, qui se sauva avec « sa famille, lorsque le Dieu très-haut commanda aux

« eaux et que toute la terre fut submergée avec ses ha-
« bitants ; Noé et les siens échappèrent seuls au déluge.
« — A ces mots, l'empereur se mit à rire et dit : Tu as
« deviné juste lorsque tu as reconnu Noé ; quant à la
« submersion de la terre entière, c'est un fait que nous
« n'admettons pas. Le déluge n'a pu embrasser qu'une
« portion de la terre ; il n'a atteint ni notre pays, ni celui
« de l'Inde. — Ibn-Vahab rapportait qu'il craignait de
« réfuter ce que venait de dire l'empereur et de faire
« valoir les arguments qui étaient à sa disposition, vu
« que le prince n'aurait pas voulu les admettre ; mais
« il reprit : Voilà Moïse et son bâton, avec les enfants
« d'Israël. — C'est vrai ; mais Moïse se fit voir sur un
« bien petit théâtre, et son peuple se montra mal disposé
« à son égard. — Je repris : Voilà Jésus, sur un âne,
« entouré des apôtres. — L'empereur dit : Il a eu peu
« de temps à paraître sur la scène ; sa mission n'a guère
« duré qu'un peu plus de trente mois.

« Ibn-Vahab continua à passer en revue les différents
« prophètes ; mais nous nous bornons à répéter une
« partie de ce qu'il nous dit. Ibn-Vahab ajoutait qu'au-
« dessus de chaque figure de prophète on voyait une
« longue inscription qu'il supposa renfermer le nom des
« prophètes, le nom de leur pays et les circonstances
« qui accompagnèrent leur mission ; ensuite il pour-
« suivit ainsi : Je vis la figure du prophète, sur qui soit
« la paix ! il était monté sur un chameau, et ses com-
« pagnons étaient également sur leurs chameaux,
« placés autour de lui. Tous portaient à leurs pieds des
« chaussures arabes ; tous avaient des cure-dents atta-
« chés à leurs ceintures ; m'étant mis à pleurer, l'em-

« pereur chargea l'interprète de me demander pourquoi « je versais des larmes ; je répondis : Voilà notre pro- « phète, notre seigneur et mon cousin, sur lui soit la « paix ! — L'empereur répondit : Tu as dit vrai, lui et « son peuple ont élevé le plus glorieux des empires ; « seulement il n'a pu voir de ses yeux l'édifice qu'il « avait fondé, l'édifice n'a été vu que de ceux qui sont « venus après lui. — Je vis un grand nombre d'autres « figures de prophètes dont quelques-unes nous faisaient « signe de la main droite, réunissant le pouce et l'index, « comme si, en faisant ce mouvement, elles voulaient « attester quelque vérité. Certaines figures étaient repré- « sentées debout sur leurs pieds, faisant signe avec leur « doigt vers le ciel. Il y avait encore d'autres figures ; « l'interprète me dit que ces figures représentaient les « prophètes de la Chine et de l'Inde.

« Ensuite l'empereur m'interrogea au sujet des ca- « lifes et de leur costume, ainsi que sur un grand « nombre de questions de religion, de mœurs et d'usa- « ges, suivant qu'elles se trouvaient à ma portée ; puis « il ajouta : Quel est, dans votre opinion, l'âge du monde? « — Je répondis : On ne s'accorde pas à cet égard. Les « uns disent qu'il a six mille ans, d'autres moins, « d'autres plus ; mais la différence n'est pas grande. — « Là-dessus l'empereur se mit à rire de toutes ses forces. « Le vizir, qui était debout auprès de lui, témoigna « aussi qu'il n'était pas de mon avis. L'empereur me dit : « Je ne présume pas que votre prophète ait dit cela. — « Là-dessus, la langue me tourna, et je répondis : Si, il « l'a dit. — Aussitôt je vis quelques signes d'improba- « tion sur sa figure ; il chargea l'interprète de me

« transmettre ces mots : Fais attention à ce que tu dis, « on ne parle aux rois qu'après avoir bien pesé ce qu'on « va dire. Tu as affirmé que vous ne vous accordez pas « sur cette question ; vous êtes donc en dissidence au « sujet d'une assertion de votre prophète, et vous n'ac- « ceptez pas tout ce que vos prophètes ont établi ? Il ne « convient pas d'être divisé dans des cas semblables ; au « contraire, des affirmations pareilles devraient être « admises sans contestations. Prends donc garde à cela « et ne commets plus la même imprudence.

« L'empereur dit encore beaucoup de choses qui ont « échappé de ma mémoire, à cause de la longueur du « temps qui s'est écoulé dans l'intervalle ; puis il ajouta : « Pourquoi ne t'es-tu pas rendu de préférence auprès de « ton souverain, qui se trouvait bien mieux à ta portée « que nous pour la résidence et pour la race ? — Je ré- « pondis : Bassora, ma patrie, était dans la désolation ; je « me trouvais à Siraf ; je vis un navire qui allait mettre « à la voile pour la Chine, j'avais entendu parler de l'é- « clat que jette l'empire de la Chine, et de l'abondance « des biens qu'on y trouve. Je préférai me rendre dans « cette contrée et la voir de mes yeux. Maintenant je « retourne dans mon pays, auprès du monarque mon « cousin ; je raconterai au monarque l'éclat que jette cet « empire, et dont j'ai été témoin. Je lui parlerai de la « vaste étendue de cette contrée, de tous les avantages « dont j'y ai joui, de toutes les bontés qu'on y a eues « pour moi. Ces paroles firent plaisir à l'empereur ; il « me fit donner un riche présent ; il voulut que je m'en « retournasse à Khan-fou sur les mulets de la poste. Il « écrivit même au gouverneur de Khan-fou, pour lui

« recommander d'avoir des égards pour moi, de me « considérer plus que tous les fonctionnaires de son gou- « vernement, et de me fournir tout ce qui me serait né- « cessaire, jusqu'au moment de mon départ. Je vécus « dans l'abondance et la satisfaction jusqu'à mon départ « de la Chine.

« Nous questionnâmes Ibn-Vahab au sujet de la ville « de Khom-dan, où résidait l'empereur, et sur la « manière dont elle était disposée. Il nous parla de l'é- « tendue de la ville et du grand nombre de ses habitants. « La ville, nous dit-il, est divisée en deux parties qui sont « séparées par une rue longue et large. L'empereur, le « vizir, les troupes, le cadi des cadis, les eunuques de la « cour et toutes les personnes qui tiennent au gouverne- « ment occupent la partie droite et le côté de l'orient. « On n'y trouve aucune personne du peuple, ni rien « qui ressemble à un marché. Les rues sont traversées « par des ruisseaux et bordées d'arbres ; elles offrent de « vastes hôtels. La partie située à gauche, du côté du « couchant, est destinée au peuple, aux marchands, aux « magasins et aux marchés. Le matin, quand le jour « commence, on voit les intendants du palais impérial, « les domestiques de la cour, les domestiques des géné- « raux et leurs agents, entrer à pied ou à cheval dans la « partie de la ville où sont les marchés et les boutiques ; « on les voit acheter des provisions et tout ce qui est né- « cessaire à leur maître ; après cela, ils s'en retournent, « et l'on ne voit plus aucun d'eux dans cette partie de la « ville jusqu'au lendemain matin.

« La Chine possède tous les genres d'agréments ; on « y trouve des bosquets charmants, des rivières qui

« serpentent au travers; mais on n'y trouve pas le « palmier. »

En lisant les relations de ces voyageurs arabes, on voit bien que, réellement, ils ont été en Chine; et, à part les exagérations inhérentes au caractère oriental, il est facile de reconnaître le pays dont ils parlent. Il s'échappe de leurs récits comme des exhalaisons, des parfums, qui ne sont pas inconnus; on sent la Chine. Chose singulière! ce peuple, souvent bouleversé par de longues et profondes révolutions, a néanmoins toujours conservé une teinte particulière, un cachet qui lui est propre et qui empêche de le confondre avec aucun autre peuple. Les Chinois du neuvième siècle, dont parlent les Arabes, sont bien ceux que retrouve Marco-Polo au treizième, quoiqu'ils soient soumis alors à la domination des Tartares mongols. Plus tard, au seizième siècle, les Portugais doublent le cap de Bonne-Espérance, vont découvrir la Chine, et reconnaissent ce peuple dont l'illustre voyageur vénitien avait tant entretenu l'Europe. De nos jours enfin, on ne fait, en quelque sorte, que renouveler connaissance avec les vieux Chinois des Arabes et de Marco-Polo.

CHAPITRE IX.

Noms que les Chinois donnent aux royaumes d'Europe. — Origine des mots *Chine* et *Chinois*. — Explication de divers noms que les Chinois donnent à leur empire. — Bon et vénérable préfet de Song-tche-hien. — Portrait des anciens mandarins. — Les saintes instructions des empereurs. — Un Khorassanien à la cour impériale. — Détails sur les mœurs des anciens Chinois. — Causes de la décadence des Chinois. — Moyens employés par la dynastie mantchoue pour consolider son pouvoir. — L'exclusion des étrangers n'a pas toujours existé en Chine. — Mauvaise politique du gouvernement. — Pressentiment général d'une révolution. — Navigation sur le fleuve Bleu. — Tempête. — Perte des vivres. — Triple échouement sur la côte. — Naufrage. — Les naufragés.

Le jeune préfet de I-tou-hien, après avoir recueilli avec le plus vif intérêt les divers renseignements que nous lui donnâmes sur les divers peuples de l'Europe, s'avisa de nous demander comment nous appelions son pays dans notre langue. Quand il eut appris que nous lui donnions le nom de *Chine*, et à ses habitants celui de *Chinois*, il ne revenait pas de son étonnement. Il voulait savoir, à toute force, ce que voulaient dire ces deux mots, le sens propre qu'ils avaient, pourquoi on avait choisi *Chine* et *Chinois* pour désigner son pays et ses compatriotes. — Nous autres, disait-il, nous appelons les heureux habitants de votre illustre contrée, *Si-yang-jin*. *Si* veut dire Occident, *yang*, mer, et *jin*, homme ; ce qui fait « hommes des mers occidentales ; »

voilà la dénomination générale. Pour désigner les divers peuples, nous transcrivons leurs noms aussi fidèlement que le permettent nos caractères. Ainsi, nous disons : *Fou-lang-saï-jin,* c'est-à-dire « hommes fa-ran-çais. Quand nous parlons des Occidentaux, quelquefois nous saisissons un trait saillant du peuple que nous voulons désigner, et nous le traduisons dans notre langue. Ainsi, nous appelons les *In-ki-li* (Anglais, English), *Houng-mao-jin,* « hommes à poils rouges, » parce qu'ils ont, dit-on, les cheveux rouges ; nous donnons aux *Ya-mé-ly-kien* (Américains) le nom de *Hoa-ki-jin,* « hommes de la bannière fleurie, » parce que, dit-on, le pavillon qui flotte au mât de leur navire est bariolé de diverses couleurs. Vous voyez que toutes ces dénominations présentent un sens à l'esprit, elles veulent dire quelque chose. Il doit en être ainsi de vos deux mots *Chine* et *Chinois ;* puisqu'ils n'appartiennent pas à notre langue, ils doivent nécessairement signifier quelque chose dans la vôtre... Ces expressions, bien étranges en effet aux oreilles d'un Chinois, intriguaient énormément cet excellent magistrat. Pour l'empêcher de croire que nous y attachions un sens satirique et malveillant, nous fûmes obligés de lui faire une petite dissertation historique, et de lui prouver que ces deux mots appartenaient radicalement à la langue chinoise, que c'était le nom qu'ils se donnaient eux-mêmes autrefois ; mais que nous l'avions altéré pour le plier au génie de notre langue, de la même manière que les Chinois disaient *Fou-lang-saï,* au lieu de *Français.*

Il est, en effet, incontestable que les expressions *Chinois* et *Chine* nous viennent réellement de ce pays.

Les Chinois ont toujours eu l'habitude de désigner leur empire d'après le nom de la dynastie régnante. C'est ainsi que, dans les temps les plus reculés, ils lui donnaient les noms de *Tang*, de *Yu* et de *Hia*. Les hauts faits des empereurs de la dynastie des Han mirent ce dernier nom en usage, et, depuis ce temps, les Chinois portent celui de *Han-jin*, « hommes de Han ; » il est encore aujourd'hui très-commun, surtout dans les provinces septentrionales. La dynastie des Thang s'étant encore plus illustrée par ses conquêtes que celle des Han, le nom de *Thang-jin* fut, pendant plusieurs siècles, en usage pour désigner les Chinois. De nos jours, la Chine étant gouvernée par la dynastie mantchoue, qui a adopté le titre de *Thsing*, « pur, » les Chinois s'appellent *Thsing-jin*, « hommes de Thsing, » comme ils portaient le nom de *Ming-jin*, sous la dynastie des Ming. C'est absolument comme si les Français avaient pris successivement le nom de *Carlovingiens*, de *Capétiens*, de *Napoléoniens*, suivant le nom des dynasties qui se sont succédé en France.

Le nom de *Chine*, par lequel nous désignons ce vaste pays, est d'un usage presque général dans l'Asie orientale ; nous le tenons des Malais qui appellent cet empire *Tchina*. Les Malais connurent les Chinois dans la seconde moitié du troisième siècle avant notre ère ; quand le fameux empereur Thsing-che-houang soumit la partie méridionale de la Chine avec le Tonquin, et poussa ses conquêtes jusqu'en Cochinchine. Les peuples des îles Malaises, ayant des relations directes avec ces contrées, connurent donc à cette époque les Chinois, qui portaient alors le nom de *Thsin*, d'après celui de la dynastie régnante. Les Malais, n'ayant pas la lettre aspirée *ts*, prononçaient ce mot *Tchina*, en y ajoutant un *a*. Les pilotes, et une partie des matelots qui conduisirent plus tard les premiers navires portugais en Chine, étant d'origine malaise, il était tout naturel que les Portugais adoptassent le nom que leurs guides donnaient à la Chine. Ainsi les premiers Européens ont appelé ce pays *Tchina*, et ce nom s'est ensuite un peu modifié, suivant la langue des divers peuples qui l'ont adopté.

Il est également constant que les premières relations des Chinois avec l'Inde datent du temps de la dynastie Thsin. Ce nom fut changé aussi par les Hindous en *Tchina*, pour la même raison que chez les Malais ; car l'alphabet dévanagari et ses dérivés n'ont pas la consonne *ts* aspirée, et, en cas de besoin, on l'y remplace par le *tch*. C'est aussi de l'Inde que les Arabes reçurent le mot *Thsin*. Pour le conformer à leur alphabet, ils durent écrire *Sin*, *Sina*, et c'est probablement de là qu'est venue l'expression latine de *Sinæ*, *Sinenses*, pour désigner les Chinois.

Quoique les navigateurs arabes et les premiers Portugais qui allaient dans l'Inde eussent adopté le nom sanscrit et malais de *Tchina* pour la Chine méridionale, la partie septentrionale de ce pays, ne portant pas le même nom chez les peuples voisins, fut aussi appelée différemment dans l'Occident. Sous la dynastie des Han, c'est-à-dire dans les deux siècles avant et après notre ère, les Chinois avaient conquis toute l'Asie centrale, jusqu'aux bords de l'Oxus et de l'Iaxarte. Ils y avaient établi des colonies militaires, et leurs négociants parcouraient ces contrées pour y échanger leurs marchandises contre d'autres produits venus de la Perse ou de l'empire romain. Ils apportaient principalement de la soie et des tissus de cette matière, qui trouvaient un excellent débouché en Perse et en Europe. D'après les auteurs grecs, le mot *ser* désigne le ver à soie et les habitants de la *Serica*, pays duquel venait la soie. Ce fait démontre que le nom de *Sères* leur venait de la marchandise précieuse que les peuples de l'Occident allaient chercher chez eux. En arménien, l'insecte qui produit la soie s'appelle *chiram*, nom qui ressemble assez au *ser* des Grecs. Il est naturel de croire que ces deux mots avaient été empruntés à des peuples plus orientaux. C'est ce que les langues mongole et mantchoue nous donnent la facilité de démontrer. Il en résulte que le nom de la soie chez les anciens, et aussi chez les modernes, est originaire de la partie orientale de l'Asie. La soie s'appelle *sirke* chez les Mongols, et *sirghe* chez les Mantchous. Ces deux nations habitaient au nord et au nord-est de la Chine; est-il présumable qu'elles eussent reçu ces dénominations des peuples de l'Occident? D'un autre côté, le mot chinois *see*, qui désigne la soie, montre non-seulement de la ressemblance avec *sirke* et *sirghe*, mais principalement avec le *ser* des Grecs. Cette analogie frappera bien plus quand on saura que, dans la langue chinoise, la lettre *r* ne se prononce pas. Le mot coréen qui désigne la soie est tout à fait identique avec le *ser* des Grecs. La soie a donc donné son nom au peuple qui la fabriquait et l'envoyait dans l'Occident. Ainsi les *Sères* des Romains et des Grecs sont évidemment les Chinois (1), dont l'empire était autrefois séparé par l'Oxus de celui de la Perse.

Parmi les différents noms que les Chinois donnent à leur pays, le plus ancien et le plus usité est celui de *Tchoung-kouo*, c'est-à-dire « royaume ou empire du Milieu. » Les historiens chinois rapportent que cette dénomination date du temps de Tching-wang, second empereur de la dynastie des Tcheou, lequel régnait à la fin du douzième siècle avant notre ère. A cette époque la Chine était divisée en plusieurs principautés qui prenaient toutes le titre de royaumes. Tcheou-koung, oncle de l'empereur, donna à la ville de Lo-yang, dans la province actuelle du Ho-nan, où était la résidence du monarque chinois, le nom de royaume du Milieu, parce qu'il se trouvait, en effet, au milieu des autres royaumes qui formaient alors la Chine. Depuis ce temps, la portion de l'empire ou sa totalité, possédée par les empereurs, a toujours porté ce titre. Telle est la véritable et seule origine de la dénomination d'empire du Milieu, qui s'est conservée jusqu'à ce jour. Cependant on ne se fait pas faute de plaisanter beaucoup sur ce nom dans la plupart des livres européens qui parlent de la Chine ; on en conclut hardiment que les Chinois sont, en géographie, d'une ignorance complète, tandis qu'il serait plus vrai de dire qu'on ne comprend rien soi-même aux traditions de ce peuple. « Je n'ai pas besoin, dit Kla-

(1) « Il serait curieux, dit Klaproth, qui nous a fourni la plupart de « ces considérations sur les différents noms de la Chine, il serait curieux « de rechercher à quelle époque le mot *silk* a été introduit dans la « langue anglaise. Il paraît être le même que le russe *chelk*, que je « crois dérivé du mongol *sirk*, fait qui est d'autant plus probable que « la Russie est restée pendant longtemps sous le joug des Mongols. »

« proth dans ses Mémoires, de rejeter l'idée absurde de « ceux qui prétendent que les Chinois croient que leur « pays est situé au milieu du monde, et que c'est pour « cette raison qu'ils l'appellent l'empire du Milieu. Un « matelot ou un portefaix de Canton peut, à la vérité, « donner une pareille explication ; mais c'est à l'intelli- « gence de celui qui questionne de l'adopter ou de la « rejeter. »

Les Chinois donnent encore à leur pays le nom de *Tchoung-hoa*, ou « fleur du Milieu, » de *Tien-tchao*, ou « empire céleste, » et de *Tien-hia*, « le dessous du ciel ou le monde, » comme les Romains se servaient du mot *orbis* pour désigner leur empire.

Il est évident que nous ne donnâmes pas au mandarin de I-tou-hien tous les détails dans lesquels nous venons d'entrer. Nous ne lui parlâmes ni des Grecs, ni des Romains, pas même des Arabes ; mais nous lui en dîmes cependant assez pour lui faire bien comprendre pourquoi, en Europe, nous les appelons *Chinois*, et non pas *Tchoung-kouo-jin*, « hommes de l'empire du Milieu. » Nos explications le satisfirent complétement, et il parut tout heureux de voir que le mot *Chinois* n'était pas un injurieux sobriquet, comme il avait eu l'air de le croire tout d'abord.

Il fallut enfin prendre congé de cet intéressant docteur, et ce ne fut pas sans regret. Nous brûlions d'envie de nous arrêter un jour ; mais les rites étaient là qui nous le défendaient, et nous ne devions pas être impolis envers un homme qui avait été si plein d'attention et de délicatesse.

De I-tou-hien, nous allâmes par terre jusqu'à Song-tche-hien. L'étape n'était pas longue et la route fut assez agréable. Nous nous arrêtâmes dans cette dernière ville, sur la recommandation du jeune préfet de I-tou-hien. Il nous avait annoncé que nous y trouverions un de ses amis, remplissant les fonctions de premier magistrat, et dont nous n'aurions qu'à nous louer. Pendant la nuit, il l'avait fait prévenir de notre arrivée, et il dut, sans doute, lui écrire des choses merveilleuses sur notre compte ; car nous fûmes reçus avec une pompe extraordinaire. On avait dressé, devant la porte d'entrée du palais communal, un petit arc de triomphe, orné de tentures de soie rouge, de fleurs artificielles, de clinquant et de lanternes coloriées. Aussitôt que nous fûmes entrés dans la première cour, on nous accueillit par une bruyante détonation d'innombrables pétards que les gardiens du palais tenaient suspendus par longues enfilades au haut d'un bambou.

Nous étions attendus sur le seuil de la salle de réception par un bon petit vieillard, encore plein de vigueur et qui, en nous voyant, parut tout pétillant de joie. C'était le premier magistrat de la ville, celui dont on nous avait tant fait l'éloge à I-tou-hien. Notre présence semblait le mettre hors de lui ; il nous serrait dans ses bras, nous regardait en riant, allait, venait, donnait des ordres à tout le monde, puis recommençait à nous faire ses petites salutations et ses caresses. Enfin il se calma, et nous nous assîmes pour prendre le thé, en attendant la collation qu'il avait donné ordre de nous servir. Il se trouvait un peu en retard sur ce point, parce que nous étions arrivés plus vite qu'on ne s'y attendait.

Ce respectable magistrat n'avait pas la finesse d'esprit ni les manières distinguées de son jeune confrère de I-tou-hien ; mais il nous parut doué d'une grande pénétration. Il causait avec agrément, et l'élégance des formes se trouvait compensée chez lui par un ton de franchise et de bonhomie qui convenait merveilleusement à son âge avancé. Nous apprîmes de son sse-yé ou conseiller intime qu'il était issu d'une pauvre famille de cultivateurs. Sa jeunesse avait été laborieuse et remplie de privations ; il avait subi les examens littéraires avec tant de distinction, que, malgré son obscurité, et quoiqu'il n'eût personne pour le protéger, il obtint dans sa province le grade de bachelier, et, plus tard, à Péking, celui de docteur. Ensuite il avait gravi péniblement les degrés inférieurs de la magistrature, et, à force de mérite, il était enfin arrivé à la charge de préfet dans une ville de troisième ordre. Pour parvenir aux dignités supérieures, il fallait faire des dépenses considérables, offrir des cadeaux très-coûteux aux personnages les plus influents de la cour et aux ministres. Il ne pouvait donc prétendre à un emploi plus élevé parce qu'il était pauvre, et il était pauvre parce qu'il ne pressurait pas ses administrés, parce qu'il leur rendait la justice gratuitement et qu'il partageait son modique traitement avec les indigents de son district ; aussi chacun l'aimait et bénissait son administration.

Dès que nous fûmes installés dans le palais communal, nous remarquâmes que le peuple entrait librement partout, envahissant les cours, les jardins et les appartements, pénétrant même, sans se gêner, dans la salle où nous étions à causer avec le préfet. Maître Ting ayant fait l'observation que nous n'aimions pas ces réunions tumultueuses, laissez-les approcher, nous dit le préfet en souriant et en nous regardant avec supplication, ne les renvoyez pas, ils veulent voir ; s'ils vous incommodent, je n'aurai qu'à leur faire un signe, ils se retireront. — Nous eûmes bien garde de contrister ce bon magistrat en faisant exécuter à Song-tche-hien la consigne sévère qu'on avait dû observer dans les autres endroits. Ce jour-là il y eut liberté absolue pour tous, et chacun eut le privilége de venir à loisir étudier la configuration des hommes des mers occidentales. Pendant que les curieux nous contemplaient, les yeux fixes et la bouche entr'ouverte, nous prenions plaisir à voir le mandarin regardant les curieux avec béatitude, et jouissant du bonheur que ses chers Chinois paraissaient éprouver ; du reste, tout cela se passait fort paisiblement, et sans nous causer la moindre importunité. Lorsqu'on avait vu suffisamment, on se retirait pour faire place à d'autres, et si, par hasard, il survenait un peu de tumulte ou d'encombrement, le magistrat n'avait qu'à dire un mot, à faire un geste, et aussitôt tout rentrait dans l'ordre ; ses moindres intentions étaient exécutées promptement et d'une manière respectueuse et filiale.

Le préfet de Song-tche-hien, entouré de son peuple, était bien l'image d'un père de famille au milieu de ses enfants ; c'était une touchante réalisation de ces institutions et de ces lois chinoises, toujours basées sur le principe de la paternité et de la piété filiale, qui supposent que tout fonctionnaire est un père pour ses administrés, et les administrés des enfants à l'égard du fonctionnaire. Aujourd'hui ce magnifique système d'administration n'est plus qu'une vaine théorie, et, à part quelques rares exceptions, on ne le retrouve plus que dans les livres ; les mandarins ne sont guère qu'une formidable et imposante association de petits tyrans et de grands voleurs, fortement organisée pour écraser et piller le peuple. Mais nous le répétons, ce désordre ne découle pas des institutions chinoises, il n'est pas inhérent au principe du gouvernement, il en est, au contraire, une violation flagrante.

En lisant les Annales de la Chine, on remarque qu'autrefois, sous certaines dynasties, les mandarins étaient de bons magistrats, s'occupant paternellement de ceux dont le bonheur leur était confié. On les voyait sortir souvent pour faire la visite de leur district, prendre connaissance par eux-mêmes des besoins des pauvres, des souffrances des malheureux, afin de pouvoir travailler plus efficacement au soulagement de toutes les infortunes ; ils parcouraient les campagnes pour examiner l'état des moissons, encourager les agriculteurs laborieux, et réprimander ceux qui montraient de la négligence dans leurs travaux. S'il survenait une inondation ou quelque autre calamité publique, ils accouraient pour constater le mal et aviser aux moyens de le réparer. Le premier et le quinzième jour de chaque lune, ils donnaient des instructions au peuple qui allait les entendre avec empressement ; la justice était surtout rendue avec exactitude. Tout opprimé, tout homme lésé dans ses droits, pouvait se présenter au tribunal ; il n'avait qu'à frapper sur une grande cymbale, placée tout exprès dans la cour intérieure, et le mandarin, aussitôt qu'il entendait ce bruit, était obligé de paraître et d'écouter le plaignant à quelque heure que ce fût du jour ou de la nuit.

Maintenant les choses ne vont pas tout à fait de la même manière ; il y a bien encore dans toutes les localités l'endroit désigné pour les instructions que le mandarin doit faire au peuple ; il se nomme *chan-yu-ting*, salle des saintes instructions ; mais, au jour fixé, le mandarin ne fait qu'y passer, par manière d'acquit ; personne n'est là pour l'écouter, aussi ne dit-il jamais rien ; il fume une pipe, boit une tasse de thé et s'en retourne. Dans les tribunaux on voit bien encore la cymbale des opprimés ; mais on se garde bien d'aller frapper dessus, parce qu'on serait immédiatement fouetté ou mis à l'amende.

La conduite que les mandarins tenaient autrefois envers les habitants d'un district n'était qu'une répétition en petit de ce qui était observé par l'empereur à l'égard de ses sujets. L'usage que les souverains chinois ont toujours observé de publier, de temps en temps, des instructions sur la morale, l'agriculture ou l'industrie, remonte aux premiers temps de la monarchie. L'empereur de la Chine n'est pas seulement le chef suprême de l'État, le grand sacrificateur et le principal législateur de la nation, il est encore le prince des lettrés et le premier docteur de l'empire ; il n'est pas moins chargé d'instruire que de gouverner ses peuples, ou, pour mieux dire, instruire et gouverner ne doivent être qu'une même chose. Tous les décrets sont des instructions, les ordres sont donnés sous la forme de leçons et en portent même le nom, les châtiments et les supplices en sont le complément ; en un mot, l'empereur n'est rigoureusement qu'un père qui instruit ses enfants et qui est contraint quelquefois de les châtier.

Les *chan-yu*, ou saints édits émanés du pinceau impérial pour l'instruction du peuple, doivent être lus en partie, et expliqués, le premier et le quinzième jour de chaque mois, avec un grand appareil, et selon le cérémonial qui règle cette solennité. Dans chaque ville ou village, les autorités civiles et militaires, revêtues du costume qui les distingue, se rassemblent dans une salle publique ; le maître des cérémonies, personnage toujours indispensable dans une réunion de Chinois, crie à haute voix, à tous les assistants, de défiler, ce qu'ils font chacun à son rang ; il avertit ensuite d'exécuter, devant une tablette où sont écrits les noms sacrés de l'empereur, les trois génuflexions et les neuf battements de tête. Cette cérémonie terminée, on passe dans la salle nommée *chan-yu-ting*, où le peuple et les soldats sont debout, en silence ; le maître des cérémonies dit alors : *Commencez avec respect.* Le magistrat qui a l'office de lecteur s'avance vers un autel où sont placés les parfums, s'agenouille, prend avec de grandes démonstrations de respect la tablette sur laquelle est écrite la maxime qui a été choisie pour l'explication du jour, et monte sur une estrade. Un vieillard reçoit la tablette et la pose sur l'estrade vis-à-vis du peuple ; puis, faisant faire silence avec un instrument de bois en forme de clochette qu'il tient à la main, il lit la sentence à haute voix. Ensuite le maître des cérémonies crie : *Expliquez telle sentence du saint édit ;* l'orateur se lève, et explique le sens de la maxime qui roule ordinairement sur quelque lieu commun des livres moraux des Chinois.

Cet usage, pratiqué sérieusement, ne peut être que louable et utile ; mais ce n'est plus qu'une vaine cérémonie. Il en est de même de cette fête si connue, où, dans les premiers jours du printemps, l'empereur se rend avec toute sa cour dans la campagne pour labourer lui-même un champ, et encourager l'agriculture ; chaque mandarin doit répéter la même cérémonie dans son district. Il est incontestable que ces belles institutions avaient autrefois une grande influence, parce qu'elles étaient prises au sérieux par les mandarins et par le peuple. Nous pourrions apporter une foule d'exemples tirés des Annales de la Chine pour donner une idée de ce qu'était cette nation dans les temps passés ; mais nous aimons mieux laisser parler l'auteur arabe que nous avons déjà cité, parce qu'il sera moins suspect qu'un écrivain chinois.

« Un homme originaire du Khorassan était venu dans « l'Irak et y avait acheté une grande quantité de mar- « chandises ; puis il s'embarqua pour la Chine. Cet « homme était avare et très-intéressé ; il s'éleva un dé- « bat entre lui et l'eunuque que l'empereur avait en- « voyé à Khan-fou, rendez-vous des marchands arabes, « pour choisir, parmi les marchandises nouvellement « arrivées, celles qui convenaient au prince. Cet eunu- « que était un des hommes les plus puissants de l'em- « pire ; c'est lui qui avait la garde des trésors et des ri- « chesses de l'empereur. Le débat eut lieu au sujet d'un « assortiment d'ivoire et de quelques autres marchan- « dises ; le marchand refusant de céder ses marchandi- « ses au prix qu'on lui proposait, la discussion s'échauffa ;

« alors l'eunuque poussa l'audace jusqu'à mettre à part « ce qu'il y avait de mieux parmi les marchandises et « à s'en saisir, sans s'inquiéter des réclamations du pro- « priétaire.

« Le marchand partit secrètement de Khan-fou et se « rendit à Khomdan, capitale de l'empire, à deux mois « de marche, et même davantage ; il se dirigea vers la « Chine dont il a été parlé. L'usage est que celui qui « agite la sonnette (1) sur la tête du roi soit conduit im- « médiatement, à dix journées de distance, dans une « espèce de lieu d'exil ; là, il est tenu en prison pendant « deux mois, ensuite le gouverneur du lieu le fait venir « en sa présence, et lui dit : Tu as fait une démarche « qui, si ta réclamation n'est pas fondée, entraînera la « perte et l'effusion de ton sang ; en effet, l'empereur « avait placé à la portée de toi et des personnes de ta « profession des vizirs et des gouverneurs auxquels il ne « tenait qu'à toi de demander justice. Sache que, si tu « persistes à t'adresser directement à l'empereur, et que « tes plaintes ne soient pas de nature à justifier une « telle démarche, rien ne pourra te sauver de la mort ; « il est bon que tout homme qui voudrait faire comme « toi soit détourné de suivre ton exemple jusqu'au bout ; « désiste-toi donc de ta réclamation et retourne à tes « affaires. Or, quand un homme, en pareil cas, retire « sa plainte, on lui applique cinquante coups de bâton, « et on le renvoie dans le pays d'où il est parti ; mais, « s'il persiste, on le conduit devant l'empereur.

(1) L'empereur a, dans son palais, une cloche à l'usage des opprimés qui réclament sa protection. Elle ne fonctionne pas plus aujourd'hui que la cymbale des mandarins.

« Tout cela fut pratiqué à l'égard du Khorassanien ; « mais il persista dans sa plainte et demanda à parler à « l'empereur. Il fut donc ramené dans la capitale et con- « duit devant le prince ; l'interprète l'interrogea sur le « but de sa démarche. Le marchand raconta comment « un débat s'était élevé entre lui et l'eunuque, et com- « ment l'eunuque lui avait arraché sa marchandise des « mains. Le bruit de cette affaire s'était répandu dans « Khan-fou et y était devenu public.

« L'empereur ordonna de remettre le Khorassanien « en prison, et de lui fournir tout ce dont il aurait besoin « pour le boire et le manger ; en même temps il fit « écrire par le vizir à ses agents de Khan-fou, pour les « inviter à prendre des informations sur le récit qu'avait « fait le Khorassanien et à tâcher de découvrir la vérité. « Les mêmes ordres furent donnés au maître de la « droite, au maître de la gauche et au maître du centre ; « en effet, c'est sur ces trois personnages que roule, « après le vizir, la direction des troupes ; c'est à eux que « l'empereur confie la garde de sa personne ; quand le « prince marche avec eux à la guerre et dans les occa- « sions analogues, chacun des trois prend autour de lui « la place qu'indique son titre. Ces trois fonctionnaires « écrivirent donc à leurs subordonnés.

« Mais tous les renseignements qu'on recevait ten- « daient à justifier le récit qu'avait fait le Khorassanien. « Des lettres conçues dans ce sens arrivèrent de tous les « côtés à l'empereur. Alors le prince manda l'eunuque ; « dès que celui-ci fut arrivé, on confisqua ses biens, et « le prince retira de ses mains la garde de son trésor. « En même temps le prince lui dit : Tu mériterais que

« je te fisse mettre à mort ; tu m'as exposé aux censures « d'un homme qui est parti du Khorassan, sur les fron- « tières de mon empire, qui est allé dans le pays des « Arabes, de là dans les contrées de l'Inde, et enfin dans « mes États, dans l'espoir d'y jouir de mes bienfaits ; tu « voulais donc que cet homme, en passant, à son retour, « par les mêmes pays, et en visitant les mêmes peuples, « dît : J'ai été victime d'une injustice en Chine, et on « m'y a volé mon bien. Je veux bien m'abstenir de ré- « pandre ton sang, à cause de tes anciens services ; mais « je vais te préposer à la garde des morts, puisque tu « n'as pas su respecter les intérêts des vivants. Par les « ordres de l'empereur cet eunuque fut chargé de veiller « à la garde des tombes royales, et de les maintenir en « bon état.

« Une des preuves de l'ordre admirable qui régnait « jadis dans l'empire, à la différence de l'état actuel (1), « c'est la manière dont se rendaient les décisions judi- « ciaires, le respect que la loi trouvait dans les cœurs, et « l'importance que le gouvernement, dans l'adminis- « tration de la justice, mettait à faire choix de personnes « qui eussent donné des garanties d'un savoir suffisant « dans la législation, d'un zèle sincère, d'un amour de la « vérité à toute épreuve, d'une volonté bien décidée de « ne pas sacrifier le bon droit en faveur des personnes « en crédit, d'un scrupule insurmontable à l'égard des « biens des faibles et de ce qui se trouverait sous leurs « mains.

« Lorsqu'il s'agissait de nommer le cadi des cadis, le

(1) A cette époque, l'empire était en révolution.

« gouvernement, avant de l'investir de sa charge, l'en-
« voyait dans toutes les cités qui, par leur importance,
« sont considérées comme les colonnes de l'empire. Cet
« homme restait dans chaque cité un ou deux mois, et
« prenait connaissance de l'état du pays, des disposi-
« tions des habitants et des usages de la contrée. Il s'in-
« formait des personnes sur le témoignage desquelles on
« pouvait compter, à tel point que, lorsque ces per-
« sonnes auraient parlé, il fût inutile de recourir à de
« nouvelles informations. Quand cet homme avait vi-
« sité les principales villes de l'empire, et qu'il ne res-
« tait pas de lieu considérable où il n'eût séjourné, il
« retournait dans la capitale, et on le mettait en posses-
« sion de sa charge.

« C'était le cadi des cadis qui choisissait ses subalternes
« et qui les dirigeait. Sa connaissance des diverses pro-
« vinces de l'empire et des personnes qui, dans chaque
« pays, étaient dignes d'être chargées de fonctions judi-
« ciaires, qu'elles fussent nées dans le pays même ou
« ailleurs, était une connaissance raisonnée, laquelle
« dispensait de recourir aux lumières des gens qui, peut-
« être, auraient obéi à certaines sympathies, ou qui au-
« raient répondu aux questions d'une manière contraire
« à la vérité. On n'avait pas à craindre qu'un cadi écrivît
« à son chef suprême une chose dont celui-ci aurait tout
« de suite reconnu la fausseté, et qu'il le fît changer de
« direction.

« Chaque jour un crieur proclamait ces mots à la
« porte du cadi des cadis : Y a-t-il quelqu'un qui ait une
« réclamation à exercer, soit contre l'empereur, dont la
« personne est dérobée à la vue de ses sujets, soit contre

« quelqu'un de ses agents, de ses officiers et de ses su-
« jets en général? Pour tout cela, je remplace l'empe-
« reur, en vertu des pouvoirs qu'il m'a conférés et dont
« il m'a investi... Le crieur répétait ces paroles trois
« fois. En effet, il est établi en principe que l'empereur
« ne se dérange pas de ses occupations, à moins que
« quelque gouverneur ne se soit rendu coupable d'une
« iniquité évidente, ou que le magistrat suprême n'ait
« négligé de rendre la justice et de surveiller les per-
« sonnes chargées de l'administrer. Or, tant qu'on se
« préserva de ces deux choses, c'est-à-dire tant que les
« décisions rendues par les administrations furent con-
« formes à l'équité, et que les fonctions de la magistra-
« ture ne furent confiées qu'à des personnes amies de la
« justice, l'empire se maintint dans l'état le plus satis-
« faisant (1). »

Cette dernière observation de l'écrivain arabe est encore aujourd'hui applicable à la Chine. C'est parce que la magistrature n'y est plus confiée à des personnes amies de la justice qu'on voit cet empire, jadis si florissant et si bien gouverné, aller de jour en jour en décadence, et marcher rapidement à une ruine effroyable et peut-être prochaine.

En recherchant la cause de cette désorganisation générale, de cette corruption qui dissout à vue d'œil toutes les classes de la société chinoise, il nous a semblé la trouver dans une grave modification à l'ancien système gouvernemental introduite par la dynastie mantchoue. Il fut établi qu'aucun mandarin ne pourrait exercer son

(1) *Chaîne des chroniques*, p. 106.

emploi dans le même endroit pendant plus de trois ans, et que personne ne serait jamais fonctionnaire dans sa propre province. On devine aisément la pensée qui dicta une loi semblable. Aussitôt que les Tartares mantchous se virent maîtres de l'empire, ils furent effrayés de leur petit nombre; perdus, en quelque sorte, au milieu de cette multitude innombrable de Chinois, ils durent se demander comment ils pourraient parvenir à gouverner cette immense nation naturellement hostile à une domination étrangère.

Remplir tous les postes de mandarins choisis parmi les Tartares, ils n'y eussent pas suffi ; d'ailleurs, ce n'eût pas été un excellent moyen pour pacifier les esprits et se faire accepter d'un peuple si jaloux et si convaincu de son mérite. Il fut donc décidé que les vaincus ne seraient pas exclus des fonctions publiques. Les emplois des cours suprêmes de Péking furent doublés et partagés entre les Tartares et les Chinois. Ces derniers eurent, en grande partie, l'administration des provinces, à l'exception, toutefois, des premiers mandarinats militaires et des places fortes, qui furent réservés aux Tartares.

Malgré toutes ces précautions, il était encore bien difficile à la nation conquérante de consolider son pouvoir ; elle avait à craindre les conspirations. Il devait y avoir, parmi les hauts fonctionnaires, des partisans de la dynastie déchue ; l'autorité dont ils jouissaient dans les provinces était capable de leur donner une grande influence pour soulever le peuple. Il leur était aisé de tramer des conspirations, de s'entendre entre eux, de se rallier pour miner sourdement et à la longue le nouveau gouvernement. Il est donc probable que ce fut pour paralyser ces tentatives de contre-révolution qu'il fut statué que nul ne serait mandarin dans son propre pays, et que les magistrats n'exerceraient pas leur charge au delà de trois ans dans le même lieu.

La dynastie mantchoue ne manqua certainement pas de colorer cette innovation de spécieux prétextes tirés de l'utilité publique et de la sollicitude pour le bonheur du peuple ; on n'oublia pas de dire que les magistrats, éloignés de leurs parents et de leurs amis, n'auraient à subir aucune influence dans l'administration de la justice, et seraient plus libres de se dévouer entièrement à leurs fonctions et aux intérêts du pays. Tels étaient les motifs avoués publiquement pour faire accepter cette modification aux institutions de l'empire; mais, au fond, on avait pour but d'empêcher les hommes influents de prendre racine quelque part et de se créer des partisans.

Les conquérants de la Chine ont parfaitement réussi pendant plus de deux cents ans. Les grands mandarins chinois, errant toujours de province en province sans pouvoir jamais se fixer dans aucun poste, tout concert est devenu impossible ; les chefs de parti, les représentants de la nationalité chinoise, ne pouvant compter, dans les provinces, sur des agents dont l'autorité était passagère, les conjurations ont été facilement étouffées. Cette politique, bonne, peut-être, pour asseoir et consolider un pouvoir naissant, ne pouvait manquer d'être, dans la suite, une source de désordre ; en faisant de cette mesure, qui ne devait être que transitoire, une loi de l'empire, les imprudents vainqueurs de la Chine déposèrent, en quelque sorte, dans la racine même de leur pouvoir un germe empoisonné, qui devait se développer insensiblement et porter ses fruits de dissolution. Les magistrats et les fonctionnaires, n'ayant à passer que quelques années dans le même poste, y vivent comme des étrangers, sans s'inquiéter des besoins des populations qu'ils administrent ; aucun lien ne les attache à elles, tout leur souci consiste à ramasser le plus d'argent possible, à recommencer ensuite ailleurs la même opération, jusqu'à ce qu'ils puissent aller enfin dans leur pays natal jouir d'une fortune extorquée en détail dans toutes les provinces. On a beau crier contre leurs injustices et leurs déprédations, maudire leur administration, peu leur importe ; ils ne font que passer ; demain ils s'en iront à l'autre extrémité de l'empire où ils n'entendront plus les cris des victimes qu'ils ont dépouillées.

Les mandarins sont ainsi devenus égoïstes et indifférents au bien public. Le principe fondamental de la monarchie chinoise a été détruit ; car le magistrat n'est plus un père de famille vivant au milieu de ses enfants, c'est un maraudeur qui arrive sans qu'on sache d'où il sort, et s'en allant ensuite on ne sait où. Aussi, depuis l'avénement de la dynastie tartare mantchoue, tout languit et tout meurt dans l'empire ; on ne voit plus, comme autrefois, ces grandes entreprises, ces travaux gigantesques, indices d'une vie forte et puissante chez la nation qui les exécute. On rencontre dans toutes les provinces des monuments qui durent exiger d'incroyables efforts et une longue persévérance : de nombreux canaux, des tours d'une grande hauteur, des ponts superbes, de larges routes à travers les montagnes, de fortes digues le long des fleuves, etc. Aujourd'hui, non-seulement on ne fait rien de semblable, mais on laisse encore tomber en ruine les ouvrages des dynasties antérieures.

L'homme, surtout quand il n'est pas chrétien, se dépouille rarement de son amour-propre ; il aime à jouir du fruit de ses peines et de ses travaux; s'il jette les fondements d'un édifice, il espère en voir le couronnement. A quoi bon, se dit un mandarin de passage, entreprendre ce que je n'aurai pas le temps de terminer? à quoi bon semer pour qu'un autre vienne recueillir la moisson?... Et avec cela les intérêts moraux et matériels des populations sont abandonnés. Il y aurait bien, nous n'en doutons pas, des gouverneurs de province, des préfets de ville, capables d'opérer des réformes utiles, de créer des institutions, d'exécuter des travaux souvent nécessaires, mais, considérant qu'ils ne sont là que pour quelques jours, ils n'ont pas le courage de mettre la main à l'œuvre ; les pensées d'égoïsme et d'intérêt privé prennent facilement le dessus ; alors ils s'occupent exclusivement de leurs affaires, réservant le bien public pour leurs successeurs qui ne manquent jamais, à leur tour, de le laisser à ceux qui viendront après eux.

Ce système établi, comme on le prétendait, dans le but de soustraire les mandarins aux influences de leurs parents et de leurs amis, et de rendre ainsi l'administration plus libre et plus indépendante, a eu encore, malheureusement, un résultat tout opposé. Les fonctionnaires se succèdent si vite dans les diverses localités, qu'ils ne sont jamais au courant des affaires du lieu soumis à leur juridiction ; le plus souvent même ils se trouvent jetés au milieu de populations dont ils ne comprennent pas l'idiome. Ils ne sont nullement familiarisés avec les mœurs et les habitudes du pays; car on se tromperait grandement, si l'on pensait que tous les Chinois se ressemblent. La différence est peut-être plus tranchée en Chine, de province à province, qu'entre les divers royaumes de l'Europe. Quand les magistrats arrivent dans leur mandarinat, ils y trouvent, à poste fixe, des interprètes, des fonctionnaires subalternes qui, étant au courant de toutes les affaires de la localité, savent rendre leurs services indispensables. Dans les plus petites circonstances, les mandarins seraient incapables d'agir sans le secours de ces agents, qui sont, au fond, les véritables administrateurs. Les dossiers de tous les procès sont entre leurs mains ; eux seuls les compulsent, dressent par avance la teneur des jugements, et le magistrat n'a qu'à promulguer, en public, ce qui a été déterminé en secret et sans sa participation. Or, tous ces factotums inamovibles sont de l'endroit même ; ils ont avec eux leurs parents et leurs amis, et on n'est pas surpris, dès lors, de voir les affaires judiciaires et administratives conduites par l'intrigue et la cabale. Les tribunaux sont remplis de ces vampires, incessamment occupés à soutirer la substance du peuple, d'abord au profit du mandarin, et puis pour leur propre compte et celui de leurs amis. Nous avons eu de fréquentes relations avec ces gens-là ; nous les avons vus souvent à l'œuvre, et nous ne saurions dire si le sentiment qu'ils nous inspiraient était de l'indignation ou du dégoût ; c'était peut-être un mélange de l'un et de l'autre.

Ainsi, depuis l'avénement de la dynastie tartare mantchoue, la société chinoise a subi de profondes altérations. On a, en Europe, des idées bien étranges sur la prétendue immobilité de ce peuple. Des nouveautés introduites par la race conquérante sont souvent considérées comme des usages remontant à la plus haute antiquité et procédant nécessairement du caractère chinois. Qui n'est, par exemple, convaincu que ce peuple a naturellement de l'antipathie contre les étrangers et qu'il s'est toujours appliqué à les tenir éloignés de ses frontières? Cependant il n'est rien de plus inexact. Cet esprit exclusif et jaloux appartient plus particulièrement aux Tartares mantchous, et l'empire n'a été hermétiquement fermé aux étrangers que depuis leur domination.

Dans les siècles passés, les Chinois avaient des relations suivies avec tous les peuples de l'Asie. Les Arabes, les Persans, les Indiens ne trouvaient aucun obstacle pour venir trafiquer dans leurs ports; ils pénétraient même dans l'intérieur et parcouraient librement les provinces. Ce Khorassanien et cet Arabe, qui s'en allaient en paix jusque dans la capitale demander audience à l'empereur, en sont une preuve incontestable. Le monument de Si-ngan-fou, dont nous avons cité l'inscription, témoigne que des missionnaires étrangers avaient prêché et pratiqué la religion chrétienne en toute liberté. Au treizième siècle, Marco-Polo y a été très-bien accueilli à deux époques différentes avec son père et son oncle. Quoique Vénitiens, ils y ont même exercé des fonctions publiques et de la plus haute importance, puisque Marco-Polo fut gouverneur d'une province. Vers cette même époque, il y avait à Péking un archevêque, et les cérémonies religieuses s'y faisaient publiquement. Sur la fin de la dernière dynastie chinoise, lorsque le P. Ricci et les premiers missionnaires jésuites recommencèrent les missions de la Chine, on ne voit pas qu'ils aient rencontré les mêmes difficultés qui existent aujourd'hui ; ils furent traités honorablement à la cour, et les premiers empereurs de la dynastie tartare ne firent que tolérer ce qui existait déjà.

Tout prouve donc que les Chinois n'ont pas toujours eu pour les étrangers une aussi grande répulsion qu'on se l'imagine. Plusieurs mandarins, avec lesquels nous avons eu occasion de parler de ce fait, et auxquels nous cherchions à faire comprendre combien la politique chinoise était antisociale et injurieuse pour les autres peuples, nous ont dit que jamais leur nation n'avait repoussé les étrangers, et que les mesures sévères qu'on prenait actuellement contre eux ne dataient que de l'époque du changement de dynastie.

Il est évident que les Mantchous, à la vue de leur petit nombre au milieu de cet immense empire, ont dû prendre tous les moyens imaginables pour conserver leur conquête. De peur que les étrangers n'eussent envie d'une proie si facile à leur être enlevée, ils ont fermé soigneusement toutes les portes de la Chine, croyant se mettre ainsi à l'abri de toutes les tentatives ambitieuses venues du dehors ; à l'intérieur ils ont cherché à tenir leurs ennemis divisés par le système de la succession rapide et continuelle des emplois. Ces deux moyens ont été, jusqu'à ce jour, couronnés de succès, et c'est même un fait vraiment prodigieux, et peut-être pas assez remarqué, qu'une poignée de nomades ait pu exercer, pendant plus de deux cents ans, une domination paisible et absolue sur le plus vaste empire du monde, et sur des populations qui sont, quoi qu'on en dise, extrêmement mobiles et remuantes. Il a fallu une politique bien habile, souple et vigoureuse en même temps, pour obtenir un semblable résultat ; mais tout fait présumer que ces mêmes moyens, qui ont peut-être le plus contribué à établir la puissance des Tartares mantchous, serviront à les jeter bas.

Ces étrangers, ces barbares, que le gouvernement de Péking veut avoir l'air de mépriser parce qu'il les redoute beaucoup, finiront par s'impatienter devant ces portes obstinément fermées sur eux ; un beau jour ils les feront voler en éclats, et trouveront derrière un peuple innombrable , il est vrai, mais désuni, sans force de cohésion, et à la merci de quiconque voudra s'en emparer en tout ou en partie.

Le vénérable mandarin de Song-tche-hien, ce bon Chinois des temps antiques, nous fit entendre de nobles gémissements sur la décadence de sa patrie ; il nous disait : « Depuis que nous mettons en oubli les saintes traditions de nos ancêtres, le ciel nous abandonne ; ceux qui regardent attentivement la marche et les tendances des événements, ceux qui observent combien est grand l'égoïsme des magistrats, et combien est profonde la dépravation du peuple, éprouvent un sombre et douloureux pressentiment ; c'est que nous sommes à la veille d'un immense bouleversement. Comment s'opérera cette révolution pressentie par un grand nombre ? l'impulsion viendra-t-elle du dedans ou du dehors ? Nul ne le sait ; personne ne saurait le prévoir. Ce qu'il y a de certain, c'est que, depuis quelques années, la dynastie a perdu la protection du ciel, le peuple n'a plus que des sentiments de colère ou de mépris pour ceux qui le conduisent ; la piété filiale n'existant plus parmi nous, il faut que l'empire s'écroule (1). »

Le mandarin qui nous parlait de la sorte était, nous l'avons déjà dit, d'un âge très-avancé, par conséquent nous ne fûmes pas très-étonnés de lui trouver l'humeur un peu inquiète et grondeuse ; le vieillard d'Horace est cosmopolite.

Le jeune et charmant préfet de I-tou-hien voyait le mal, nous n'en doutons pas, aussi clairement que son respectable ami de Song-tche-hien, mais il ne se désespérait pas ; il n'avait pas l'air de penser que la nation chinoise fût arrivée au bout de ses destinées. Il remarquait bien que tout se détraquait, qu'il n'y avait pas un seul rouage qui ne grinçât ; toutefois il aimait sa machine, il la trouvait bien faite, savamment combinée, et il avait grande confiance qu'on pourrait la faire marcher encore pendant des siècles ; il avouait pourtant qu'un sage et habile mécanicien était indispensable. Sur ce dernier point il était d'une grande réserve et ne voulut jamais nous laisser voir tout le fond de sa pensée ; sa qualité de haut fonctionnaire lui commandait une grande prudence, et nous nous gardâmes bien de le presser sur une question si délicate ; cependant il en dit assez pour nous laisser soupçonner que la chute de la dynastie tartare ne le plongerait pas dans une inconsolable désolation. Il avait l'air de trouver assez raisonnable et naturel que la nation chinoise fût gouvernée par un em-

(1) Nous devons déclarer ici que ces *Souvenirs* étaient écrits en 1849, sur des notes recueillies durant le voyage en 1846.

pereur chinois ; ce sentiment, que plusieurs mandarins ont laissé percer en notre présence, n'existe pas dans les masses, qui, comme nous l'avons dit, trouvent fort ridicule de s'occuper gratuitement de questions politiques ; cependant il peut y être à l'état latent, et pour le réveiller il ne faut qu'un événement, une occasion, comme cela est arrivé à plusieurs époques célèbres de l'histoire de la Chine.

Le préfet de Song-tche-hien, grand partisan de l'antiquité, s'étudia à remplir envers nous les devoirs de l'hospitalité d'une manière toute patriarcale. Nous n'étions pas simplement pour lui des voyageurs et des étrangers dont il fallait avoir soin de par la loi et parce que le vice-roi du Sse-tchouen l'avait ainsi ordonné. Nous étions ses hôtes dans toute la force du terme, et non-seulement ses hôtes à lui, mais encore les hôtes de ses amis, de ses confrères dans l'administration civile et militaire, les hôtes de tous les habitants de la ville de Song-tche-hien. Nous fûmes donc obligés de nous montrer sensibles à cette manifestation, et de vivre, en quelque sorte, en public. C'est tout au plus si on nous donna le temps de vaquer à la prière et de prendre quelques heures de repos. Le préfet ne voulut abandonner à personne le soin d'organiser notre départ. Il alla lui-même au port choisir nos bateaux, et en fit louer un troisième pour son premier secrétaire et plusieurs domestiques chargés de nous accompagner jusqu'à Kin-tcheou où nous devions nous arrêter. Il avait eu l'attention d'envoyer à bord de ce bateau son cuisinier avec un riche assortiment de provisions de bouche, afin de nous continuer sa généreuse hospitalité aussi longtemps qu'il le pouvait.

Nous quittâmes Song-tche-hien de grand matin. Comme la majeure partie de la nuit s'était passée en causeries, aussitôt que nous fûmes à bord, nous nous sentîmes une impérieuse propension à ajouter un petit supplément au peu de sommeil qu'il nous avait été permis de prendre. Une bonne brise envoyait sur le pont une suave fraîcheur. Notre domestique nous y arrangea, à l'ombre de la grand'voile, notre lit de voyage, et nous nous endormîmes tout doucement au bruit des vagues qui venaient se briser contre les flancs de la jonque.

Pendant une heure à peu près, nous goûtâmes un repos délicieux ; mais ensuite le poste ne fut plus tenable. La brise fraîchissant toujours, le navire prit des allures brusques et saccadées, penchant tantôt à droite, tantôt à gauche, de sorte que la position horizontale devenait extrêmement difficile à garder. Il fallut donc se lever et essayer de se tenir verticalement. Le fleuve, déjà large d'une lieue dans cette partie du Hou-pé, était d'un aspect grandiose. Le spectacle que nous avions sous les yeux, quoique d'une beauté imposante, ne laissait pas d'être très-peu attrayant au point de vue de la navigation ; car le vent soufflant avec violence et nous prenant par le travers donnait à la jonque une marche dure et pénible.

Nous descendîmes dans l'entre-pont, où nous trouvâmes, comme de coutume, nos chers mandarins alignés côte à côte sur des nattes, et fumant leur maudit opium. Aussitôt que nous parûmes, ils éteignirent leur petite lampe. Il paraît, leur dîmes-nous, que l'opium est pour vous une nourriture suffisante ; personne ne parle de se mettre à table. Il faut bien faire honneur, cependant, aux provisions de cet excellent préfet de Song-tche-hien. A ces paroles bien simples et bien naturelles, puisqu'il était déjà tard et que nous n'avions encore rien pris, nos mandarins furent complétement ahuris. Personne ne disait mot. Quand vous voudrez, ajoutâmes-nous, donnez vos ordres aux domestiques ; il ne faut pas trop retarder, parce que, le vent augmentant toujours, la jonque sera bientôt secouée de telle façon, qu'il nous sera impossible de garder l'équilibre. Maître Ting jeta sur nous un regard de compassion ; il entr'ouvrait la bouche ; mais les paroles ne se hâtaient pas d'en sortir. Nous comprîmes qu'il était arrivé quelque chose de fâcheux, sans pouvoir deviner quoi. Enfin maître Ting, ramassant tout ce qu'il y avait d'énergie dans ses facultés, se hasarda à rompre le silence. Comment allons-nous faire ? s'écria-t-il d'un ton désespéré, nous n'avons pas de vivres. La jonque qui porte les provisions du préfet de Song-tche-hien est bien loin devant nous ; peut-être finirons-nous par l'atteindre. Si vous voulez, en attendant, nous amuser à prendre du thé, cela nous occupera. Le genre de récréation que nous proposait notre ingénieux conducteur était assurément fort honnête ; mais nous savions, par une longue expérience, qu'il n'a rien de bien fortifiant pour l'estomac. S'amuser à boire du thé quand on est affamé, c'est absolument creuser un gouffre au lieu de le combler.

Nous remontâmes sur le pont, un peu désappointés, et nous cherchâmes à découvrir sur l'étendue du fleuve la galère qui emportait notre cuisinier avec les accessoires ; un grand pavillon jaune, placé au haut du mât, devait nous la faire reconnaître. Nous aperçûmes plusieurs jonques de commerce, aux larges voiles en natte, qui s'en allaient poussées par le vent et ballottées par les flots. Nos yeux eurent beau regarder de tous côtés, il nous fut impossible de découvrir notre cuisine. Il fallut se résigner sans se plaindre, car personne n'était en faute. On avait bien désigné un lieu où la jonque devait nous attendre ; mais la violence du vent ne lui avait pas, peut-être, permis de s'arrêter. Probablement, nous dîmes-nous, que nous avons vu s'embarquer ces nombreuses provisions avec un trop vif sentiment de satisfaction, et Dieu a permis ce contre-temps pour nous donner une leçon... Que son saint nom soit béni dans la disette comme dans l'abondance !

Nous descendîmes dans l'entre-pont, pour prêcher la résignation à notre état-major. Nous y fûmes suivis par le patron de la barque qui, voyant notre détresse, eut le bon cœur de nous offrir une ration du riz qui cuisait dans la grande marmite de l'équipage. Nous acceptâmes avec reconnaissance, et bientôt nous fûmes en train de dîner avec du riz cuit à l'eau et quelques herbes salées. Ce n'était pas très-succulent, nous en convenons ; mais certes, nous n'en avions pas toujours eu autant. Pendant que nous instrumentions dans le bol de riz à l'aide de nos deux petites baguettes, nous eûmes la sagesse de penser à cette époque où, parcourant les déserts de la Tartarie et les montagnes du Thibet, nous n'avions pour toute nourriture que quelques poignées de farine d'avoine, pétrie au thé ou assaisonnée d'un peu de suif. Dieu ! nous disions-nous, en regardant ce large plat, où s'élevait une grande pyramide de riz tout fumant, Dieu ! si tous les jours nous en avions trouvé autant sous notre tente ! Du riz bien blanc, bien gonflé et en abondance, et puis une assiettée de petites herbes salées et une autre de confiture de piment rouge... Oh ! un semblable festin eût été alors un vrai miracle de la Providence. Comme la large figure de Samdadchiemba se serait épanouie devant une telle abondance de vivres ! Quelles belles histoires il nous aurait racontées !...

Le souvenir de ces incroyables repas préparés jadis par notre cher chamelier fut comme un excellent assaisonnement qui nous mit en appétit. En somme, nous dînâmes, moins bien, il est vrai, que bien d'autres en ce monde ; mais, à coup sûr, incomparablement mieux qu'une foule de malheureux qui, ce jour-là, ne dînèrent pas du tout. Le bien-être, ici-bas, n'est, le plus souvent, que le résultat d'une comparaison. Que de gens vivent continuellement dans la souffrance et la détresse, parce que, dans la position où ils se trouvent, ils s'obstinent à regarder toujours au-dessus d'eux !

Nous ne tardâmes pas à oublier et nos provisions et notre dîner, et tous nos souvenirs de la Tartarie et du Thibet ; des préoccupations d'un autre genre vinrent nous assaillir. Pendant toute la matinée, la brise avait toujours été en augmentant de force ; vers midi elle était d'une telle violence, qu'on dut serrer presque entièrement les voiles, et garder tout juste ce qui était nécessaire pour gouverner la jonque. Le lit du fleuve était comme un bras de mer agité par la tempête. Les vagues mugissaient et se précipitaient avec fureur les unes contre les autres ; elles étaient plus courtes, moins élevées qu'en pleine mer, mais plus impétueuses. Notre pauvre jonque, allant tout à la fois au roulis et au tangage, gémissait et craquait de toute part. Quelquefois elle était comme soulevée au-dessus des eaux, puis lourdement précipitée dans les vagues. Il nous arrivait de brusques et violentes rafales causées par l'inégalité du rivage, qui tantôt nous masquait en partie le vent et tantôt nous l'envoyait par de furieuses bouffées. Ces accidents nous mettaient à deux doigts de notre perte ; car la barque, se penchant tout à coup sur ses flancs, s'agitait et se trémoussait comme pour se creuser un tombeau dans les vagues. La position était des plus critiques ; le danger venait surtout du peu de solidité de la jonque. Toutes celles qu'on rencontre sur les fleuves sont, en général, d'une construction qui laisse beaucoup à désirer ; pour ce qui est des matelots, ils paraissaient fort tranquilles. Nous aimâmes mieux attribuer ce calme à leur expérience de la navigation qu'à l'indifférence.

Pendant que nous voguions ainsi, à la merci des vents et des flots et à la garde de Dieu, nos mandarins s'étaient fièrement réfugiés dans une étroite cabine, où ils se tenaient blottis sans oser se remuer. Nous ne remarquâmes pas du tout sur la figure des deux militaires cette dignité hautaine qui leur est recommandée au moment du danger. Pour maître Ting, qu'il ne fût pas hautain, c'était pardonnable, sa qualité de lettré lui donnait le droit d'avoir peur. Le mal de mer avait gagné tous nos conducteurs, et ils croyaient tous qu'ils allaient mourir. Cette maladie leur était inconnue ; car c'était pour la première fois qu'ils la ressentaient, et jamais ils n'en avaient entendu parler. Nous eûmes beau leur dire que c'était une incommodité passagère occasionnée par le mouvement des eaux et le balancement de la barque, ils s'obstinaient à se croire perdus. Et vous autres, nous dit maître Ting, d'une voix défaillante, vous n'êtes pas malades; cependant la barque se remue pour vous comme pour les autres. — Oh ! c'est bien différent, lui répondîmes-nous, nous autres, nous ne fumons pas l'opium. — Comment, vous croyez que c'est l'opium qui est la cause que nous allons mourir ? — Qui sait? nous n'oserions l'affirmer ; ce qu'il y a de certain, c'est que l'opium est un poison, et qu'insensiblement il doit ruiner les forces et l'énergie des fumeurs. — Maître Ting se mit alors à maudire le jour où il s'était laissé aller, pour la première fois, à la tentation de faire usage de cette détestable drogue, et il nous promit bien que, s'il en réchappait, il jetterait à l'eau sa pipe, sa petite lampe et sa provision d'opium. — Pourquoi pas maintenant, lui dîmes-nous, pourquoi attendre ? — Maintenant, non ; je suis trop malade, je n'ai pas la force de me remuer. — Tiens, nous autres qui nous portons bien, nous allons te rendre ce petit service, et en même temps nous nous dirigeâmes vers une petite cassette où il renfermait ses outils de fumeur. Mais maître Ting y fut avant nous ; subitement réveillé de sa léthargie, il n'avait fait qu'un bond de sa place sur sa chère cassette. Son mouvement fut si leste, et surtout si inattendu, que ses compagnons ne purent s'empêcher de rire, bien qu'ils n'en eussent pas assurément une envie démesurée. Pendant que ce fougueux fumeur veillait accroupi sur son trésor, nous allâmes voir où en était la navigation.

Le fleuve était plus calme et la brise moins violente ; la jonque filait avec une extrême rapidité, quoique les voiles fussent presque entièrement serrées. Si cela continue de la sorte, nous dit le patron, nous serons bientôt arrivés à Kin-tcheou. Cette nouvelle nous fit plaisir, car le temps avait si mauvaise apparence que nous désirions arriver vite au port ; mais hélas ! quoique assez rapproché, le port était encore bien loin de nous.

Vers quatre heures de l'après-midi, nous atteignîmes un point où le fleuve fait un coude pour prendre une autre direction ; au lieu de couler toujours vers le sud, il descend brusquement du côté de l'ouest. Nous rencontrâmes à ce détour plusieurs jonques qui couraient des bordées pour essayer de franchir ce passage très-difficile, parce que le vent de travers devenait vent debout quand on voulait doubler la pointe. Nous retrouvâmes là les deux barques de notre flottille avec nos soldats et nos provisions de bouche ; elles y étaient arrivées probablement longtemps avant nous, sans que pour cela elles fussent beaucoup plus avancées. Nous nous mîmes à faire les mêmes manœuvres que les autres jonques, allant d'un bord à l'autre pour tâcher de doubler la pointe et enfiler le cours du fleuve qui se dirigeait vers l'ouest. Nous avions beau serrer le vent au plus près, comme disent les marins, et naviguer tout à fait sur les flancs, nous ne pouvions réussir dans notre entreprise. Au moment où nous arrivions rapidement sur la pointe, dans l'espérance de la franchir, la brise et les flots nous repoussaient de l'autre côté, et nous allions tomber tout juste à l'endroit d'où nous étions partis ; alors il fallait virer de bord et recommencer.

Pour ceux qui sont tranquillement à terre, la vue de ces manœuvres est très-attrayante ; on contemple avec intérêt tous les mouvements du navire ; on suit sa marche avec anxiété ; à mesure qu'il avance on suppute ce qu'il a gagné ou perdu dans la bonne direction, et on cherche à deviner s'il enfilera la passe ou s'il sera obligé de prendre une autre bordée. Quand il y a plusieurs navires engagés dans le même embarras, on aime à comparer la supériorité de leur marche, leur bonne grâce, leur allure ; il en est toujours un auquel on s'intéresse, malgré soi, d'une manière toute particulière ; les yeux sont fixés sur lui avec inquiétude, et on fait des vœux pour son succès. S'il réussit, on est dans la joie, on est fier, comme si on avait contribué à son triomphe ; si, au contraire, il échoue, on est tout attristé. Mais il faut être sur le rivage, fumant sa pipe tout à l'aise, pour trouver ces luttes intéressantes, et se créer à plaisir de émotions de ce genre. Pour ceux qui sont à bord la chose est, au contraire, très-peu divertissante. La première et la seconde tentative on les supporte encore avec assez de patience ; ensuite la bile commence à se remuer, et, lorsqu'on s'aperçoit qu'on refait continuellement, et avec peine, le même chemin, sans jamais avancer, oh ! alors la physionomie prend une teinte qui n'est guère gracieuse, et, si l'on est pressé d'arriver, si le temps est mauvais et la navigation dangereuse, il y a vraiment de quoi enrager quand on a le malheur de ne pas savoir se résigner à la volonté de Dieu.

Il y avait plus d'une heure que nous étions à louvoyer sans que personne pût réussir à passer ; la brise augmenta de violence, et quelques jonques doublèrent la pointe et disparurent derrière les terres. Les deux barques de transport qui nous avaient précédés réussirent de la même manière ; nous pensions que notre tour arriverait bientôt aussi. Nous allions et revenions toujours inutilement dans le même sillage ; enfin une forte rafale nous prit, et nous jeta, non pas en dehors de la pointe, mais sur le côté opposé ; heureusement, la plage était saine, il n'y avait que du sable et de la vase, sans quoi la jonque était fracassée. Après que l'équipage eut longtemps vociféré, on essaya de se remettre à flot ; tout le monde s'y employa, matelots, mandarins et missionnaires ; à force de peines et de sueurs nous parvînmes à nous désensabler, et nous reprîmes notre manœuvre. Cette fois nous ne pûmes atteindre à la hauteur de la pointe ; au retour une seconde rafale nous prit et nous précipita de nouveau sur la plage que nous venions de quitter.

La prudence exigeait que, avec un temps pareil, nous ne fissions pas de nouvelles tentatives. Nous essayâmes de démontrer au patron qu'il courait risque de briser sa jonque et de nous noyer, ce qui, pour lui d'abord et pour nous ensuite, serait fort désagréable. En supposant même que nous parviendrions à entrer dans la passe, en serions-nous bien avancés, avec l'affreux vent debout que nous trouverions de l'autre côté et qui nous empêcherait de faire route ? Nous fûmes donc d'avis de rester où nous étions et d'y attendre en paix un moment plus favorable.

Cette détermination était assurément pleine de sagesse et de prudence ; mais l'amour-propre l'emporta. Le patron ne pouvait s'accoutumer à l'idée que toutes les jonques étaient parties et qu'il serait le seul à ne pouvoir franchir ce passage difficile. Il faisait à bord un horrible vacarme ; il maudissait les matelots, jurait contre les vents et les flots, contre le ciel et la terre; il était furieux. A toute force il voulut se remettre en route, malgré l'extrême violence du vent. La jonque fut donc encore retirée de la côte et relancée avec rage contre le but infranchissable; nous courûmes plusieurs bordées, et, pour la troisième fois, nous allâmes échouer sur le sable du rivage. Le patron, à bout de son énergie, épuisé, affaissé plutôt que résigné, renonça enfin à faire de nouvelles tentatives. La nuit, d'ailleurs, était sur le point de venir, et c'eût été le comble de la folie que de prétendre arriver à Kin-tcheou en luttant contre les vents et les flots. Au lieu donc de repousser la barque vers le lit du fleuve, on travailla à l'enfoncer plus avant dans les sables, afin de la soustraire à l'action des vagues, qui venaient se briser avec fureur contre ses flancs et menaçaient à chaque instant de la faire chavirer.

Quand cette opération fut terminée, on amarra la jonque aux arbres voisins, par le moyen de gros câbles de bambou; les ancres furent solidement fixées à terre; on prit, en un mot, toutes les mesures de prudence nécessaires afin de ne pas être emportés en cas de tempête. Ensuite chacun chercha à s'arranger de son mieux pour passer la nuit le moins mal possible; car il ne fallait pas songer à trouver un logement à terre. Il n'y avait ni ville ni hameau aux environs de la plage où nous étions échoués; on apercevait seulement çà et là, dans la campagne, quelques fermes où nous ne pouvions espérer de rencontrer un gîte plus confortable que dans notre barque.

Notre dîner, comme on a pu le remarquer, n'avait pas été très-somptueux. Or, les circonstances se trouvant moins favorables qu'à midi, nous augurâmes que nous souperions encore plus mal. Nous ne fûmes nullement frustrés dans notre attente; il n'y eut ni grande pyramide de riz, ni confiture de piment rouge, ni petites herbes salées. En partant de Song-tche-hien, l'équipage n'avait fait ses provisions que pour la journée. Sans doute on y avait été un peu largement; le calcul n'avait pas été strict et rigoureux ; mais il était probable qu'on n'avait pas compté sur un aussi grand nombre de convives, on n'avait pas supposé que notre cuisine nous aurait fait défaut. Il devait donc y avoir à bord très-peu de comestibles; inspection faite du sac à riz, on n'y trouva pas la quantité suffisante pour le repas de l'équipage qui, vu les peines et les fatigues qu'il venait d'endurer, était affamé.

Ces braves mariniers nous offrirent généreusement de partager avec nous; mais il nous fut impossible d'accepter; il nous semblait que ce riz, si nécessaire à ces pauvres gens, n'eût pu nous faire du bien. Nous étions donc résignés à aller nous coucher sans souper, lorsque maître Ting vint nous dire en secret qu'il y avait dans la cale une cargaison de citrouilles. Le patron, interrogé, déclara que le fait était vrai, que le sol de Song-tche-hien produisait d'énormes citrouilles, et qu'un de ses amis l'avait chargé d'en porter un certain nombre sur le marché de Kin-tcheou. Nous lui proposâmes de les acheter toutes. Le marché fut vite conclu, et la cargaison passa immédiatement de la cale à la cuisine ; on les mit bouillir par grosses tranches dans la grande marmite de l'équipage, puis on en fit une abondante distribution à tous les habitants de la jonque. Nous nous tirâmes donc encore assez bien de notre souper, en ayant soin toutefois d'ajouter à nos citrouilles bouillies une toute petite méditation sur la farine d'avoine.

La nuit se passa sans accident ; tout le monde dormit d'un profond sommeil, à l'exception d'un veilleur chargé de sonner les heures sur un tam-tam. Le lendemain, dès que le jour parut, l'équipage se mit à l'œuvre. Le vent était tombé en grande partie, et, ce qui valait encore mieux, il avait changé de direction. Nous fûmes toutefois longtemps avant de pouvoir nous mettre en route ; la jonque s'était tellement enfoncée dans le sable, que nous eûmes toutes les peines du monde à l'en dégager. Enfin nous rentrâmes dans le lit du fleuve Bleu ; nous doublâmes la pointe vent arrière, et nous voguâmes à toutes voiles vers le port de Kin-tcheou. Nous étions tous sur le pont pour goûter la fraîcheur du matin, jouir des charmes d'une rapide et paisible navigation, et contempler le riche panorama qui se déroulait sous nos yeux. Toutes ces figures qui, la veille, avaient été si tristes et si sombres étaient maintenant fières et rayonnantes. Nos mandarins étaient pleinement rentrés en possession de la vie, dont ils semblaient avoir fait le sacrifice pendant qu'ils avaient le mal de mer. Maître Ting jubilait de se trouver encore de ce monde ; pour peu que nous l'eussions pressé, il nous eût volontiers joué la comédie. Maître Ting, lui dîmes-nous, voilà que tu en es réchappé ; maintenant que tu peux te remuer, il ne faut pas oublier d'exécuter ta promesse. Voyons, va chercher ta cassette de fumeur d'opium et jette-nous tout cela à l'eau. Il nous répondit par une gambade et en disant qu'il avait parlé pour rire, et, afin de nous bien prouver combien il était peu disposé à jeter sa pipe à l'eau, il descendit, fit ses préparatifs et se mit à fumer avec plus d'ardeur que jamais.

Au milieu de cet épanouissement général, le patron seul conservait toujours sa mauvaise humeur. Cette arrivée au port, après laquelle tout le monde soupirait, était précisément ce qui le tourmentait le plus ; il redoutait les railleries des autres jonques. — Comment oserai-je paraître ? répétait-il sans cesse : j'ai perdu ma face (1). On essaya vainement de lui fortifier le cœur. A tout ce qu'on pouvait lui dire, il n'avait qu'une réponse : « J'ai perdu ma face. »

Enfin nous aperçûmes le port de Kin-tcheou. Quand nous fîmes notre entrée, il y eut un branle-bas général. Toutes les jonques étaient en émoi ; on poussait des cris, on nous tendait les bras, et les tam-tam résonnaient de toute part. Notre patron n'y tenait plus. Évidemment, cette manifestation n'était que sarcasme et raillerie. Bientôt de nombreuses embarcations entourèrent notre jonque, et une foule de curieux grimpèrent à bord. Nous sûmes alors la véritable cause du mouvement qui régnait dans le port, et qui avait pour but, non pas de se moquer de nous, mais de nous féliciter bien sincèrement. On nous avait crus perdus. La plupart des jonques qui, la veille, avaient franchi le passage où nous nous étions arrêtés avaient fait naufrage de l'autre côté du fleuve, au milieu, disait-on, d'une affreuse tempête. Les autres étaient arrivées au port entièrement démantelées ; elles avaient annoncé que nous étions en route ; et, comme

(1) « Je suis déshonoré. »

nous n'avions pas encore paru, tout le monde était persuadé que notre jonque avait été aussi engloutie dans les flots. Les nombreux malheurs dont on nous raconta les lamentables détails nous firent admirer et bénir la bonté de Dieu à notre égard. C'était bien la Providence qui nous avait repoussés trois fois sur le rivage, pour nous empêcher d'aller nous précipiter au milieu de la tempête. Ce que nous regardions comme une épreuve était une bénédiction de Dieu, un témoignage de sa bonté et de sa miséricorde. Pendant que nous faisions des efforts pour nous résigner à ce que nous appelions un contre-temps, nous eussions bien dû plutôt nous répandre en actions de grâces. Ainsi les hommes se laissent souvent tromper, au milieu des événements de la vie, par de fausses apparences. On les voit souvent s'abandonner inconsidérément aux chagrins et à la tristesse, au lieu de bénir en tout, avec calme et sérénité, l'action paternelle et incessante de la Providence sur eux.

La joie que nous ressentions d'avoir échappé au naufrage d'une manière si providentielle ne fut pas pourtant sans être mélangée de beaucoup d'amertume. Nos deux barques de transport, qui avaient tant excité notre jalousie quand nous les vîmes prendre le devant, étaient perdues. L'une avait été se fracasser sur des récifs qui bordaient le rivage, et l'autre, ayant sombré, s'était engloutie au fond du fleuve, non loin du port. Trois hommes s'étaient noyés, deux soldats et le premier secrétaire du préfet de Song-tche-hien. Les autres avaient été sauvés par les mariniers de Kin-tcheou qui s'étaient empressés d'aller à leur secours avec de petits radeaux en bambou.

Après avoir recueilli ces tristes détails, nous nous hâtâmes de nous rendre au palais communal de la ville, où on avait transporté nos pauvres naufragés. En entrant dans la cour, nous vîmes un grand étalage d'habits mouillés qui séchaient au soleil, accrochés aux portes et aux fenêtres, ou étendus sur des cordes. Notre premier soin fut d'aller visiter les propriétaires de ces habits. Nous les trouvâmes, étendus sur des nattes, dans une grande salle, et enveloppés dans des couvertures qu'on leur avait envoyées du tribunal. Aussitôt que nous entrâmes, ils furent saisis d'étonnement, et s'imaginèrent voir apparaître des revenants; car ils nous avaient crus noyés, et, sans doute, ils ne pensaient déjà plus à nous. La tenue irréprochable de nos vêtements paraissait, surtout, les surprendre beaucoup. Nous étions si secs d'un bout à l'autre, que nous ne ressemblions pas du tout à des hommes qui reviennent du fond du fleuve Bleu. Quelques mots d'explication firent comprendre à ces pauvres gens combien nos contrariétés de la veille nous avaient été favorables. Nous les visitâmes tous les uns après les autres, et nous n'en trouvâmes aucun qui fût dangereusement malade ; ils étaient seulement d'une grande faiblesse et avaient besoin de repos. Ce qui, pour le moment, les préoccupait et les tourmentait le plus, c'était la perte de leur petit bagage. Ils n'avaient sauvé du naufrage que le peu d'habits qui séchaient dans la cour; leur pipe même avait disparu dans la tempête; mais les autorités de Kin-tcheou s'étaient empressées de leur en envoyer une à chacun, avec une abondante provision de tabac ; car un Chinois ne peut pas rester longtemps sans fumer, surtout quand il se trouve malheureux. Nous tranquillisâmes nos naufragés, en leur promettant de nous entendre avec les mandarins de la ville, afin qu'ils pussent réparer leurs pertes avant de quitter Kin-tcheou.

Mais ce qui ne pouvait être réparé, c'était la mort de deux soldats et du premier secrétaire du tribunal de Song-tche-hien. Quelle désolation pour ce bon préfet, quand il apprendrait la nouvelle de cette catastrophe, quand il saurait que son secrétaire avait été englouti dans le fleuve ! La pensée que ce pauvre vieillard serait responsable de ce funeste événement, nous navrait de douleur. Nous connaissions les mœurs chinoises, et nous savions que cette mort serait probablement pour lui une source de persécutions. Les parents du secrétaire ne manqueraient pas de profiter de cette triste circonstance pour exiger du mandarin des indemnités exorbitantes. Il nous semblait les voir accourir au tribunal, se lamentant, arrachant leurs cheveux, déchirant leurs habits, et redemandant à grands cris leur parent. Il est évident que le préfet de Song-tche-hien n'était pas coupable de ce malheur ; il ne pouvait en rien lui être imputé. N'importe, un homme était à son service, il en était responsable ; il doit donc le rendre à sa famille. Il est mort, dites-vous, il a été victime d'un accident. Nous autres, qui sommes ses parents, nous n'en savons rien. Hier il était chez vous, aujourd'hui il a disparu ; il faut que vous nous le rendiez, vous en répondez vie pour vie ; ou, si vous ne voulez pas qu'on vous intente un procès et être accusé d'homicide, comptons... Il suffit d'une circonstance semblable pour briser la carrière d'un mandarin et le ruiner complétement.

Telle est la manière dont les choses se passent en

Chine, sinon toujours, du moins très-souvent. Au fond, cet abus monstrueux vient peut-être d'un excellent principe, et qui, dans une foule de cas, est la sauvegarde de la vie des hommes. Ce principe est celui d'une rigoureuse responsabilité des supérieurs à l'égard des inférieurs ; mais aujourd'hui les Chinois vont vite aux extrêmes; lorsqu'ils sont poussés par leur insatiable cupidité, ils trouvent facilement le moyen de pervertir le sens des meilleures institutions.

Il nous a été impossible de savoir quels avaient été les résultats de cette affaire. Nous espérons pourtant que la popularité dont jouissait le préfet de Song-tche-hien, et peut-être aussi l'honnêteté de la famille de son secrétaire, l'auront mis à l'abri de toute vexation. Il nous en coûterait trop de penser que ce digne et respectable mandarin ait pu tomber dans l'infortune en voulant nous être agréable.

P ITRE X.

Ville chinoise en état de siége. — Jeux nautiques sur le fleuve Bleu. — Querelle entre les vainqueurs et les vaincus. — Guerre civile à Kin-tcheou. — Coup d'œil sur les forces militaires de l'empire chinois. — Découverte de deux soldats dans la résidence d'un missionnaire. — Description d'une revue extraordinaire des troupes. — Politique de la dynastie mantchoue à l'égard des soldats. — Marine chinoise. — Raison du peu de courage des Chinois pendant la dernière guerre avec les Anglais. — Ressources de l'empire pour la formation d'une bonne armée et d'une puissante marine. — Il manque à la Chine un grand réformateur. — Départ de Kin-tcheou. — Route par terre. — Grande chaleur. — Voyage, pendant la nuit, à la lueur des torches et des lanternes.

Depuis que nous étions sortis des frontières du Thibet, notre passage dans les villes chinoises avait toujours été, en quelque sorte, un petit événement ; les mandarins et le peuple, tout le monde se préoccupait un peu des Européens qui arrivaient de Lha-ssa ; on se pressait pour les voir, quelquefois même on se permettait de faire des émeutes en leur honneur et de manquer de respect à l'autorité des magistrats. Notre arrivée à Kin-tcheou, à la suite d'une bande de naufragés, devait bien davantage encore piquer la curiosité des habitants de cette grande ville; le tapage avec lequel nous avions été accueillis dans le port nous faisait présager un grand mouvement de la part de la population ; il n'en fut rien pourtant, nous passâmes inaperçus, sans que personne fît mine de s'occuper de nous.

C'est qu'en ce moment Kin-tcheou était sous l'impres-pression d'un événement tellement grave, que les esprits se trouvaient peu portés à la curiosité. La ville était, pour ainsi dire, en état de siége, par suite d'une sanglante bataille qui avait éclaté depuis deux jours entre les Chinois et les Tartares mantchous ; quand nous y entrâmes, tout était calme et sombre. Nous suivîmes de longues rues silencieuses et presque désertes ; les boutiques étaient partout fermées ou simplement entr'ouvertes ; les rares personnes qu'on rencontrait couraient à pas précipités, formaient quelquefois dans les carrefours de petits groupes où l'on parlait à voix basse et avec beaucoup d'animation ; on voyait que les esprits étaient en fermentation, on sentait de toute part comme un souffle de guerre civile.

On nous raconta que le conflit entre les Chinois et les Tartares avait pris naissance à la suite des jeux nautiques. Il est d'usage, en Chine, à certaines époques de l'année, de faire des courses de jonques ; c'est, pour les villes qui avoisinent les rivières navigables ou les ports de mer, une occasion de fête et de réjouissance ; les magistrats, et quelquefois les riches marchands de la localité, distribuent des récompenses aux vainqueurs ; ceux qui veulent entrer en lice s'organisent par compagnies ayant chacune son chef. Les jonques qui servent à ces jeux sont très-longues, et si étroites, qu'il y a tout juste la place pour deux rangs de rameurs ; elles sont ordinairement richement sculptées, ornées de dorures et de dessins aux plus vives couleurs ; la proue et la poupe représentent la tête et la queue du dragon impérial, aussi les nomme-t-on *loung-tchouan*, c'est-à-dire dragon-barque. Elles sont pavoisées de clinquant et de soieries; sur toute leur longueur elles sont surmontées de nombreuses banderoles et de flammes rouges, qui flottent et serpentent au gré du vent; des deux côtés du petit mât qui supporte le pavillon national sont placés deux hommes qui ne discontinuent pas de frapper sur le tam-tam, et d'exécuter des roulements de tambourinet pendant que les mariniers, penchés sur leurs avirons, rament avec courage et font glisser rapidement leur dragon-jonque sur la surface des eaux.

Pendant que ces élégants bateaux luttent de vitesse, le peuple encombre les quais, le rivage, les toitures des maisons voisines et les barques qui sont dans le port; on excite les rameurs par des cris et des applaudissements; on lance des feux d'artifice, et on exécute, sur plusieurs points, des musiques étourdissantes où dominent le bruit sonore du tam-tam et le son incisif et aigu d'une espèce de clarinette qui donne presque continuellement la même note. Les Chinois aiment cette infernale harmonie, leurs oreilles la savourent avec volupté.

Il arrive quelquefois qu'un bateau-dragon se renverse sens dessus dessous, et vide d'un seul coup au fond de l'eau son double rang de rameurs; la multitude accueille aussitôt cet épisode par des éclats de rire et des clameurs immenses; personne ne se trouble, car ces rameurs sont toujours très-habiles à la nage. On les voit bientôt reparaître et courir dans tous les sens pour rattraper leur aviron et leur casque de rotin; l'eau bondit sous leurs mouvements rapides et saccadés; on dirait une troupe de marsouins qui prend ses ébats au milieu des flots. Quand chacun a retrouvé sa rame et son chapeau, on replace le loung-tchouan sur sa quille et on rajuste comme on peut les banderoles ; après cela, la grande difficulté c'est de remonter dedans ; mais ces gens-là sont si adroits et doués de tant de souplesse et d'agilité, qu'ils en viennent toujours à bout. Le public a la satisfaction de voir se renouveler assez souvent ces petits accidents de la fête, car les embarcations sont si frêles et si légères, que le moindre défaut d'ensemble dans les mouvements des rameurs est capable de les faire chavirer.

Les jeux nautiques durent plusieurs jours et ne discontinuent pas du matin au soir ; les spectateurs, fidèles à leur poste durant tout ce temps, ne font jamais défaut aux rameurs. Les cuisines ambulantes et les marchands de comestibles circulent de toute part pour approvisionner cette immense multitude qui, sous prétexte de ne pas faire ce jour-là de repas régulier et à domicile, mange et boit continuellement ; les escamoteurs, les acrobates et les jongleurs de toute espèce profitent de l'occasion pour exhiber leur spécialité et varier les plaisirs des curieux. La fête officielle se termine par la distribution solennelle des prix ; les rameurs clôturent le tout par des festins, et quelquefois aussi par des rixes et des querelles.

C'est ce qui avait eu lieu à Kin-tcheou peu de jours avant notre arrivée. Kin-tcheou est la plus importante ville de garnison de la province du Hou-pé ; les soldats et les marins y sont en très-grand nombre. Pendant la célébration des derniers jeux nautiques, les Chinois et les

Mantchous s'étaient divisés en deux camps et avaient disputé longtemps le prix de la course avec les bateaux-dragons; les Tartares mantchous ayant eu le dessus, leur victoire avait été proclamée solennellement, et avec des formes inusitées, par les principaux mandarins de la garnison; l'amour-propre des Chinois en avait été froissé. Des pièces de soie, des jarres de vin, des cochons rôtis et bouillis, et une certaine somme d'argent, telles étaient les récompenses qui furent distribuées aux vainqueurs; ceux-ci partagèrent entre eux l'argent et les étoffes de soie, puis organisèrent un immense festin pour consommer le vin et les cochons.

Il est d'usage que, dans ces banquets, les vaincus aillent verser à boire aux vainqueurs; cette cérémonie s'exécute, pour l'ordinaire, comme il convient entre bons camarades; après qu'on a vidé quelques verres, selon les antiques prescriptions des us et coutumes, la fusion s'opère, et vaincus et vainqueurs prennent place indistinctement à la même table. Il paraît qu'à Kin-tcheou les Chinois, depuis longtemps indisposés contre les Mantchous, leur versèrent à boire de fort mauvaise grâce; il y eut, dit-on, des propos injurieux; on prétendit que les juges de la course nautique avaient été partiaux; peu à peu la querelle s'envenima, et les Tartares, excités par le vin et les quolibets des Chinois, voulurent rappeler à leurs adversaires qu'ils étaient maîtres de la Chine, et que les conquis devaient respect et obéissance à la race conquérante. La bataille s'engagea, et quelques Chinois furent étendus morts et horriblement mutilés; aussitôt l'agitation se communiqua à la ville entière; les Chinois coururent en tumulte et de tous les côtés, mais sans trop savoir où ils allaient, et poussant d'affreuses clameurs. Il faut avoir vécu au milieu de ces populations pour se faire une idée du désordre et de la confusion qui doivent régner dans les grandes villes en temps de trouble.

Pendant que les Chinois couraient et vociféraient dans tous les quartiers de Kin-tcheou, les Mantchous s'étaient réfugiés dans leurs cantonnements, qu'on nomme la ville tartare, et où se trouve le palais du kiang-kiun, général commandant la division militaire de la province. Ce poste important est toujours occupé par un Tartare. Les Mantchous se concentrèrent dans le tribunal de leur grand mandarin au nombre, dit-on, de plus de vingt mille ; puis ils en barricadèrent toutes les portes. Les Chinois, persuadés qu'on avait peur d'eux, se ruèrent dans la ville tartare et environnèrent le tribunal du kiang-kiun, comme pour en faire le siége. L'attaque générale commença, non pas avec des armes bien meurtrières, mais par des milliers de voix qui demandaient avec acharnement qu'on leur livrât des Mantchous en nombre égal à celui des Chinois qui avaient été tués, afin qu'on pût se venger sur eux en les tuant et les mutilant à discrétion. Pendant qu'on formulait au dehors ces sommations horribles, et pourtant très-conformes aux mœurs chinoises, aucun bruit ne se faisait entendre dans l'intérieur du tribunal, pas un des assiégés ne se montrait. Les Chinois, de plus en plus persuadés qu'ils étaient devenus redoutables aux Tartares, s'avisèrent de vouloir forcer les barricades. A la première tentative, les portes du tribunal s'ouvrirent brusquement à deux battants ; les Mantchous sortirent tout d'un coup, firent pleuvoir d'abord une grêle de balles et de flèches sur cette multitude désarmée, et se précipitèrent ensuite dans la foule le sabre à la main. Ces téméraires assiégeants s'en retournèrent dans leurs quartiers, lestes et muets comme un troupeau de chèvres jaunes. Chacun rentra chez soi, en ayant soin de fermer solidement sa porte, et se promettant bien, sans doute, de ne pas recommencer le lendemain.

Une trentaine de Chinois restèrent étendus morts sur la place, et le nombre des blessés fut très-considérable. Les deux jours suivants, il n'y eut pas de nouvelle collision, tout le monde garda prudemment le logis. Cependant le sombre et lugubre aspect que présentait la ville, quand nous y entrâmes, dénotait que les esprits étaient encore en proie à une grande agitation, et que, sous ce calme apparent, couvaient peut-être des antipathies et des haines irréconciliables. Immédiatement après l'affaire meurtrière qui avait eu lieu à la porte du tribunal tartare, le kiang-kiun ou commandant militaire et le préfet de la ville avaient fait partir, chacun de son côté, des dépêches pour Péking, où les événements étaient sans doute représentés d'une manière bien différente. On attendait une décision de la capitale, et généralement on s'accordait à penser que les Chinois seraient blâmés, le général mantchou révoqué pour être envoyé, peut-être, dans un meilleur poste, et qu'ensuite les choses en resteraient là.

On conçoit que, dans une pareille circonstance, il eût été extrêmement facile aux Chinois de Kin-tcheou d'exterminer cette poignée de Mantchous. Il n'était besoin que de les envelopper, puis de se serrer énergiquement les uns contre les autres, pour les étouffer. Après la première charge qui eut lieu à la porte du tribunal, si cette multitude innombrable ne s'était pas sauvée à toutes jambes, les Mantchous étaient perdus ; mais, comme nous l'avons déjà remarqué, les Chinois sont désorganisés, ils sont sans chefs, et partant sans force et sans courage. L'impulsion ne venant de nulle part, chacun se la donne à soi-même, toujours en vue des avantages personnels, jamais de l'intérêt général.

Le gouvernement entretient, dans quelques-unes des villes les plus importantes de chaque province de l'empire, une garnison composée, en grande partie, de soldats mantchous sous le commandement d'un grand mandarin militaire, qui appartient aussi à cette nation. Son pouvoir ne peut être contrôlé par aucun fonctionnaire civil, pas même par le vice-roi de la province. Il correspond directement avec l'empereur, et c'est à lui seul qu'il est tenu de rendre compte de son administration. Ces corps de troupes font bande à part dans les villes où elles se trouvent, se mêlent peu à la population, et le quartier qu'elles habitent porte le nom de ville tartare. L'empire chinois tout entier se trouve ainsi enveloppé comme d'un réseau stratégique, peu fort, peu puissant, il est vrai, mais merveilleusement bien combiné, puisqu'il a suffi si longtemps pour maintenir dans l'obéissance ces nombreuses fourmilières d'hommes. Afin de venir plus facilement à bout de ce vaste système de surveillance, la dynastie régnante a adopté pour principe de ne jamais choisir les grands chefs militaires que parmi les Mantchous. Cette mesure avait pour inconvénient d'entretenir la jalousie, la défiance et la désaffection des Chinois, qui, après avoir fermenté durant plus de deux siècles, ont fini par faire explosion d'une manière si terrible.

A part ce petit nombre de villes dont nous venons de parler, où l'on rencontre quelques troupes de soldats tartares, on a beau parcourir les provinces, l'élément mantchou n'y apparaît nulle part. On ne voit de tous côtés que des populations purement chinoises, entièrement absorbées par le commerce, l'agriculture et l'industrie, pendant que des soldats étrangers sont chargés de garder les frontières et de veiller à la tranquillité publique. A bien prendre les choses, les Tartares paraissaient être moins un peuple conquérant qu'une tribu auxiliaire qui a obtenu, par sa valeur et ses victoires, le privilége de venir monter la garde dans tout l'empire. L'influence administrative est restée aux Chinois ; ce sont eux qui occupent le plus grand nombre des emplois civils. S'ils ont été conquis par les Mantchous, ils leur ont imposé, à leur tour, leur civilisation, leur langue, leurs mœurs, et, en grande partie, leurs usages. Sortis depuis peu de temps de leurs forêts et de leurs steppes, où ils menaient la vie nomade, vivant de leur chasse et de leurs troupeaux, les Tartares ne pouvaient s'empêcher de se plier au régime de ce pays célèbre dont ils s'étaient ouvert les portes à force de courage et surtout de ruse et de perfidie. Ils ont donc laissé les détails de l'administration aux Chinois, puisqu'ils en avaient le goût, le talent et une longue expérience; seulement, ils ont toujours eu bien soin de ne jamais se dessaisir de la direction de la milice de terre et de mer. La haute administration du département de la guerre est toujours restée exclusivement concentrée entre leurs mains.

Il est impossible de se faire une idée exacte et même approximative de la force réelle de l'armée chinoise en temps ordinaire ; car nous n'entendons nullement parler de son état actuel, qui a dû subir de profondes modifications depuis les formidables développements de l'insurrection. D'après l'almanach officiel, le nombre total des troupes entretenues par l'empereur s'élèverait à un million deux cent trente-deux mille Chinois, Mantchous et Mongols, casernés dans l'intérieur de l'empire, et trente et un mille marins. Évidemment un chiffre si élevé est un véritable compte d'almanach chinois. Quand on a eu occasion de parcourir, pendant plusieurs années, la Chine dans tous les sens, on se demande où se tient donc cette puissante armée, pour qu'on ne l'aperçoive nulle part. Sans doute, la Chine est très-vaste, sa population est plus grande que celle de l'Europe tout entière ; cependant il serait possible d'y voir des soldats, s'ils étaient aussi nombreux qu'on le prétend. Or, à l'exception des villes dont nous avons parlé, où il y a quelques troupes organisées et sédentaires, il n'existe ailleurs que les miliciens nécessaires pour le service des tribunaux. M. Timkowski, qui, en 1821, conduisit à Péking la mission russe, prit, le plus exactement possible, des renseignements sur l'effectif de l'armée chinoise. Le total qu'il donne dans la relation de son voyage est de sept cent quarante mille neuf cents hommes en y comprenant les Chinois, les Mantchous et les Mongols. Il est probable que le chiffre de M. Timkowski est celui de l'effectif réel, du moins des soldats qui sont inscrits sur le cadre de l'armée ; mais il ne s'ensuit pas pour cela qu'il y ait en Chine sept cent mille hommes en activité de service militaire. Nous pensons qu'il faut encore réduire ce nombre des deux tiers, si l'on veut avoir le chiffre véritable des soldats, c'est-à-dire des hommes qui s'occupent du métier des armes.

Nous avons vécu assez longtemps en Tartarie pour connaître les troupes mongoles; or, elles se composent de bergers nomades, passant leur vie à la garde de leurs troupeaux et ne s'occupant jamais d'exercices militaires. Ils ont bien dans leur tente un long fusil à mèche, et quelquefois un arc et des flèches; mais ils ne s'en servent jamais que pour aller tuer des chèvres jaunes et des faisans. S'ils ont une lance, on est bien sûr qu'ils ne la touchent que pour courir après les loups, qui font la guerre à leurs troupeaux de moutons. Ainsi voilà, pour la division mongole de l'armée impériale, des familles de bergers, sans en excepter ni les enfants à la mamelle, ni les vieillards, car tout fait nombre; on est militaire en naissant, et on reçoit immédiatement sa solde.

Les troupes chinoises ne sont guère plus sérieuses que les mongoles. Leur nombre s'élève, dit-on, à cinq cent mille hommes; elles sont composées, en grande partie, d'artisans et de laboureurs, vivant au sein de leur famille, s'occupant tout à leur aise de la culture de leurs champs ou de leur petite industrie, sans avoir l'air de se douter le moins du monde qu'ils appartiennent à la classe des guerriers. De loin en loin, ils sont obligés d'endosser leur casaque, quand on les convoque pour quelque revue générale, ou pour aller dénicher des bandes de voleurs. A part ces rares circonstances, dans lesquelles ils peuvent même se faire remplacer moyennant quelques sapèques, on les laisse chez eux parfaitement tranquilles. Cependant, comme, au bout du compte, ils sont censés soldats et que l'empereur a le droit de les convoquer en cas de guerre, ils reçoivent annuellement une modique paye insuffisante assurément pour les faire vivre, s'ils n'y ajoutaient les produits de leur travail journalier. Dans certaines localités réputées places fortes de l'empire, presque tous les habitants sont enrôlés de la façon dont nous venons de parler.

Durant la dernière année de notre séjour en Chine, nous étions chargé d'une petite mission dans une province du midi. Une chapelle pour célébrer les saints mystères et réunir les néophytes aux heures de la prière et des instructions religieuses, puis, attenante à la chapelle, une maisonnette avec un petit jardin, le tout entouré de grands arbres, de touffes de bambou et d'une haute muraille en cailloux : telle était notre résidence. Nous vivions là avec deux Chinois, l'un âgé d'une trentaine d'années, et l'autre à peu près du double. Le premier avait le titre de catéchiste ; il nous aidait dans les fonctions du saint ministère, surveillait les affaires du ménage, et formait les enfants chrétiens et les catéchumènes à la manière de chanter les prières publiques. Dans ses moments de loisir, qui étaient encore assez considérables, il s'occupait de couture ; car, primitivement, il avait exercé l'état de tailleur. Du reste, c'était un fort brave homme, de mœurs douces, paisible et sédentaire, disant peu de paroles inutiles, mais trop préoccupé de médicaments et de livres de médecine. Cette manie lui était venue, parce qu'à force de se voir toujours chétif, pâle et maigre, il avait fini par se croire malade ; en conséquence, il voulait se soigner, et pour cela il s'était lancé dans les études médicales.

L'autre, celui qui était âgé d'une soixantaine d'années, ne portait dans la mission aucun titre officiel. Il s'occupait pourtant d'une foule de choses ; la propreté et la bonne tenue de la chapelle et du presbytère le regardaient ; il bêchait, arrosait le jardin et y faisait pousser, tant bien que mal, quelques fleurs et un peu de légumes. Il était chargé de la cuisine, quand il y en avait à faire, et, de plus, il entretenait de fréquentes et longues conversations avec tous ceux qui venaient à la résidence. Sa générosité à offrir du thé à boire et du tabac à fumer l'avait rendu très-populaire. Autrefois il avait été forgeron, et, comme ses nouvelles attributions n'étaient pas bien définies, on avait toujours continué de l'appeler le forgeron *Siao*.

Un jour, ces deux compagnons de notre solitude se présentèrent dans notre chambre, avec une certaine solennité, pour nous demander un conseil. Un inspecteur extraordinaire des troupes venait d'arriver de Péking, et, sous peu, il devait y avoir une revue générale. Or, l'ancien forgeron et l'ancien tailleur étaient bien aises de savoir si nous étions d'avis qu'ils allassent à cette revue. Mais, leur répondîmes-nous, ce sera absolument comme vous voudrez. Si vous pensez que cela doive vous amuser, allez-y ; nous garderons la maison. Pour nous, nous ne tenons nullement à assister à cette parade. Quand nous habitions le nord de l'empire, nous en avons bien assez vu. — Jusqu'ici nous n'y avons jamais été, dit notre catéchiste ; nous avons toujours pu nous en dispenser facilement ; mais on prétend que le nouvel inspecteur exige que tout le monde y soit. Ceux qui ne s'y rendront pas seront notés, puis condamnés à cinq cents coups de rotin et à une forte amende... Nous trouvâmes que cet inspecteur extraordinaire était, en effet, un homme bien prodigieux, que d'exiger la présence de tout le monde à sa revue, sous peine d'être assommé et ruiné. — Il faudra donc, leur dîmes-nous, que nous allions aussi à la revue ? — Le Père spirituel pourra aller regarder, si bon lui semble ; mais, nous autres soldats de l'empereur, nous sommes tenus d'y assister. — Vous autres soldats ! nous écriâmes-nous, en contemplant de haut en bas nos deux chrétiens... Nous pensâmes qu'ils avaient peut-être voulu dire tout simplement qu'ils étaient sujets de l'empereur ; nous craignîmes de les avoir mal compris ; mais pas du tout, ils étaient soldats bien positivement, et depuis fort longtemps. Il y avait plus de deux ans que nous les connaissions, sans qu'il nous en fût jamais venu le plus petit soupçon, ce qui, nous devons en convenir, ne fait guère l'éloge de notre sagacité. Lorsqu'il y avait des corvées, des revues ou des exercices, ils étaient dans l'habitude de louer pour remplaçant le premier venu qui se trouvait à leur portée. Notre catéchiste nous avoua qu'il n'avait de sa vie touché un fusil, qu'il en avait peur, et qu'il ne se sentirait pas même la force de mettre le feu à un pétard.

Notre conscience se trouvant suffisamment éclairée sur la véritable position sociale de ces deux fonctionnaires de la mission, nous leur dîmes qu'ayant le titre de soldats et en recevant les émoluments, ils devaient en remplir les fonctions, du moins dans les occasions extraordinaires, que la menace du rotin et de l'amende était une preuve non équivoque de la volonté expresse de l'inspecteur, et que les chrétiens étaient spécialement tenus de donner le bon exemple de l'obéissance et du patriotisme. Il fut donc convenu qu'ils s'arrangeraient pour aller où le devoir et l'honneur les appelaient; et, de notre côté, nous prîmes bien la résolution de nous rendre à cette parade, qui promettait déjà de présenter un coup d'œil assez ravissant.

Le jour fixé étant venu, nos deux vétérans de l'armée impériale déjeunèrent solidement, de grand matin, et vidèrent un large vase de vin chaud pour se donner force et courage; ils cherchèrent ensuite à se déguiser en soldats. Le travail ne fut ni long ni difficile ; ils n'eurent qu'à substituer à leur petite calotte noire un chapeau en paille, de forme conique, et recouvert d'une houppe de soie rouge, et qu'à endosser par-dessus leurs habits ordinaires une tunique noire à larges bordures rouges. Cette tunique portait devant et derrière un écusson en toile blanche, sur lequel était dessiné en grand le caractère *ping*, qui veut dire soldat ; la précaution n'était pas inutile, car, sans cette étiquette, il eût été souvent facile de faire de singulières méprises ; ainsi, par exemple, notre catéchiste, avec sa petite figure blême, son corps fluet et rétréci, et ses yeux larmoyants, toujours modestement baissés, n'avait certainement pas la tournure bien guerrière ; cependant il n'y avait pas à se méprendre. Qu'on le vît par devant ou par derrière, il n'y avait qu'à lire l'inscription sur son dos ou sur sa poitrine, *c'était un soldat!* Avec cet uniforme, ils reprirent, l'un un fusil et l'autre un arc, puis ils se rendirent fièrement au champ de Mars.

Un instant après qu'ils furent partis, nous fermâmes à clef la porte de notre résidence et nous allâmes faire le curieux. Cette grande exhibition militaire devait avoir lieu, en dehors de la ville, dans une vaste plaine sablonneuse, qui s'étend le long des remparts; les guerriers arrivaient de tous les côtés, par petites bandes : ils étaient accoutrés de toutes les façons, suivant la bannière à laquelle ils appartenaient; leurs armes, qui se dispensaient de reluire aux rayons du soleil, étaient d'une grande variété; il y avait des fusils, des arcs, des piques, des sabres, des tridents et des scies au bout d'un long manche, des boucliers en rotin et des coulevrines en fer, ayant pour affût les épaules de deux individus. Au milieu de cette bigarrure nous remarquâmes pourtant une certaine uniformité; tout le monde avait une pipe et un éventail; le parapluie n'était pas sans doute de tenue, car ceux qui en portaient un sous le bras étaient en minorité.

A une des extrémités du camp on avait élevé sur une éminence une estrade en planches, abritée par un immense parasol rouge, et ornée de drapeaux, de banderoles, et de quelques grosses lanternes dont on n'avait nul besoin pour y voir, attendu que le soleil était tout resplendissant; elles avaient peut-être un sens allégorique, et signifiaient probablement que les miliciens étaient en présence de juges éclairés. L'inspecteur extraordinaire de l'armée impériale et les principaux mandarins civils et militaires de la ville étaient sur cette estrade, assis dans des fauteuils devant de petites tables chargées de théières et de boîtes remplies d'excellent tabac à fumer; à un angle du théâtre était un domestique tenant à la main une mèche fumante, non pas pour mettre le feu aux canons, mais pour allumer les pipes. Sur divers points du camp d'évolution on voyait plusieurs forts détachés, fabriqués avec des bambous et du papier peint.

Le moment de commencer étant arrivé, on fit partir au pied de l'estrade une petite coulevrine pendant que les juges se protégeaient les oreilles avec les deux mains pour n'être pas assourdis par cette effroyable détonation. Alors on hissa un pavillon jaune au haut d'un fort, les tam-tam résonnèrent avec furie, et les soldats coururent pêle-mêle, et en poussant de grands cris, se grouper autour du drapeau de leur compagnie; là ils cherchèrent à se mettre un peu en ordre sans trop pouvoir y réussir; bientôt on simula un combat, et la mêlée, chose à laquelle on réussit le mieux, ne se fit pas attendre. Il est impossible d'imaginer rien de plus comique et de plus bizarre que les évolutions des soldats chinois; ils avancent, reculent, sautent, pirouettent, font des gambades, s'accroupissent derrière leur bouclier comme pour guetter l'ennemi; puis se relèvent tout à coup, distribuent des coups à droite et à gauche, et se sauvent à toutes jambes en criant: Victoire! victoire! On dirait une armée de saltimbanques dont chacun est occupé à jouer un tour de sa façon; nous en remarquâmes un très-grand nombre qui ne faisaient que courir, tantôt d'un côté et tantôt d'un autre, sans but déterminé, et probablement parce qu'ils ne savaient trop que faire de leur personne ; nous ne pûmes nous tirer de l'esprit que nos deux chrétiens, le catéchiste et le jardinier, devaient nécessairement se trouver dans cette catégorie de soldats.

Tant que dure le combat, deux officiers, placés aux deux extrémités de l'estrade, agitent continuellement un drapeau, et indiquent, par la rapidité plus ou moins grande de ses mouvements, le degré de chaleur de l'action ; aussitôt que les drapeaux s'arrêtent, les combattants en font autant, et chacun retourne à son poste ou aux environs, car on n'y regarde pas de trop près.

Après cette grande bataille, on fit manœuvrer des compagnies d'élite qui paraissaient assez bien exercées ; leurs évolutions se faisaient pourtant toujours remarquer par une extrême bizarrerie. L'artillerie anglaise avait dû avoir bien beau jeu avec des ennemis dont l'habileté consiste à faire des cabrioles ou à se tenir longtemps en équilibre sur une jambe, à la façon des pénitents hindous. Les fusiliers et les archers s'exercèrent ensuite à tirer à la cible ; leur adresse fut remarquable. Les fusils chinois sont sans crosse, ils ont seulement une poignée comme les pistolets ; lorsqu'on tire le coup, on n'appuie pas l'arme contre l'épaule ; on tient le fusil du côté droit, à la hauteur de la hanche, et avant de faire tomber sur l'amorce un crochet qui soutient une mèche allumée, on se contente de bien fixer les yeux sur le but qu'on veut frapper. Nous avons remarqué que cette manière de faire avait un grand succès ce qui prouverait peut-être que, pour bien tirer un coup de fusil, il est moins nécessaire de viser avec le bout du canon que de bien regarder l'objet, absolument comme lorsqu'on veut frapper un but en lançant une pierre.

Le tir des petites coulevrines fut, sans comparaison, ce qu'il y eut de plus divertissant pendant la parade. Nous avons dit qu'elles n'avaient pas d'affût et qu'elles étaient portées solennellement par deux soldats, ayant chacun un bout de la coulevrine appuyé sur l'épaule gauche, et retenu par la main droite. On ne saurait s'imaginer rien de plus pittoresque que la figure de ces malheureux quand on mettait le feu à la machine ; ils tenaient à montrer de la sérénité et de la grandeur d'âme ; on voyait qu'ils faisaient des efforts pour être impassibles; mais la position était si critique, et les muscles de leur face prenaient des formes tellement inusitées, qu'il en résultait des grimaces étonnantes. Le gouvernement impérial, dans sa paternelle sollicitude à l'égard de ces infortunés porte-coulevrines, a prescrit que, avant l'exercice, on leur tamponnerait soigneusement les oreilles avec du coton; quoique placé à une distance assez éloignée, il nous fut facile de constater qu'on ne leur avait pas épargné la précaution. On comprend qu'avec un tir de cette façon il ne doit pas être très-facile de viser ; aussi s'en met-on peu en peine, et le boulet s'en va où il peut. Pendent les exercices on a la prudence de ne tirer jamais qu'à poudre.

Lorsque la guerre a lieu en Tartarie ou dans les pays où l'on trouve des chameaux, il paraît que ces quadrupèdes sont chargés de mettre les coulevrines en batterie en les portant entre leurs bosses. Dans une série de tableaux représentant les campagnes de l'empereur Khang-hi dans le pays des Oeleuts, nous avons rencontré un grand nombre de ces batteries de chameaux. On peut se faire une idée, d'après cela, de la difficulté que doivent éprouver les troupes européennes dans une guerre contre les Chinois.

La revue se termina par une attaque générale des forts détachés. Il nous serait impossible de dire et d'expliquer ce qu'on fit, parce que nous n'y comprîmes absolument rien. Tout ce que nous savons, c'est qu'on exécuta de longues et inimaginables évolutions, et qu'à plusieurs reprises on poussa des clameurs étourdissantes. Enfin les drapeaux cessèrent de s'agiter ; les juges de l'estrade se levèrent en criant victoire ; l'armée tout entière répéta trois fois la même acclamation, et un de nos voisins, qui, sans doute, avait l'intelligence de ce qui avait eu lieu, nous avertit que tous les forts, sans exception, avaient été emportés avec une rare intrépidité.

Nous retournâmes à notre résidence où nous vîmes bientôt revenir nos deux héros, couverts de poussière, de gloire et de sueur. Nous les questionnâmes beaucoup sur les exercices militaires auxquels ils venaient de se livrer avec tant de succès ; mais ils ne purent pas nous donner des renseignements bien précis ; ils ne surent pas même nous dire quel rôle ils avaient joué au milieu de toutes ces évolutions. D'après leur propre témoignage, les deux tiers des soldats n'étaient pas plus habiles qu'eux, et se contentaient de suivre la direction et les mouvements des troupes d'élite. Ainsi on voit que, sur les cinq cent mille hommes composant, dit-on, la division chinoise, il y a à faire une forte réduction.

Le nombre des troupes mantchoues est à peu près évalué à soixante mille hommes. Nous pensons que ces soldats sont habituellement sous les armes et qu'ils s'occupent avec assiduité de leur métier. Le gouvernement y veille avec soin, car l'empereur a grand intérêt à ce que ses troupes ne s'endorment pas dans l'inaction et conservent un peu de ce caractère guerrier qui leur a fait conquérir l'empire. On les traite, dit-on, avec beaucoup de sévérité ; les infractions et les négligences dans le service sont toujours rigoureusement punies, tandis que les troupes mongoles et chinoises sont abandonnées à elles-mêmes. Il est même probable que la dynastie régnante favorise, jusqu'à un certain point, l'ignorance et l'inactivité des Chinois et des Mongols, afin de maintenir les Mantchous dans leur état de supériorité, et de se réserver un facile moyen de défense en cas de révolte ou de sédition. Si les cinq cent mille soldats chinois étaient formés au maniement des armes et à la discipline militaire aussi bien que les Mantchous, il suffirait d'un instant pour expulser de la Chine la race conquérante (1).

La marine de l'empire chinois est de niveau avec son armée de terre ; elle se compose à peu près de trente mille marins distribués sur une quantité considérable de jonques de guerre. Ces bâtiments, très-élevés à la poupe et à la proue, d'une construction grossière et portant une voilure en nattes de bambou, manœuvrent très-difficilement ; incapables d'entreprendre des voyages de long cours, ils se contentent de parcourir les côtes et les grands fleuves, pour donner la chasse aux pirates qui paraissent fort peu les redouter. Les formes des jonques de guerre, de celles surtout qui naviguent dans l'intérieur de l'empire, sont très-variées. Il est à remarquer

(1) Nous avons cru ne devoir rien changer à nos appréciations, écrites avant l'insurrection chinoise.

que, à quelques rares exceptions près, le fleuve Bleu a été, dans toutes les époques, le principal théâtre des batailles navales que les Chinois ont eu à soutenir. Elles étaient très-fréquentes dans le temps où l'empire était divisé en deux. Les noms que portent les jonques servent quelquefois à donner une idée de leur forme. Ainsi, par exemple, on distingue le *Centipède*, à cause de ses trois rangées de rames représentant les nombreuses pattes de ce hideux insecte; le *Bec d'épervier*, dont les deux extrémités également recourbées et possédant chacune un gouvernail lui permettent d'aller en avant et en arrière, sans virer de bord; la *Jonque à quatre roues*, deux à la proue et deux à la poupe, que des hommes font aller en tournant une manivelle. Ces bâtiments à roues remontent à une très-haute antiquité, et il n'a manqué à ce peuple inventif que l'application de la puissance de la vapeur, pour avoir en entier la découverte de Fulton.

La bizarrerie des peintures vient encore le plus souvent ajouter à l'étrangeté des formes des jonques. On cherche à leur donner l'aspect d'un poisson, d'un reptile ou d'un oiseau. Ordinairement on voit à la proue deux yeux énormes, chargés, sans doute, d'épouvanter l'ennemi par l'atrocité de leur regard. Malgré toutes ces monstruosités, ce qui frappe encore le plus un étranger, c'est le désordre et la confusion qui règnent à l'intérieur. On rencontre souvent plusieurs ménages réunis, et il n'est pas rare de voir sur le pont des maisonnettes construites tout bonnement en maçonnerie. Les marins européens ont pourtant toujours admiré l'ingénieuse idée qu'ont eue les Chinois de diviser le fond de leurs jonques en divers compartiments séparés l'un de l'autre, de sorte qu'une voie d'eau ne peut jamais entraîner qu'un dommage partiel. C'est probablement à cause de l'efficacité de ce moyen qu'on n'a pas jugé nécessaire d'établir des pompes à bord.

Le gouvernement militaire de chaque province, placé, comme l'administration civile, sous la direction du vice-roi, comprend à la fois les forces de terre et de mer. En général, les Chinois font peu de différence entre ces deux genres de forces militaires, et les grades des deux services ont les mêmes noms. Les généraux des troupes sont appelés *ti-tou;* ils sont au nombre de seize, dont deux seulement appartiennent à la marine exclusivement. Ces officiers supérieurs ont chacun un quartier général, où ils réunissent la plus grande partie de leur brigade, et répartissent le reste dans les différentes places de leur commandement. Il y a en outre, comme nous l'avons déjà fait remarquer, plusieurs places fortes occupées par des troupes tartares et commandées par un kiang-kiun tartare, qui n'obéit qu'à l'empereur. Les amiraux, *ti-tou*, et les vice-amiraux, *tsoung-ping*, résident habituellement à terre et laissent le commandement des escadres à des officiers secondaires.

Les grades des mandarins militaires correspondent à ceux des mandarins civils, et sont également conférés à la suite des examens que les candidats sont obligés de subir dans les provinces ou à Péking, suivant l'importance des grades; ainsi il y a des bacheliers et des docteurs ès guerre aussi bien que des bacheliers et des docteurs ès lettres. Les aspirants aux divers degrés de la hiérarchie militaire sont examinés sur certains livres de tactique, mais surtout sur leur habileté à tirer de l'arc, à monter à cheval, à soulever et à lancer des pierres énormes, à escalader les murailles, à faire des tours de force, et à exécuter grand nombre d'exercices gymnastiques inventés pour tromper et effrayer l'ennemi. La littérature n'est pas entièrement exclue de ces examens; on exige des bacheliers qu'ils soient capables d'expliquer les livres classiques, et de faire une petite composition littéraire.

D'après tout ce que nous venons de dire, on peut se former une certaine idée de l'armée chinoise. Il n'existe pas, peut-être, dans le monde entier, de plus misérables troupes, ni de plus mal équipées, de plus indisciplinées, de plus insensibles à l'honneur, de plus ridicules, en un mot; assez fortes pour écraser par le nombre des hordes du Turkestan ou des bandes de voleurs, elles ont prouvé, dans la dernière guerre contre les Anglais, qu'elles étaient incapables de résister à des soldats européens, même dans la proportion de cinquante contre un. Cette complète nullité de l'armée chinoise tient à plusieurs causes, dont les principales sont la longue paix dont l'empire jouit depuis plusieurs siècles, car les petites guerres qu'elle a eu à soutenir sont insuffisantes pour ranimer chez un peuple l'esprit guerrier, la politique de la dynastie mantchoue qui cherche à tenir les Chinois dans l'impuissance de secouer le joug, l'entêtement du gouvernement à ne vouloir admettre aucune réforme dans la tactique et les armes des temps anciens, enfin le discrédit qu'on cherche à répandre sur l'état militaire. Un soldat, selon l'expression chinoise, est un homme *antisapèque*, c'est-à-dire sans prix, sans valeur, un homme qui ne peut pas être représenté par un denie. Un mandarin militaire n'est rien à côté d'un officier civil; il ne doit agir que d'après l'impulsion qu'on lui donne ; il est le représentant de la force, de la matière, une machine à laquelle l'intelligence du lettré doit imprimer le mouvement.

Ces causes, pourtant, sont purement accidentelles, et nous ne pensons pas que les Chinois soient radicalement incapables de faire de bons soldats. Ils sont susceptibles de beaucoup de dévouement, et même d'un grand courage. Leurs annales sont aussi remplies de traits héroïques que celles des Grecs, des Romains et des peuples les plus guerriers. Quand on parcourt l'histoire de leurs longues révolutions et de leurs guerres intestines, on est souvent saisi d'admiration en voyant des populations entières, hommes, femmes, enfants, vieillards, tous, en un mot, soutenir, avec acharnement et enthousiasme, des siéges horribles, et défendre, jusqu'à complète extermination, les murs de leurs cités. Que de fois les tableaux de ces luttes grandioses nous ont reporté à des temps plus modernes en nous rappelant la sublime défense de Saragosse! Nous avons remarqué, à plusieurs époques, des dévouements semblables à celui de ce fameux Russe qui eut le sombre et épouvantable courage de réduire Moscou en cendres pour sauver sa patrie. Et, dans les premiers temps de la dynastie mantchoue, les Chinois n'ont-ils pas eu le patriotisme et l'énergie de ravager eux-mêmes les côtes jusqu'à la distance de vingt lieues dans l'intérieur des terres, de renverser de fond en comble les villages et les cités, d'incendier les forêts et les moissons, de faire enfin un immense désert, pour anéantir la puissance d'un formidable pirate, qui depuis longtemps tenait en échec toutes les forces de l'empire?

On a beaucoup ri, beaucoup plaisanté de la manière dont se comportaient les soldats chinois devant les troupes anglaises. Après les premières décharges, on les voyait se débarrasser de leurs armes et prendre la fuite à toutes jambes, comme ferait un troupeau de moutons au milieu duquel une bombe éclaterait tout à coup. On en a conclu que les Chinois étaient des hommes essentiellement lâches, sans énergie et incapables de se battre. Ce jugement nous paraît injuste. Nous avons toujours pensé que, dans ces circonstances, les soldats chinois avaient tout bonnement fait preuve de bon sens. Les moyens de destruction employés par les deux partis étaient tellement disproportionnés, qu'il ne pouvait plus y avoir lieu à montrer de la bravoure. D'un côté, des flèches et des arquebuses à mèche, et, de l'autre, de bons fusils de munition et des canons chargés à mitraille. Quand il était question de détruire une ville maritime, c'était la chose la plus simple du monde; une frégate anglaise n'avait qu'à s'embosser tranquillement à une distance voulue, puis, pendant que l'état-major, attablé sur la dunette, manœuvrait tout à son aise avec du champagne et du madère, les matelots bombardaient méthodiquement la ville, qui, avec ses mauvais canons, ne pouvait guère envoyer des boulets qu'à moitié chemin de la frégate. Les maisons et les édifices publics s'écroulaient de toute part, comme frappés de la foudre, l'artillerie anglaise était pour ces malheureux quelque chose de si terrible, de si surhumain, qu'ils finirent par s'imaginer avoir à combattre contre des êtres surnaturels. Comment avoir du courage dans une lutte semblable? Incapables d'atteindre un ennemi qui les foudroyait tout à son aise, ils n'avaient qu'à se sauver, et c'est ce qu'ils firent, selon nous, avec beaucoup de prudence et de sagesse. Le gouvernement seul était blâmable de pousser au combat des milliers d'hommes, sans armes, en quelque sorte, et sans moyens de défense ; c'était les envoyer à une mort certaine et inutile. Les troupes anglaises sont assurément pleines de valeur ; mais si un jour il arrivait, ce qu'à Dieu ne plaise, qu'elles n'eussent, pour défendre leur pays contre une armée européenne, que les flèches et les arquebuses conquises sur les Chinois, elles seraient, nous en sommes convaincu, bientôt au bout de leur incomparable bravoure.

Il est probable qu'il serait possible de trouver en Chine tous les éléments nécessaires pour organiser l'armée la plus formidable qui ait jamais paru dans le monde. Les Chinois sont intelligents, ingénieux, d'un esprit prompt et plein de souplesse. Ils saisissent rapidement ce qu'on leur enseigne, et le gravent aisément dans leur mémoire. Ils sont, de plus, persévérants et d'une activité étonnante, quand ils veulent s'en donner la peine ; d'un caractère soumis et obéissant, respectueux envers l'autorité, on les verrait se plier sans effort à toutes les exigences de la discipline la plus sévère. Les Chinois possèdent, en outre, une qualité bien précieuse dans des hommes de guerre, et qu'on ne trouverait peut-être nulle part aussi développée que chez eux : c'est une incroyable facilité à supporter les privations de tout genre. Nous avons été souvent étonné de les voir endurer, comme en se jouant, la faim, la soif, le froid, le chaud, les difficultés et les fatigues des longues courses. Ainsi, sous le rapport intellectuel et physique, ils ne paraissent laisser rien à désirer. Pour ce qui est du nombre, on en aurait par millions tant qu'on voudrait.

L'équipement de cette immense armée serait encore, probablement, peu difficile. Il ne serait pas nécessaire d'avoir recours aux nations étrangères ; on trouverait abondamment dans leur pays tout le matériel désirable, et des ouvriers sans nombre, bien vite au courant des nouvelles inventions.

La Chine offrirait surtout des ressources incomparables pour la marine. Sans parler de la vaste étendue de ses côtes, où de nombreuses populations passent en mer la majeure partie de leur vie, les grands fleuves et les lacs immenses de l'intérieur, toujours encombrés de pêcheurs et de jonques de commerce, pourraient fournir des multitudes d'hommes habitués dès leur enfance à la navigation, agiles, expérimentés, et capables de devenir d'excellents marins pour les longues expéditions. Les officiers de nos navires de guerre, qui ont parcouru les mers de Chine, ont été souvent déconcertés de rencontrer au large, fort loin des côtes, des pêcheurs affrontant audacieusement la tempête, et conduisant avec habileté leurs mauvaises barques à travers les vagues énormes qui menaçaient à chaque instant de les engloutir. La construction des navires sur le modèle de ceux des Européens ne leur offrirait aucune difficulté, et il ne leur faudrait que peu d'années pour lancer à la mer des flottes telles qu'on n'en a jamais vu.

Nous comprenons que cette armée immense, ces

avalanches d'hommes descendant du plateau de la haute Asie, comme au temps de Tchinggis-khan, et ces innombrables bâtiments chinois sillonnant toutes les mers, et venant encombrer nos ports, tout cela doit paraître bien fantastique à nos lecteurs. Nous sommes nous-même assez porté à croire que ces choses ne se réaliseront pas, et cependant, quand on connaît bien la Chine, cet empire de trois cents millions d'habitants, quand on sait combien il y a de ressources dans les populations et dans le sol de ces riches et fécondes contrées, on se demande ce qui manquerait à ce peuple pour remuer le monde et exercer une grande influence dans les affaires de l'humanité. Ce qui lui manque, c'est peut-être un homme, et voilà tout ; mais un homme d'un vaste génie, un homme vraiment grand, capable de s'assimiler tout ce qu'il y a encore de puissance et de vie dans cette nation, plus populeuse que l'Europe, et qui compte plus de trente siècles de civilisation. S'il venait à surgir un empereur à larges idées et doué d'une volonté de fer, un esprit réformateur, déterminé à briser hardiment avec les vieilles traditions, pour initier son peuple aux progrès de l'Occident, nous pensons que cette œuvre de régénération marcherait à grands pas, et qu'un temps viendrait, peut-être, où ces Chinois, qu'on trouve aujourd'hui si ridicules, pourraient être pris au sérieux, et donner même de mortelles inquiétudes à ceux qui convoitent si ardemment les dépouilles des vieilles nations de l'Asie.

Le jeune prince mantchou qui, en 1850, est monté sur le trône impérial, ne sera pas probablement le grand et puissant réformateur dont nous parlons. Il a inauguré sa politique en faisant dégrader ou mettre à mort les quelques hommes d'État qui, sous le règne précédent, pressés par les canons de l'Angleterre, s'étaient vus dans la nécessité de faire des concessions aux Européens. Les hauts dignitaires qui forment son conseil ont été choisis parmi les partisans les plus obstinés des vieilles traditions et de l'ancien régime ; à la place des sentiments de tolérance que manifestaient les autorités des cinq ports ouverts au commerce, ont succédé toutes les antipathies traditionnelles. On a usé de tous les moyens pour éluder les traités ; sous l'influence de la nouvelle politique, les relations entre les consuls et les mandarins se sont envenimées, et les quelques concessions de l'empereur défunt sont devenues presque illusoires.

Il est évident, pour les moins clairvoyants, que le but du gouvernement mantchou est de dégoûter les Européens et de rompre avec eux ; il n'en veut à aucun prix. Cependant la Chine se trouve maintenant trop rapprochée de l'Europe pour qu'il lui soit permis de mener encore longtemps, au milieu du monde, une vie solitaire et isolée ; si la dynastie tartare ne prend elle-même l'initiative d'un changement de politique, elle y sera forcée tôt ou tard par son contact avec les peuples occidentaux, ou peut-être encore par l'insurrection qui, depuis quelque temps, a éclaté dans les provinces méridionales, et qui, faisant tous les jours de rapides progrès, pourrait fort bien tourner à une révolution sociale, et changer complétement la face de l'empire. Notre séjour dans la ville de Kin-tcheou, à la suite de l'émeute occasionnée par les jeux nautiques, nous prouva que les Mantchous ne jouissaient pas d'une grande popularité, et que les

Chinois ne demanderaient qu'une bonne occasion pour s'en débarrasser.

Nous nous arrêtâmes deux jours à Kin-tcheou, dans le but de faire bien reposer nos naufragés, et de leur donner le temps nécessaire pour recomposer du mieux possible leur petit équipement. Les autorités de la ville étant tout à fait absorbées par les graves événements qui venaient de se passer, nous respectâmes leurs préoccupations et n'eûmes avec elles que les rapports indispensables; nous les vîmes cependant assez pour les décider à indemniser les hommes de l'escorte qui avaient perdu leur bagage dans le fleuve Bleu. La répartition se fit avec une générosité si inespérée, que presque tout le monde se trouva plus riche après qu'avant le naufrage.

Notre dernière navigation avait été si malheureuse, que personne n'eut envie de recommencer; maître Ting lui-même crut prudent de mettre un frein à son ardeur pour les spéculations; il lui sembla que les bénéfices réalisés, en doublant par eau les étapes, ne valaient pas la peine de s'exposer au danger d'avoir le mal de mer et de se noyer; gagner sa journée régulièrement, et sur terre, était chose plus sûre. Les mandarins de Kin-tcheou n'eussent d'ailleurs jamais consenti à nous laisser embarquer, de peur de tomber dans les mêmes embarras que le préfet de Song-tche-hien; pour nous, quoique moins fatigués en voyageant par eau que par terre, et persuadés que, de part et d'autre, il y avait à peu près une égale somme de dangers et d'inconvénients, nous ne voulûmes pas, cependant, suivre notre attrait particulier et nous décider en faveur du fleuve Bleu.

Nous nous contentâmes d'avertir maître Ting que nous ferions route avec la même indifférence, par terre ou par eau, sur une barque ou dans un palanquin.

Ce fut en palanquin que nous partîmes de Kin-tcheou. Nous laissâmes cette ville dans un état semblable à celui où nous l'avions trouvée en arrivant; son mouvement commercial ne s'était pas encore rétabli, les boutiques restaient à moitié fermées, et le petit nombre d'habitants qu'on rencontrait dans les rues avaient le regard plein de méfiance et de mécontentement; toutefois cette teinte sombre et rembrunie ne dépassait pas les limites de la ville. En dehors des murs nous retrouvâmes les Chinois avec leur caractère gai, alerte et empressé; dans la campagne surtout on paraissait peu se préoccuper de la querelle des jeux nautiques; chacun était à ses travaux; la nature entière, gracieuse, souriante, et dans la plus parfaite harmonie, semblait vouloir nous faire oublier l'aspect triste et soucieux de la ville; les fleurs, encore humides et brillantes de rosée, s'épanouissaient aux premiers rayons du soleil; les oiseaux folâtraient parmi les moissons, se poursuivaient dans le feuillage des arbres, puis allaient se poster à l'écart sur une branche pour se renvoyer mutuellement de délicieuses mélodies. Le long de la route nous rencontrions des bandes de petits enfants chinois, coiffés d'un large chapeau de paille, et faisant brouter l'herbe des fossés par des chèvres, des ânes, d'énormes buffles, ou quelque maigre cheval; on entendait de loin le gazouillement de ces marmots, on les voyait sauter et cabrioler sans se préoccuper assurément de la race tartare-mantchoue; les uns essayaient de grimper sur les buffles et de s'y tenir à califourchon, tandis que les autres harcelaient l'animal pour procurer la culbute du cavalier. Quand nos palanquins arrivaient, tous ces petits tapageurs gardaient un profond silence et prenaient une attitude grave, modeste, mais où il était toujours facile de démêler plus de malice que d'ingénuité ; à peine les palanquins étaient-ils passés, que leur folâtrerie, un instant comprimée, reprenait sa revanche. Après nos tristes aventures sur le fleuve Bleu, et deux journées passées dans une ville encore agitée par le souffle de la discorde, l'aspect toujours ravissant et enchanteur d'une belle campagne nous fit du bien ; la tristesse dont nous étions accablés se dissipa peu à peu, et nous sentîmes que la douceur et la sérénité de l'air passaient en quelque sorte dans nos pensées.

Ce suave épanouissement de notre âme ne dura guère plus que celui des fleurs des champs. Quel prodige d'énergie et de faiblesse que le cœur de l'homme ! S'il faut peu de chose pour le relever et le fortifier, un souffle aussi est capable de l'abattre. L'aspect de la campagne et la fraîcheur de la matinée avaient suffi pour nous vivifier ; mais, aussitôt que les ardeurs du soleil et la pesanteur de l'atmosphère eurent courbé les plantes et flétri les pétales des fleurs, nous aussi nous tombâmes dans l'affaissement ; à mesure que l'air et la terre s'échauffaient, la brise, qui soufflait le matin, s'affaiblit insensiblement, et, vers midi, elle tomba tout à fait ; alors nous n'eûmes plus, pour ainsi dire, que du feu à respirer. Les Chinois, quoique habitués à ces redoutables chaleurs, étaient comme suffoqués ; de temps en temps nous allions nous reposer à l'ombre des grands arbres que nous rencontrions sur la route ; mais nous étions partout comme dans une fournaise, et, à l'ombre même, on n'éprouvait pas une différence sensible.

Cette affreuse journée fut suivie d'une nuit encore plus fatigante ; outre que le temps s'était très-peu rafraîchi, nous fûmes torturés, sans relâche, par des essaims de moustiques qui changèrent en long supplice nos heures de repos. Nous nous trouvions alors dans un pays plat, humide, marécageux, où ces abominables insectes pullulent d'une manière incroyable ; comme ils redoutent les fortes chaleurs, ils vont, pendant la journée, se réfugier sous les herbes, au bord de l'eau, ou dans les endroits les plus sombres ; quand vient la nuit, ils sortent de leurs repaires, inquiets, affamés, pleins de colère, et se ruent avec acharnement sur leurs malheureuses victimes ; il est impossible de s'en préserver, car ils savent si bien s'insinuer par les plus petites ouvertures, que bientôt le moustiquaire en est encombré. Ceux qui ont eu occasion de faire connaissance avec les moustiques doivent comprendre ce que doit être une nuit passée en leur compagnie.

Tout faisait présumer que ce temps durerait encore pendant plusieurs jours. Nous nous sentions si incapables de continuer notre voyage dans une pareille saison, que nous résolûmes de nous arrêter au premier poste convenable pour y laisser passer les chaleurs caniculaires. Nous étions sur le point de manifester ce plan à nos conducteurs, lorsque notre domestique eut une idée magnifique. Il paraît, nous dit-il, que, depuis quelques jours, vous ne vivez pas avec bonheur? — Tu as raison, Wei-chan, lui répondîmes-nous, nous souffrons beaucoup ; nos forces sont épuisées. — Qui en douterait? Quand on a de grandes fatigues le jour et point de repos la nuit, d'où viendraient les forces? Voici l'époque où les rayons du soleil et les piqûres des moustiques sont redoutables ; il paraît pourtant qu'on pourrait se mettre à l'abri des uns et des autres. — Tu crois vraiment qu'il y aurait un moyen? — Oui, et fort simple ; les moustiques eux-mêmes me l'ont indiqué. Ces insectes dorment le jour et voyagent la nuit. Il n'y a qu'à faire comme eux ; voilà le moyen de se mettre à l'abri du soleil et des moustiques... Cette idée nous parut excellente. — Bien trouvé ! dîmes-nous à notre domestique, tu es un homme de ressource, ton avis est plein de simplicité et de sagesse, et tu verras ce soir que nous essayerons de le mettre en pratique.

Quand Wei-chan eut cette soudaine et heureuse illumination, nous étions au moment le plus chaud de la journée, assis sous le vestibule de la petite pagode d'un village. Nous avions déjà parcouru la moitié de notre route et nous nous reposions un peu avant de continuer. Les paysans de l'endroit s'étaient empressés de nous apporter des provisions et de profiter de notre passage pour gagner quelques sapèques. Pendant que nous cherchions à éteindre le feu qui nous consumait, en avalant de grandes tasses de thé et en mâchant des morceaux de canne à sucre, nos mandarins se rafraîchissaient en fumant l'opium dans l'étroite cellule du bonze. Les soldats et les porteurs de palanquin, étendus sur le chemin, dormaient profondément au milieu de la poussière et sous les rayons d'un soleil dévorant ; notre domestique, seul avec nous à l'ombre du large toit de la pagode, nous faisait part de la méthode qu'il venait d'imaginer pour nous préserver du chaud et des moustiques.

Aussitôt que nous fûmes arrivés à la station où nous devions passer la nuit, nous communiquâmes notre projet à maître Ting et au premier magistrat du lieu. D'abord on nous fit de l'opposition; on trouva qu'il n'était pas bon, qu'il était même très-mauvais de voyager après le crépuscule du soir, et le grand motif, c'est que la chose était inusitée et qu'il ne fallait pas intervertir l'ordre du jour et de la nuit. On voyait bien qu'il y avait, dans ce nouveau plan, des avantages incontestables; mais que dirait-on, que penseraient les gens du pays, en nous voyant aller ainsi contre tous les usages? Tout ce que nous pouvions alléguer venait se briser contre cette raison fondamentale. Nous avions bien un moyen fort simple de mettre le magistrat de notre côté; il n'y avait qu'à dire très-sérieusement que, étant dans l'impossibilité de voyager avec les fortes chaleurs de l'été, nous allions attendre des jours plus frais et nous reposer jusqu'à l'automne; mais nous aimâmes mieux lui faire comprendre que, étant d'un pays où l'on avait l'habitude de voyager encore plus de nuit que de jour, il n'était pas convenable de nous empêcher de suivre nos usages. Ce motif fit quelque impression, et une estafette monta immédiatement à cheval pour aller avertir sur la route qu'à l'avenir nous ferions nos étapes pendant la nuit.

On remarque toujours, dans le caractère chinois, non pas le calme et la gravité du philosophe, comme bien des gens se l'imaginent en Europe, mais, au contraire, la légèreté et la versatilité de l'enfant. Ainsi, dans cette circonstance, les gens de l'escorte paraissaient généralement répugner à notre nouveau plan de voyage; aussitôt que la détermination fut prise et qu'il fut bien arrêté que nous partirions le soir même, tout le monde était dans l'impatience. Les mandarins et les soldats riaient, chantaient, folâtraient et se promettaient un bonheur infini. On ne voulait pas même se donner le temps de prendre le repas du soir et de faire les préparatifs nécessaires ; à chaque instant on venait nous trouver pour nous dire qu'il était nuit et qu'il fallait se mettre en route. Maître Ting entra brusquement dans la chambre où nous nous étions retirés pour réciter nos prières et fit rouler à nos pieds, avec un grand fracas, comme un énorme paquet de bûches qu'il portait sur ses épaules. Tenez, dit-il, voilà de belles torches en bois résineux, pour nous éclairer en chemin ; ça sera beau à voir... Et, en disant cela, il trépignait de joie comme un enfant. Nous lui fîmes observer qu'il nous dérangeait, et il en fut quitte pour recharger son paquet de torches.

Enfin, vers dix heures du soir, nous quittâmes le palais communal. En traversant la ville nous ne remarquâmes pas que notre manière d'aller eût rien de bien extraordinaire. Les rues chinoises sont tellement sillonnées de lanternes de toute grandeur, de toute forme et de toute couleur, que la petite illumination que nous traînions à notre suite se confondait avec ces nombreuses lumières, dont nos yeux étaient éblouis. Cependant, lorsque nous fûmes un peu loin dans la campagne, nous pûmes contempler tout à notre aise notre propre splendeur, sans crainte d'égarer nos admirations sur les lanternes du public. Le spectacle changeant et fantastique qui se déroulait le long de la route nous captiva longtemps et égaya beaucoup notre imagination. Les cavaliers qui allaient en avant, en véritables éclaireurs, étaient munis de grosses torches, répandant de grandes flammes rougeâtres avec une abondante fumée ; puis venaient les piétons, chacun avec sa lanterne d'une forme et d'une dimension particulières. Les palanquins étaient aussi illuminés par quatre lanternes rouges suspendues aux quatre coins de leur dôme. Toutes ces lumières, qui tantôt s'élevaient, tantôt s'abaissaient, suivant les inégalités du terrain, et se croisaient dans tous les sens par les nombreuses évolutions des voyageurs, offraient un aspect tellement divertissant, qu'on n'avait pas le temps de s'apercevoir de la longueur du chemin. Le reflet de cette grande illumination, se projetant au loin dans la campagne, éclairait à moitié les fermes, les moissons, les arbres, tous les objets de la route, et leur donnait les formes les plus bizarres. Toute la caravane était dans la joie ; on chantait, on quolibétait, et quelquefois on s'amusait à faire partir des pétards et à lancer dans les airs quelques fusées ; car il n'y a jamais, en Chine, de bonheur complet sans feu d'artifice. Notre domestique, Wei-chan, était, comme de juste, le plus heureux de la bande ; il venait de temps en temps voltiger autour de notre palanquin, et nous ne manquions jamais de lui donner ce qu'il cherchait, c'est-à-dire les compliments que méritait sa précieuse découverte.

Jamais, en effet, nous n'avions vu un voyage exécuté avec plus d'agrément. D'abord la route était un spectacle, un divertissement perpétuel, et nous jouissions, en outre, d'une température tolérable; la nuit n'était pas, il est vrai, d'une extrême fraîcheur, mais, au moins, nous pouvions respirer et nous sentir vivre.

Vers une heure du matin, nous vîmes venir vers nous une illumination qui, sauf les torches résineuses, était assez semblable à la nôtre. Quand elles se furent jointes, elles se mêlèrent, se confondirent, et puis marchèrent ensemble. Nous étions arrivés à une petite ville de troisième ordre, où nous devions nous arrêter pour dîner. Le magistrat du lieu, qui nous attendait, avait eu l'attention de nous envoyer tous les porte-lanternes de son tribunal, pour nous faire la conduite. Le service avait été si bien réglé, que nous n'éprouvâmes pas une minute de retard. Nous trouvâmes le dîner servi à point; tout le monde fut d'un excellent appétit, et, après avoir salué les fonctionnaires qui étaient venus nous tenir compagnie, nous reprîmes notre pérégrination nocturne.

Nous arrivâmes au relais avant le lever du soleil. Dès que nous fûmes installés dans le palais communal, nous reçûmes quelques visites des mandarins, et puis, sans nous mettre en peine de la non-coïncidence de l'heure, nous soupâmes de manière à ne pas laisser du tout soupçonner à nos amphitryons que nous avions déjà fort bien dîné à une heure du matin.

Le moment où les moustiques ont l'habitude de se coucher étant arrivé, nous allâmes nous mettre au lit. L'observation de Wei-chan fut trouvée extrêmement juste; ces redoutables moucherons qui, après avoir vagabondé pendant toute la nuit, avaient sans doute besoin de repos, nous laissèrent dormir d'un paisible et profond sommeil jusqu'à la fin du jour.

Nous suivîmes ce nouveau régime, et nous nous en trouvâmes mieux ; mais nos forces avaient été tellement épuisées par de si longues fatigues, qu'étant tombé sérieusement malade à Kuen-kiang-hien, ville de troisième ordre, nous dûmes interrompre notre voyage.

FIN DU TOME PREMIER.

TABLE DES MATIÈRES

CHAPITRE PREMIER.

CHAPITRE II.

CHAPITRE III.

CHAPITRE IV.

CHAPITRE V.

CHAPITRE VI.

CHAPITRE VII.

CHAPITRE VIII.

CHAPITRE IX.

CHAPITRE X.

FIN DE LA TABLE DU TOME PREMIER.

Corbeil, typogr. et stér. de Crété.

www.ingramcontent.com/pod-product-compliance
Ingram Content Group UK Ltd.
Pitfield, Milton Keynes, MK11 3LW, UK
UKHW031830260826
14628UKWH00001B/303

9 782013 349260